U0025134

天下文化
BELIEVE IN READING

財經企管 BCB587A

思考的脈絡

脈絡

創新，可能不擴散

蕭瑞麟———著

國立政治大學商學院教授
新加坡國立大學商學院客座教授

Context

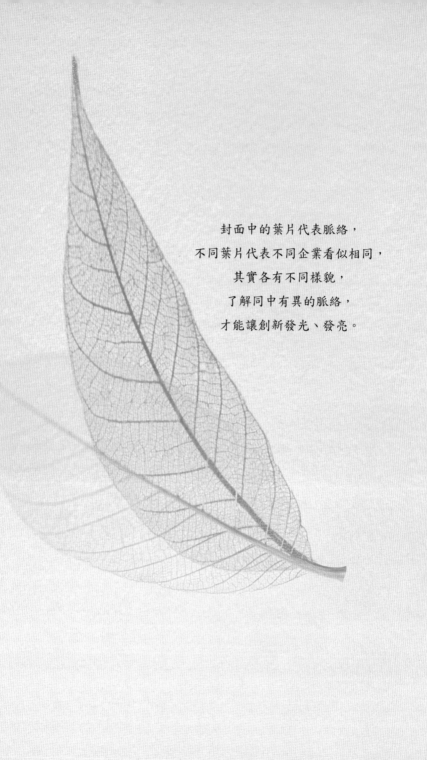

封面中的葉片代表脈絡，
不同葉片代表不同企業看似相同，
其實各有不同樣貌，
了解同中有異的脈絡，
才能讓創新發光、發亮。

Contents

推薦序　**人文創新**　吳思華 ⋯⋯⋯⋯⋯⋯⋯⋯⋯⋯⋯⋯⋯ 006

推薦序　**由脈絡中解讀創新契機**　李世光 ⋯⋯⋯⋯⋯⋯⋯ 009

　　　　各界佳評如潮 ⋯⋯⋯⋯⋯⋯⋯⋯⋯⋯⋯⋯⋯⋯⋯ 012

新版序　**企業裡的人類學家**　蕭瑞麟 ⋯⋯⋯⋯⋯⋯⋯⋯⋯ 017

　　　01. **凡事，必有脈絡** ⋯⋯⋯⋯⋯⋯⋯⋯⋯⋯⋯⋯⋯⋯ 025

壹部曲：看見使用者脈絡

　　　02. **悲鳴之聲：旭山動物園的創新物語** ⋯⋯⋯⋯⋯⋯ 045

　　　03. **關鍵多數：衛星派遣系統的人性軌跡** ⋯⋯⋯⋯⋯ 055

　　　04. **捷客任務：更具設計感的捷運報** ⋯⋯⋯⋯⋯⋯⋯ 077

　　　05. **科技意會：洞見客戶的趨勢** ⋯⋯⋯⋯⋯⋯⋯⋯⋯ 097

　　　06. **物裏學：清明上河創宋潮** ⋯⋯⋯⋯⋯⋯⋯⋯⋯⋯ 123

貳部曲：找出組織脈絡

    07. 涉入哈佛：引進案例教學法 ⋯⋯⋯⋯⋯⋯⋯⋯⋯ 157

    08. 越淮為枳：維修技術的轉移挑戰 ⋯⋯⋯⋯⋯⋯⋯ 189

    09. 有所不為：新加坡科技集團的競標學 ⋯⋯⋯⋯⋯ 215

    10. 再脈絡：迪士尼慘遭滑鐵盧 ⋯⋯⋯⋯⋯⋯⋯⋯⋯ 237

    11. 臺下十年功：臺大無線奈米生醫跨領域團隊 ⋯⋯ 253

參部曲：洞察機構脈絡

    12. 策略回應：愛迪生的燈泡謀略 ⋯⋯⋯⋯⋯⋯⋯⋯ 281

    13. 在地脈絡：小七的創作魂 ⋯⋯⋯⋯⋯⋯⋯⋯⋯⋯ 295

    14. 柔韌設計：階梯數位學院巧避機構 ⋯⋯⋯⋯⋯⋯ 319

    15. 無中生有：策展梵谷燃燒的靈魂 ⋯⋯⋯⋯⋯⋯⋯ 341

    16. 少力設計：瀨戶內海的跳島旅行 ⋯⋯⋯⋯⋯⋯⋯ 365

曲終：脈絡思考創新 ⋯⋯⋯⋯⋯⋯⋯⋯⋯⋯⋯⋯⋯⋯ 389

注釋 ⋯⋯⋯⋯⋯⋯⋯⋯⋯⋯⋯⋯⋯⋯⋯⋯⋯⋯⋯⋯⋯ 399

推薦序
人文創新

前教育部長　吳思華

　　臺灣是一個自然資源欠缺的國家，經濟的發展全賴人民的勤奮與持續不斷的產業發展。這幾年來，臺灣工資水準上升，製造加工不再具有優勢，產業結構調整緩慢，經濟成長停滯，大家對於臺灣發展的前景都有一些些憂心與不安，政府與媒體均大聲疾呼要讓創新成為下一波經濟發展的動能。

　　創新雖早已成為社會上普遍流行的詞彙，但在基本的觀念和做法上還是很模糊，常認為創新就是大量的科研投資。近年來，政府持續增加科技研發投資，同時推動國家型科技計畫，策略性扶植研究型大學，追求諾貝爾等級的學術研究成果，論文發表數與智財產出數確有增加，但並未能轉換成具重大商業價值的新興產品。事實上，這些作為或許可增加一些創新的動能，但和創新的目標實有一段距離。

　　具體來說，創新要從產出面思考而非投入面。創新的成果希望能夠解決人類正面臨的生活與社會迫切問題，提升人類的生活品質。要達到這樣的目的，需尋找最適科技，適當地加以組合，同時

搭配合宜的商業模式，創造出真正的價值。換句話說，創新不是在於追求技術的突破，而是有效運用組合各種合宜的科技，「以人為本、創造價值」與「跨域組合、加值運用」是其中的關鍵。

近來廣為流行的智慧型手機即是一例，手機上所用的技術都已存在，但蘋果電腦等公司從使用者出發，發揮想像與創意，盡其一切可能將各種科技技術與隨身攜帶的手機加以運用結合，以提供消費者更有效、更便捷的服務系統與商業模式，讓消費者隨時隨地藉由智慧型手機上網瀏覽、掌握即時資訊、拍照攝影紀錄、分享心情、觀看影音，或與遠距離的親友面對面互動等等，透過科技的整合與加值，大大地提升了人類的生活品質，也帶動了一場新的產業革命。這種人文創新的思維，可能是未來經濟發展與科技研究最需要補強之處。

要落實人文創新，除了要建立「從需求出發，以人為本」的策略性思維外，還要能在未來的生活脈絡下，分析每一種角色或人物彼此互動所產生的故事，以及各種器物在不同的情境中可能扮演的角色。這種結合「情境」、「角色」、「故事」、「器物」的互動分析，我將其稱為「系統的創造力」或「前瞻的未來想像力」，可能是創新社會中最需要積極培養的能力，也是當今臺灣產業最欠缺的核心能力。

本書作者蕭瑞麟教授長期深耕於質化的組織研究，數年前來到政大後帶領科管所同學有更多的投入。本書記錄了他多年來的研究成果，讓大家對於人文創新有更深刻的認識。讀者閱讀本書時一定會發現書中的每一個案例都曲折有趣，但是核心的思維卻都隨時

浮現，保持一貫、不會偏離，充分顯示了作者對於現象的觀察、分析、詮釋與探索的能力高人一等，而其寫作的風格更令人欣賞。本書不但有深厚的學術理論為基礎，同時又兼具教育啟發性的意涵，是一本對產業界、對學術界極具參考價值的學術專書。

　　這幾年來臺灣的管理學術界重視國際發表，研究議題亦多跟隨國際潮流，和我們生活的這塊土地愈來愈疏遠，也和有意義的人文創新愈來愈遠。瑞麟願意藉由親身訪問、整理記錄在臺灣這塊土地上人文創新的每一個個案，宣揚人文創新的理念，讓科技的進步真的能與人民生活的改善產生關聯，實在是一件值得鼓勵的事。我很榮幸有這麼一位同事，也希望讀者們能給他更多的支持。

推薦序
由脈絡中解讀創新契機

經濟部長　李世光

　　拿到這篇序言邀稿的時候，正好另一個視窗上，朋友臉書的塗鴉牆貼了一則「國際閱讀週」[1]的活動訊息，規則如下：

1. 拿起離你身邊最近的一本書
2. 翻到第56頁
3. 把第5句話貼到你的塗鴉牆
4. 不要提到書名，也別忘了把規則一起貼在塗鴉牆上

　　拿了這本新出爐的書做了個小實驗，書還沒編頁碼，認真地自己算了一下從已有的序言到後面的章節，第56頁第5句話是（按：本書是在258頁第5行）：

　　「這些問題常常被許多人問起，連李世光教授與團隊核心成員自己也想知道答案。」

　　真是巧合，這第56頁第5句剛好提到我們的團隊，而話中所帶出想挖掘答案的好奇心，正是我當年一口答應開放研究團隊讓蕭老

師明察暗訪的主要原因。屈指算來，跟政大科管所的同仁們，蕭老師、素華等人見面也有五、六年了，看著他們一一訪談實驗室裡的同仁，參加實驗室的各項活動，終於我們想要的答案隨著這本書的出版而逐步露出曙光。在蕭老師筆下，實驗室化身為太陽劇團，奮力地在舞臺上展現用十年的努力練習所換來的絢爛表演。

現在的十年不比以往的十年，因為就在這十年間，網路誕生，Web 2.0、社群網站崛起，跨越時空與疆界的連結與互動，讓「創新」這個名詞一直不斷被重新定義，跨領域創新、開放式創新、使用者創新、破壞式創新……，各式各樣的創新名詞如雨後春筍般不斷冒出，蕭老師卻在這本書裡提出一個有趣的新觀點：創新來自創「舊」。

的確，今後的十幾二十年是一個有趣的交鋒時代，30歲以上的數位新移民（Digital Immigrant）與30歲以下的數位原住民（Digital Native）[2]在此相遇，無法適應數位環境的數位新移民，是否會像「楢山節考」[3]裡的老人被裝在竹簍裡背到山上棄置，任其自生自滅？答案很明顯是否定的。不會用鍵盤，沒關係，可以直接用觸控的方式操作；不會用電腦，沒問題，網路接到電視裡，讓你用遙控器也可以上網；iPad不能打蒼蠅，那我們用軟性電子紙……。就像「國際閱讀週」的臉書活動亦然，用新時代的電子媒介（社群網絡），推行舊時代的實體媒體（書），沒有書名的片段字句，隱約透露著朋友近來閱讀的視窗。未來的時代就像百衲被[4]，必須接受與包容舊時代的人類文化。

創新之前，要了解既有脈絡（舊），再根據脈絡來設計或擴散，才能讓使用者因創新而獲益，組織因創新而成長，機構不會因

創新而變成萬惡。

　　舉例來說，資策會過去這些年來一直在推動服務創新，過程中深刻地體會到「組織」、「組織制度」、「組織文化」對於「創新」的影響。這也是資策會為什麼自去年開始將「科文共裕、創新開放」做為願景，還特意將中文願景翻譯成 "Techno-Cultural Synergy, Innovation Unbounded" 的基礎想法。如同呼應蕭老師在書中所提到的：

　　要做出最能感動人心的服務創新，首先必須要讓提供服務的人先改變心念。先要「創心」之後，才能創新。

　　我們的研究與實際體驗也發現，唯有真正的「從心出發」，才能「從新出發」[5]。「從心出發」就是要「用心想像」，透過「Culture meets Nature」，從科技跨入文化，讓文化帶領科技，提供以人為中心的服務，藉由「創心」，逐步達到「科文共裕」的目標，開創未來心經濟；而「從新出發」，則更要立足在原有的「脈絡」中，發揮「創新」的本領，以「創舊」為中心，向四面八方擴散，臻至「創新開放」的願景。

　　蕭老師在本書中從「使用者」、「組織」與「機構」三個方向，以幽默的口吻與洗鍊的文字闡述案例，讓「創新」也有脈絡可循。我推薦給數位原住民的您了解如何創「舊」，介紹給數位新移民的您了解如何創「新」。在交錯縱橫的創新脈絡中，讓我們共同編織未來世界的百衲被。

各界佳評如潮

難得一見的好書！蕭教授將理論完美地融入所敘述的事件細節當中，讀來毫不費力。思考創新是個難題，蕭教授把難題簡化了，極具啟發性！

～中歐國際工商學院　蔡舒恒教授

在數位匯流、行動串媒的雲端科技時代，思考脈絡成了企業決勝的關鍵！當產業面臨新科技所帶來的結構重整，陷入茫茫五里雲端不知何以時，蕭教授以質性研究、深度採訪找到關鍵使用者的痛點，幫助企業打通任督二脈，解決內部與外部制約。這樣的脈絡思考法，我曾在研究「影視音產業的劣勢創新」時受益良多。這是一本值得細細閱讀的好書，可以幫助大家釐清問題以及研擬策略，在一張張盤根錯節的產業「迷網」中，迅速找到解決路徑。

～臺灣電視公司副總經理　劉麗惠

《思考的脈絡》這本書在一片迷戀大數據統計以及設計思考（design thinking）的趨勢中，提供讀者另一種創新的模式。透過思考脈絡，看見使用者的痛點，對應到組織的作為，回應機構的制約，我

們才會發現其實資源一直都在身邊。脈絡思考對我在推出「繪動敦煌」多媒體藝術作品時很有啟發，讓我們公司開拓了大陸市場，也完美地讓國寶藝術重生。希望大家能透過蕭老師這本書開啟一個全新的思考方向。

～意庫行銷諮詢公司總經理　陳文旭

　　蕭老師這本書讓人廢寢忘食、欲罷不能、愛不釋手！在我服務的廣告客戶中，有很多是跨國企業，當他們將產品與服務輸出母國時，會面臨跨疆域的文化差異，不能百分之百複製。《思考的脈絡》這本書讓我重新思考企業跨國移轉的方式。我了解到，創造感動人心的服務之前，必須先學會「脈絡的思考」。原來，考慮民族情結及休閒喜好，觀察消費者生活文化，以脈絡中的需求為基礎，才能設計出令人驚豔的服務創新。相信這本書能夠帶給企業更多創新的傳奇！

～吳是廣告公司副總經理　林雅萍

　　一直覺得追根究柢只是一種人格特質或是做事的態度，但經過《思考的脈絡》這本書深入淺出的引導，我才發現「脈絡」不只是協助我們釐清關鍵課題，更啟發了我們的經營理念以及創新思維。不管從事哪種行業或面對何種難題，透過《思考的脈絡》的案例，一定能找出自己專屬的解決之道。

～新極現廣告公司總經理　王繼源

　　《思考的脈絡》一書給我的領悟是，知識大多以文字呈現，像是標準作業文件，來傳遞。然而，Know How 卻很難由他人手上移植到自家企業。為什麼？原因就在本書所舉的案例中。在蕭老師偵探式的文筆中，如同看福爾摩斯的小說般，你漸漸看到線索，一直到最終的破案。我想，《思考的脈絡》一書之所以不枯燥乏味，應該是因為蕭老師的文筆充滿了又科學、又人文的氣息。無論是國內或國外、硬體產業或軟體服務業，我們都可以由本書案例中找到屬於自己的解讀。身為企業的創新成員或當家領導，一定要來領會這本書不可言喻的妙用。

～和信超媒體戲谷分公司前副總經理　劉淑慧

　　身為研發工程師二十多年，我從不質疑自己的思考模式，直到被「脈絡探究法」這一檢視，才發現閉門造車的工程師是多麼地漠視使用者，以及他們的生活脈絡。脈絡探究法讓我了解如何找到使用者的真實痛點，又讓我驚訝於研發人員自以為是的賣點，其實與使用者的痛點根本是兩條平行線，不曾交集。難怪市場上許多新產品會一個個敗北。讀這本書時，我總是在淺顯的案例中得到醍醐灌頂般的啟發。需要被打通的不只是企業的創新脈絡，我們都需要順著脈絡去看見另一個被忽略的世界。

～富智康科技　林慧琳

　　《思考的脈絡》是本值得大力推薦的好書，市面上很少商管書能夠提供這麼多深度採訪資料。本書啟發我們，必須先了解使用者脈

絡，從他們的痛點對症下藥，找出病因，才能成功創新。書中介紹眾
多成功及失敗的案例，深入淺出地引導讀者了解如何運用脈絡思考。
我也曾因此書而扭轉思考邏輯，大有所獲。不論你身處任何行業、職
位，這本書都能幫你打通任督二脈，有茅塞頓開之喜悅。

～年代電視公司副總經理　蔡明瑾

　　這本書對臺灣的企業有如暮鼓晨鐘般，就像書中一再地提醒經
營者，企業要創新，往往答案就在自己的組織中，只是有沒有找對了
問題的癥結以及用對了創新的方法。本書中，蕭老師運用脈絡思考模
式深入企業進行不易落實的田野調查，從產品、服務、組織以及執行
過程，乃至終端的成果，抽思剝繭地發現關鍵所在，進而導入創新性
的解決方案，同時也落實了「創新」的根源在於「革舊」的理念。這
本書不僅是一系列優質的研究，更是一本很棒的創新指引，兼具實務
與理論，難得一見，值得收藏。

～富士亞哲多媒體有限公司（日本富士電視臺在臺投資企業）
董事長室特助　方效慈

透過蕭教授《思考的脈絡》內許多娓娓道來的故事，你將發掘，所有的細節與創新機會正向你招手。看完後你必能找回自己人生中所失去的環節，也會由脈絡裡找出你未來的契機。

～宏達電基金會董事　盧克文

以脈絡為本的思考方式，是我在就讀新加坡國立大學亞太高階管理碩士班時，蕭老師給我的驚喜啟發，讓我得以觀察到時尚產業的全貌。從分析社會經濟、生活態度和行為模式的發展，我可以窺知品牌與設計的脈絡，進而看出未來的市場趨勢。《思考的脈絡》一書帶著我們尋找本世紀的創新脈絡，蕭老師深入淺出的研究、無私的分享，給予讀者最具時代性的思維，脈絡思考也將會是當代最時尚的管理觀念。

～喜事國際時尚集團執行長　馮亞敏

新版序
企業裡的人類學家

　　脈絡（context）這本書的核心，就是學習掌握問題的全貌，以便讓創新更成功。這是我這些年來由研究中學到的心得。但是，如何才能讓思考有脈絡？我準備這本書，就是要深入回答這個問題。

躁進的創新

　　這幾年來，我一直致力將學術作品科普化，希望讓學術成果能與更多讀者分享。這本書是我的另一嘗試，希望讓更多人一起來關心「脈絡」這個觀念。很高興，這本書第一、二版在天下文化出版不久後，受到不錯的迴響。這次能修訂再版，我覺得很開心，希望有更多企業能理解脈絡與創新之間的關係。有讀者問我，為什麼我如此醉心於「脈絡學」呢？要回答這個問題，得回溯到我年輕時唸到的歷史故事。

　　年輕的時候，讀到近代史，看到中國清朝（一個超級大國）竟然會被日本（一個小島國）打得一塌糊塗。我很吃驚，也不知如何

接受這段歷史。還有，英國（另一個島國）竟然可以統治大半個地球，建立大英帝國，創造出全球殖民體系，也讓我很不理解。這一路來，我看到很多個人、企業、政府，奮力借鏡國外的創新。我也聽到反對聲音，有人認為這樣是崇洋媚外。

近代歷史，更常令人掩卷而嘆，特別是亞洲近代的變革。十八世紀，美國以航海科技闖進日本，英國與歐洲諸國則以現代武器敲開中國大門。日本與中國兩個國家幾乎在同時展開維新運動。中國展開「同治中興」，而日本展開「明治維新」。同樣的改革，卻有很不同的結果。同治中興成了海市蜃樓，而明治維新則開啟了日本霸權（雖令人遺憾），加入帝國列強。

日本的明治維新其實也不是那麼順利。岩倉使節團大概是明治維新最重要的起點吧。1871年冬天，日本右大臣岩倉具視率領副使節大久保利通以及伊藤博文等百餘人，其中約有一半是高級官員，花了政府整年總預算2%的高額經費，展開一場為期一年十個月的跨國創新之旅。返回日本後，大久保負責推動改革，決定不學美國的自由經濟主義模式，而改效法德國以官產學合作的統治經濟模式，展開創新急行軍。

他做了什麼？大久保由法國引進繰絲場提供紡織品，由德國引進礦山冶煉場，由英國引進兵工廠等。為了扶植民間企業，他將五分之一的預算投入企業開發，實施「富國強兵、殖產興業」的創新藍圖。不過，大久保也因為急於求成，而引來各種官商勾結，造成民怨。另外，全面過度西化也讓日本傳統文化瀕臨崩潰。有人提議，日本人應該改以英文為母語，通婚西洋以改良人種。相撲等傳

統被視為野蠻行徑，所以被禁止。日本開始把農曆改為公曆，男子的髮髻被剪掉，改為西式短髮。官員改穿燕尾服，銀座被改建成西式洋房，電車穿梭街道，天皇開始吃起牛排。這些創新的衝擊對許多士族是忍無可忍的。1878年5月14日，大久保在上班的路上被人刺殺。

　　1889年，伊藤博文接手，他看到這些衝突背後的脈絡，於是著手文化融合。雖然西服盛行，但和服變成華麗的禮服。雖然大家都去酒店歡樂，但茶道被保留下來，茶室成為民眾尋求心靈平靜的場所。雖然許多人改學油畫，但日本的浮世繪以主流被保存。雖然觀眾迷上西方歌劇，但歌舞伎與能劇變成精緻的表演藝術。現在我們所看到的日本，就是經過一百多年融合的結果。

　　那中國的維新經驗呢？《燥動的帝國》（*Restless Empire*）這本書提供令人深思的歷史證據。作者文安立（Odd Arne Westad）是英國倫敦政經學院的國際歷史學教授。他由西方觀點來看中國的歷史脈絡，格外令人矚目。與日本大久保利通幾乎同期，也是在一百多年前，馮桂芳（光緒年間榜眼，清朝推動維新的官員）負責引進西方科技時說：「我們必須向夷人學習的只有船堅炮利而已。」李鴻章、康有為等人大力疾呼的也是：師夷之技，拯救中國。這一段時間的中國，沉迷於西方的科技創新，浪漫地認為只要學會外國人的船堅炮利，就可以讓中國富強。

　　事實，是殘酷的。1894年，當規模龐大的清朝帝國北洋艦隊（戰艦中還有外國軍官參與）遇上規模較小的日本皇家海軍，竟然大敗。中國船艦不是被日軍擊沉，而是被自己的大炮誤傷。原來，堅

船利炮還不夠，如果科技背後的支援體系不到位；船大，不一定會堅；炮多，不一定會利。船會堅，炮會利，是因為背後有優良的支援體系與作戰策略。這一課，讓百年前的中國付出相當大的代價。科技要用得好，需要管理配套；而要學好管理，便需要知道創新的脈絡。借鏡歷史，我體會到創新之成與敗，一大部分取決於對脈絡的了解。

國家如此，個人與企業更是如此。要學會一套技藝，像是瑜伽，不可能穿上瑜伽服，看幾本書就可以學會。企業投入龐大資源，去引進各種管理工具，不可能用工具就可以獲得創新成效。看不清楚創新背後的競爭動態、運作機制以及商業模式，看不清脈絡，創新工具只會成為點綴的聖誕樹。

買一支昂貴的萬寶龍鋼筆，不代表文章就可以寫得好。這道理很明顯不是嗎？但是，多數人急於求成，選擇不去看脈絡，就全面展開創新。日本與中國的維新經驗，經過一百多年，傳承下來的經驗畢竟很少。

新版中，書名再次修訂為《思考的脈絡：創新可能不擴散》。我希望讀者能更加關注思考脈絡，再去推展創新擴散。新版中，我維持原來架構，依然介紹三大脈絡：使用者、組織、機構，由淺入深理解脈絡與創新之間的關係。不過為深入說明，每一單元增加為五個案例，以說明脈絡分析的方法與呈現脈絡的多元面向。各章節歸納三項創新啟發，讓讀者能很快歸納重點，找到行動的方向。

✎ 企業裡的人類學家

2011年我為籌備一門新課，將一些人類學分析方法帶到管理學研究。這個趨勢已經愈來愈盛行。英特爾是積體電路的製造廠，生產中央處理晶片，是電腦的中樞神經。這麼「硬」的公司竟然引進十二名人類學家，分析終端使用者行為。微軟是有名的軟體公司，也引進人類學家來研究消費者行為，希望改變軟體未來的設計原則。

我覺得很奇怪，企管顧問不是已經提供各式焦點訪談、問卷調查、消費者行為等分析方法嗎？按理說，企業找這些企管顧問公司就好了，為什麼突然對人類學有興趣呢？更何況，其實真正懂消費者行為的，應該是社會學家或行銷學專家才對吧。人類學家研究的是原住民、部落、酋長之類的對象。為什麼他們突然紅了起來？說實在的，我不太懂。

我想藉著籌劃這門課，整理人類學所提倡的人文採集法（學名是民族圖誌法，或簡稱民族誌，英文是 ethnography）。這種方法強調的是近身觀察、感受田野、貼近與當事人互動的感覺，又俗稱為「田野調查」。問卷調查是躲在辦公室去問使用者，個人採訪通常只做幾次。但是田野調查則必須長時間泡在現場，如臥底警探旁敲側擊，以調查事情的原委。這種做法吃力不討好，所以一般研究者是敬而遠之的。近來愈多企業嚐到急功近利的苦果。投入龐大資金研發出新產品，消費者卻常常不領情。原來，企業的研發人員不懂消費者的心、不清楚他們的痛、不了解他們的需求、不明白他們的生活脈絡。

　　為何企業開始重視脈絡？我們又應該如何分析脈絡？這是本書要探討的議題。在當代，競爭焦點不再是更新穎的技術，而是敗在不理解客戶。如何才能理解客戶？如何才能讓客戶成為創新的來源？我認為，是脈絡。凡事，必有脈絡！

　　所有的創新都是為了解決使用者的不便。使用者愈不便、痛苦愈大，創新的機會愈高。或者，我們可以說，使用者的痛點其實就是創新的來源。只是，多數創新者都很麻木，看不到使用者明顯的痛。也因此，創新者常常推出自認為很新穎的產品、服務、系統或政策，結果卻帶來反效果，徒增使用者的痛苦。我們如果有辦法知道使用者所處的工作脈絡，知道使用者為何會「痛」，那麼創新的靈感必然源源不斷。所產出的創新也才能造福人群，促進社會進步。

　　了解創新背後的脈絡是本書的核心觀念。現代企業引進創新時，鼓吹的是工程的步驟、科學的程序，追求的是高效率、多功能的技術研發。但是，鮮少人由社會科學角度來看待創新。我認為，創新不只是一個工程問題，更是一個社會問題，我們亟需要將人文精神融入創新。了解人的認知（想些什麼）以及行為（做些什麼），了解在地脈絡，有時比開發複雜的技術來得重要。

　　本書的安排如下。第一章說明脈絡在學理上的意義與實務上的應用，並說明如何由脈絡了解使用者的考量、疑慮、痛苦。我希望以科普化的方式，幫助讀者了解每個案例背後的理論基礎。之後，我將案例分為三大部分，分別以痛點（使用者）、作為（組織）、制約（機構）三個主題與層次來了解脈絡。每個案例會說明一個創新的議題，分析如何找到脈絡，以及解釋脈絡創新的實踐方法。每

一單元安排五個案例來說明「脈絡」的重要性。這些案例分別描述不同的創新脈絡議題。案例多是由田野調查中取得資料，以脈絡來觀察企業問題。這麼龐大的工作量當然沒法由一人獨自完成。2007年，我由新加坡回臺灣任教，這些年結交不少志同道合的研究夥伴。他們參與不同案例的田野調查，與我一起親臨現場、視察現地、了解現實。我們期望自己成為「企業中的人類學家」，試著去解讀創新的脈絡。最後，總結「以脈絡思考創新」為何是當代一項重要的使命。

感謝的心

　　我希望讀者能感受到我們追求原創性研究的熱情。這些案例除了發表在國內外學術性期刊外，我們也希望透過這本專書介紹給讀者。我們以科普化手法，加入幽默劇情，希望讓一般讀者也可以和我們一樣，享受當企業人類學家的樂趣。非常感謝一起完成案例的學術同仁，特別要感謝蔡敦浩老師（中山大學）、李慶芳老師（實踐大學）、朱彩馨老師（嘉義大學）、侯勝宗老師（逢甲大學）、許瑋元老師（臺灣大學）、陳蕙芬老師（臺北教育大學）、歐素華老師（東吳大學）。研究過程中也感謝政治大學與東吳大學研究生協助：廖啟旭（博士後研究員）、陳煥宏（政治大學科管所博士生）、吳杰儒、吳昭怡、劉宛婷、王培勛、顏嘉好、陳韻如、楊純芳、陳慧君、鄭家宜、陳穎蓉、陳筱涵、周玥彤、陳琬茹、陳姿靜於案例進行時的協助。完稿過程中，我有幸參與幾位EMBA學長姐的論文，

也提供不少思辨養分到案例中，陳文旭、王繼源、劉麗惠、林雅萍、蔡明瑾、林慧琳、方效慈、楊智華等，他們所帶給我的商場智慧，遠比我能貢獻的多。

我們的研究工作若缺乏後勤支援也無法完成，林華玫、郭瓊溫兩位大姐多年來溫暖的協助，讓每位研究人員都能專注田野調查，在此致上深深的謝意。本書的製作經費主要來自行政院國家科學委員會「創新脈絡：設計思考的實踐原則」專書計畫（編號：100-2410-H-004-107-MY2），以及科技部「劣勢創新：企業與城市於制約中的資源隨創」計畫（編號：102-2410-H-004-153-MY3）的經費補助。讓我與研究同仁可以持續進入田野，對企業脈絡進行深度的研究。此外，我們深深感謝每家案例公司願意提供「田野」讓我們深入地研究。每一次的田野拜訪，我們都結交到好朋友，也都學到許多還來不及成形的新概念。雖然我們無法（也不便）一一列舉這些溫馨的受訪者名單，但我們對每一位受訪者都有份深厚的感激與感情。

或許，在學術界的同仁比較能了解，一邊寫學術期刊論文，一邊上課，一邊寫專書並不是一件很容易的事。這段寫作期間對家庭活動缺席甚多，妻子的容忍與家人的支持是最幸福的後盾。至於我們家三隻小男生，雖對本書毫無貢獻，但他們常在我桌前跑來跑去，卻讓我的腦袋可以暫時放鬆，有一種幸福的感覺。現在，他們都長大了，也成為這本書完稿的並行記憶。

蕭瑞麟筆於政治大學

修訂於英國倫敦 2016.7.24

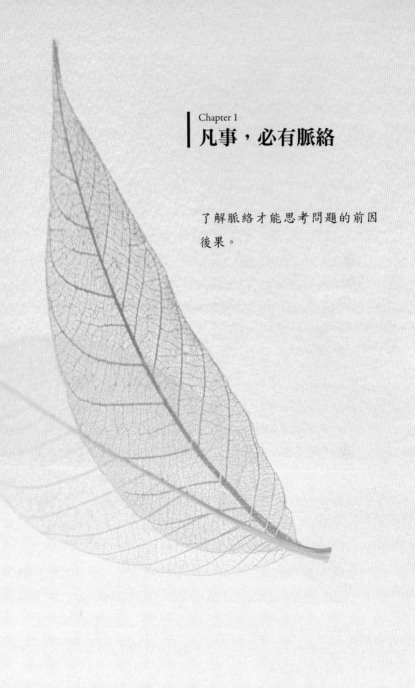

Chapter 1
凡事，必有脈絡

了解脈絡才能思考問題的前因
後果。

脈絡，是一種思維

這本書是有關「脈絡」，多數人感到疑惑，更多人認為太學術了。這本書所提倡的是，創新千萬不能沒有「脈絡」。有脈絡，才能掌握問題的全貌。那，到底什麼是脈絡？

脈絡就是搞清楚狀況。例如，我有位朋友，他能言善道，但每次都在不對的時機說話，人際關係因而一直不太好，那是因為他弄不懂狀況，很冒失。他總是在人家傷悲時戲謔；當人家歡喜時掃興。他不了解「脈絡」。脈絡也常用來比喻事理的線索。熱門影集《CSI犯罪現場》裡的探員，也是有系統地蒐集物證，才能抽絲剝繭，了解犯罪脈絡，弄清楚事情的來龍去脈，找到兇嫌破案。

若談到正式的定義，樹葉上的經為脈，相連為系統稱之絡。用於文章，脈絡指的是鋪陳的邏輯。如元朝劉壎在《隱居通議：文章三》提到：「凡文章必有樞紐，有脈絡，開闔起伏，抑揚布置，自有一定之法。」脈絡也可以用來描述山水的支脈流向。清朝外交官薛福成《海關敘略》就提到：「審其地形，開其風氣，尤視大水之經緯脈絡，以定群商之輻湊與否。」他觀察商業的群聚過程，以水利的走向歸納出如何以環境來調和商業交易。

在中醫理論中，人體不只是有血管的系統，還有經絡系統，分別為經脈和絡脈所形成。在數千年前，《黃帝內經》便記載經絡的概念：「經脈為裡，支而橫者為絡。」經是路徑，絡是網絡，縱橫交錯循行全身。宋代周密於《齊東野語》針砭篇提到：「古者針砭之妙，真有起死之功。蓋脈絡之會，湯液所不及者，中其俞穴，

其效如神。」人體布滿複雜的氣血穴道，中醫師以脈搏分析病徵，要看的是系統的整體關連性。頭痛，可能要醫腳；心痛，可能要醫腎。要了解人體系統，中醫師不僅要看病人表面所痛之處，更要透過經脈（運輸線）與經絡（節點）來追蹤痛因。

這樣的說法，用於創新也頗為貼切，因為創新之所以未竟全功，和氣血不順之理相合。若能找出創新所處的組織、社會脈絡，就能找到病因，也許就能頭痛醫腳，找到解套的方法。《莊子·養生主》中庖丁解牛的故事也可以說明脈絡。庖丁是位屠夫，但他的刀卻很少損壞，拆解牛隻之效率又其高無比。梁惠王要庖丁透露一點祕訣。他說，屠牛之時，不要看著牛身體的部位，而要看著筋肉的脈絡。順肌理脈絡下刀，刀子便會減少磨損，速度也可以加快。脈絡是看見整個系統，是肌理的結構。

在管理學上，安卓·佩笛谷（Andrew Pettigrew）嘗試點出脈絡該如何研究，便提到三個重點[1]。脈絡，就是獨特的過程、弦外之音以及環環相扣的體系。他認為，內涵、過程以及脈絡這三件要素是糾結在一起，難以分離而觀察。

脈絡，是獨特的過程

為了創新，人會在特定情境中會進行某些工作，例如律師要準備訴訟，老師要準備課程，廚師要準備料理，也因此出現了過程（process）[2]。過程是一系列的行動，串在一起，隨著時間演化，會形成特定的歷程，如蛹轉化為蝴蝶。如果不知道其中歷程，你會以為蛹與蝴蝶完全不相干。了解歷程中的行動，就可以理解工作或生活

的脈絡，也就可以找到問題的癥結，創新就有了定錨點。

我記得有一家美國醫院為了提升服務品質，改善對病人的醫療照護，請了國際知名顧問公司來幫忙。管理顧問提出各種令人驚嘆的數字、炫目的流程圖與昂貴的資訊系統方案。後來，這家醫院又找了另一家設計顧問公司（IDEO）來評估[3]。一週後，設計人員給院方主管看了一個三分鐘的錄影帶；那是他們將錄影機架在自己頭上，模擬病人躺在床上一天所看到的世界。設計公司發現，病人一天中，一半以上的時間看不到「人類」，只看到天花板。他們唯一能看到人的時候，是護士用輪椅帶他們去進行各種檢驗。

所以，要如何改善對病人的服務？醫師與護士看完影片後，決定不導入昂貴的資訊系統。他們先布置天花板，用色彩繽紛的圖畫點綴，也在入口處放一個大白板，讓探病的人留言。然後，他們在輪椅上裝上一個照後鏡，讓病人可以在行進中、說話時看到護士的臉。了解病人的脈絡，不用花大錢也可以提升服務品質。

脈絡也與「歷程」有關，牽涉到時間的相對性。同樣一件事，在一個時空點被稱讚；在另一時空點，卻會招來批評。了解創新所在的脈絡，必須先掌握時間與空間的座標。特定時空下，社會中的「真理」往往是相對的。比方說，在德國脫了鞋子進別人家中是不禮貌的。但在日本，穿了鞋進別人家中卻會被認為是沒家教的。不同地點、不同時代，人們所認定的對或錯都不盡相同。這些時空情境是釐清脈絡的重要線索。我們可以由時間下手，了解歷程的脈絡。由過去發生的事，解釋現在的問題，由現在的問題，推測未來事件可能發展的軌跡。

脈絡，是弦外之音

當情侶之間「含情脈脈」地看著對方，雙方不用太多言語就能了解對方的心意，能體會弦外之音。脈絡常常包覆、內嵌在層層的意義之中，必須仔細解讀，才能了解其中隱晦的涵義。脈絡的英文字是由con-text所組成，也就是指出文字（text）單獨存在很難決定其意義，必須要整個包含（con）起來看，把這個字的上下文都看清楚，才能解讀出真正的涵義。

清朝才子紀曉嵐就是一位很有「脈絡」的文字高手。當他官任禮部侍郎時，有一天尚書與御史一起來拜訪他。聊著聊著，屋裡突然跑進來一隻狗。尚書心生一計，要取笑紀曉嵐，便說：「咦，你們瞧瞧那是狼是狗（諧音：侍郎是狗）？」紀曉嵐很冷靜地回答：「要分辨是狗或是狼，有兩種方法。一是看牠的尾巴，尾巴下垂的是狼，上豎是狗（諧音：尚書是狗）。」御史在一旁看熱鬧，大笑起來，說到：「我還道那是狼是狗（侍郎是狗）呢，原來上豎才是狗（尚書才是狗），哈哈哈！」紀曉嵐接著說：「另一種分辨的方法就是看牠吃什麼。要是狼，非肉不食；狗呢，則遇肉吃肉，遇屎吃屎（諧音：御史吃屎）。」如果你不了解其中語言的奧妙以及文人的鬥智，便很難看得懂這篇故事要表達的「脈絡」。

脈絡，是環環相扣的系統

脈絡，就是看見系統的全貌。愈複雜的問題，愈需要釐清脈絡，才能對問題有深刻的理解，也才不至於誤判，使得導入方案反而惡化原有的問題。

　　我們先來看一個徵稅的故事。2013年，我回到英國處理研究事務，在倫敦停留一段時間。報紙沸沸揚揚地討論法國的富人稅問題。故事的簡單版是這樣的，法國政府缺錢，所以加重有錢人的稅率，由原來40%提高到75%。不了解歐洲的人一定會大吃一驚，四成的稅已經高到不像樣了，為何還要提高到七成，那不就形同被打劫了嗎？一般人繳稅到兩成就覺得政府很「土匪」了。七成？真的會令人氣結。

　　如果你知道歷史，就會了解歐洲為何發展出社會主義來抑制富人階級。過了許多年，這個社會已經不是像帝國主義下的貧富不均。很多平民因為經商也變成有錢人。資本主義興起，帶動國際化，所以在民主國家任何人都可自由地將錢存在任何一個銀行。法國演員杰拉德・德帕迪約（Gérard Depardieu）在電影《大鼻子情聖》擔任主角，也被列入要徵收七成稅金的富人。他憤而拋棄法國護照，申請成為俄羅斯公民。俄羅斯（莫爾多瓦共和國）還在首府薩蘭斯克為他舉行盛大儀式，接受他成為當地居民。這位大牌影星的錢，全由法國轉到了俄羅斯。

　　我的瑞士朋友也很開心，因為最近許多法國富人也把錢轉到瑞士銀行了，所以他的珠寶生意也跟著興旺起來。因為把錢轉向海外，法國富人在境內就可以變成「窮人」。法國政府自以為聰明，向富人徵高稅來提高收入，結果錢都流向其他國家。法國政府可能一直活在過去，並沒有看到全球化的脈絡，結果稅沒有收到，損失了一群富有的國民。副作用則是國內消費銳減、失業率增加以及民怨（跑不掉的只好怨恨在心）。

　　無巧不成書，我遇見賽普勒斯的朋友，他也在抱怨。他說賽普勒斯政府因歐元危機欠了許多債務。為了還債，政府決定加課「銀行存款稅」9.9%，並且在電視呼籲全國民眾要共體時艱。消息一出，就造成銀行擠兌，釀成金融危機。豁然發現，原來有許多俄國富商將錢存在賽普勒斯銀行裡。加課稅金，可以提升政府收入，這樣是線性的思考，但缺乏脈絡。牽一髮往往會動及全身，在不景氣時向民眾收額外的稅金，更會引發金錢外流，減少國內消費。沒看見環環相扣的脈絡，就會犯這種錯。

　　讓我們再來看一個「頭痛醫蟲」的故事。探索頻道有一個故事是這樣的。約翰一家人住在美國加州。他常運動，也一向都健康。一日，約翰在接送小孩途中，突然開始感覺昏眩。當遇到紅燈時，他兩眼看到多層影子。起初，約翰不以為意，以為是工作太累引起頭痛、暈眩。後來，約翰休息了一陣子，病情卻愈來愈嚴重。有一天，約翰無法站立，手抖到不能拿東西。

　　意識到事情的嚴重性，約翰趕緊到附近醫院掛急診，看看身體到底出了什麼狀況。值班醫師判定是耳朵前庭與半規管的問題，於是開了一些消炎與鎮定的藥，要約翰在醫院休息幾天。於是，約翰由急診室進入耳鼻喉科病房。

　　治療一週後，約翰以為會恢復正常，但是病情卻加重了。他開始產生間歇性癲癇（全身痙攣、繼而昏迷）。院方覺得不太對勁，便將約翰送往大型教學醫院做進一步診斷，主治大夫是班醫師。分析約翰的病歷後，班醫師排除前庭與半規管問題，轉向診察腦部。約翰先接受基礎檢查，像是抽血、照X光、掃描心電圖。班醫師分

析這些資料後，更排除高血壓、糖尿病等病因。

　　班醫師決定再做電腦斷層掃描。一掃描，果真不妙。班醫師從電腦斷層影像中發現約翰腦中有一塊陰影。根據經驗，班醫師判斷應該是腦部腫瘤。他將這個惡耗告訴約翰的太太。班醫師無法判定這個腦瘤是良性或惡性，也不知道是不是腦癌。他決定進行切片檢查。班醫師在約翰腦部開一個小洞，以內視鏡方式取出腦瘤樣本送實驗室檢驗。一日後，實驗室傳來令人驚訝的發現。原來約翰腦中的陰影並不是腫瘤，而是一種不明的寄生蟲。這完全出乎班醫師的預期，一般來說，寄生蟲只會在腸子或肝臟等部位活動，但不會在腦部。

　　班醫師必須確認寄生蟲種類。但檢驗室從美國境內資料庫比對樣本，無法判斷寄生蟲類別。他懷疑寄生蟲可能來自異國。由於情況緊急，班醫師決定訪談約翰的太太，設法了解這條不知名寄生蟲的來源以及感染途徑。班醫師詢問約翰五年內的旅遊行程，希望找出感染來源。剛開始，約翰的太太回憶，全家這五年內並未離開美國，也都在待在伊利諾州，沒出過遠門。不久，班醫師又追問約翰進十年內有沒有去過落後國家。這時，約翰的太太才回憶起六年前，家族曾經一起去過非洲某國家度假。他們全家還在度假旅館附近的小湖游過泳。班醫師擴大時間與地點詢問，找到突破性線索，將寄生蟲樣本送到國家病理檢驗室，將搜尋範圍鎖定在非洲寄生蟲。

　　終於，班醫師找到這條寄生蟲，名叫「血吸蟲」，原本是寄生在蝸牛身上的幼蟲，潛伏期高達二十年。約翰在湖裡游泳時，血吸蟲誤將他視為宿主，由皮膚入侵，分泌化學物穿透約翰的毛根，然

後到了他的肝臟，在那下蛋。所以這六年來，約翰的血液中其實早已充滿了血吸蟲的卵，長大的血吸蟲也都會透過腸子排出體外。約翰運氣一直不錯，所以與血吸蟲共生了六年，相安無事。一次偶然的機會，約翰血液逆流，就將血吸蟲的卵送到了腦部。血吸蟲於是在約翰的腦中漸漸成長。血吸蟲老化死亡時會釋放一種毒素，而對腦部神經造成傷害，使約翰全身抽搐，導致癲癇。

知道病因後，班醫師馬上進行手術，清除約翰腦部的寄生蟲。然後，約翰也用藥物清除體內大量繁殖的血吸蟲。當然，那次同行的二十五位家族成員，十八人血液中都有蟲卵。這六年來，血吸蟲一直是約翰的家族成員。約翰的頭痛、昏眩不是因為耳朵的問題，他的癲癇也不是腫瘤所引起。醫生由腫瘤切片找到寄生蟲，了解約翰的生活脈絡後，才找到真正的病因：血吸蟲。這個探索過程，一個問題通常有好幾個可能肇因。醫生必須了解人體系統運作，分析環環相扣的生活、病理系統，才有可能找到根本解。

🍃 看見脈絡

脈絡是獨特的過程、弦外之音以及環環相扣的系統。應用到企業時，我們必須鎖定三個層次：使用者、組織、機構脈絡。首先，推出創新的時候，必須有人採用，因此必然有使用者。分析脈絡就是要了解使用者的思維與行為。其次，一項創新必然源自於一個組織，根據這個組織的運作脈絡所發展出來。導入時，創新不一定能相容於導入方的組織脈絡。最後，引進創新時會遇上機構的制約，

而機構不一定能容忍創新所帶來的干擾。如何讓創新可以存活於機構壓力下，而又不失去創新的精神，是一大難題。這三個脈絡就是本書的核心思想。接下來，我們來看看如何理解這三個脈絡（參見圖1-1）。

首部曲：看見使用者脈絡

　　一位朋友在統一企業擔任產品企劃。她發現，臺北人常需要在繁忙之餘小憩一番，三、五同伴喝點東西聊聊天。但是，去咖啡廳費時又耗錢，特別是這些年來臺灣經濟不太景氣。於是，她想出了在7-ELEVEN便利商店喝咖啡的概念，推出「城市咖啡」。便利商店以前是沒有安排座位的。為了配合「城市咖啡」，7-ELEVEN在各商

圖1-1：《思考的脈絡》全書架構

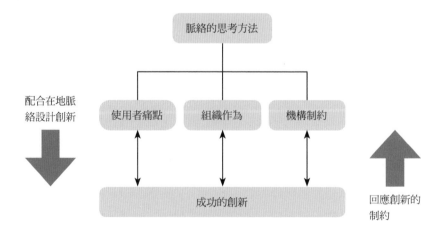

店設立休憩區，還附加網路。這項「咖啡小憩」的創新看來平常，但背後有兩個使用者脈絡。第一，它注意到低價消費的時代，也就是沒錢又想喝咖啡的痛點；第二，它看到臺北人忙碌的生活中，對「小憩」的需求，也就是坐一下但不需要待太久的痛點。了解臺北人的生活痛點，讓小憩暫飲的創新大放異彩。

第二章到第六章就是要分析使用者的想法與做法，了解使用者的生活與工作脈絡，嘗試去觀察使用者的痛點，藉此找出創新的靈感。

第二章由北海道旭山動物園來分析使用者脈絡，理解花豹、海豹、北極熊、企鵝的生態脈絡如何能創新動物園的服務體驗。第三章探討臺灣大車隊在多次失敗中如何找到「領先使用者」的脈絡，運用「關鍵多數」的觀念，創新衛星派遣系統的模式，翻轉即將倒閉的企業。第四章以人物誌（persona）的方法分析新聞報紙的讀者，探討捷運報如何透過人物誌找出設計原則，讓新聞可以更具設計感。

第五章討論趨勢科技案例，介紹科技意會（sensemaking）的觀念。不理解認知脈絡，往往會誤會使用者的想法，導致創新偏離軌道。這個案例帶出四個有趣的故事，理解使用者為何與設計者想得不一樣。第六章的案例包含很精采的歷史故事。博物館的展覽總是令人意興闌珊。一大堆文物擺出來，走馬看花多，理解者少。製作成數位典藏，有互動，卻沒感動。這個案例帶我們進入中華第一國寶《清明上河圖》，由使用者的脈絡來了解如何策展，讓宋朝的生活時尚鮮活起來。

▎貳部曲：找出組織脈絡

企業為了強化競爭力，必須引進創新，就像是導入一套資訊系統，或導入一套管理模式。但是，導入方往往投入大量資源，引進一套創新模式後，卻淪落成畫虎不成反類犬的窘境。為什麼呢？這是因為企業複製了科技，卻忘了融合科技內嵌的組織脈絡。科技可以買，但是科技中的組織脈絡卻不易取得，有時必須靠自己發展。這道理不難懂，想想你若要學少林功夫，拿本書來練練招式是沒用的。就算你學會所有招式的形，也學不會每招每式中如何運氣提神、施力致敵的原則。

第二部分會介紹組織脈絡一系列的觀念，像是組織例規、內嵌性、組織作為、在地脈絡、再脈絡等。第七章到第十一章以五個案例來說明組織脈絡。

第七章剛好是我的親身經歷，說明臺灣如何引進哈佛商學院的個案教學模式，分析為何哈佛知名的涉入式教學法到了臺灣卻窒礙難行。原因就是不理解組織例規。第八章報導一個中德合作技術轉移案。中方複製德方每一個組織架構、管理職能、訓練課程、專案管理以及資訊系統，但是十五年後飛機維修成效不但沒有提升，維修效率反而下降。為什麼越淮為枳？這必須要由中德雙方內嵌的飛機維修的體系，來理解組織脈絡上的差異。

第九章介紹新加坡科技工程集團。我在新加坡的八年時光中，有兩年是泡在這家頂尖企業中。許多企業導入電子競標後卻適得其反，錢不但沒省到，成本反而增加；新加坡科技工程集團卻將電子市集運用的有聲有色。我們將探討這家公司如何發展出一套合適自

己體質的「組織作為」，開創一套獨特的省錢之道。

　　第十章分析迪士尼移轉到東京與巴黎的經驗。迪士尼（美國總部）為何在東京導入迪士尼樂園時（看似文化差異大）本應該困難重重，但卻大獲全勝；而引進巴黎時（看似文化差異小）本應該一氣呵成的，卻反而諸事不順。一成一敗的案例對比，讓我們理解「再脈絡化」的重要性，配合在地脈絡重新調整是創新成功的關鍵。

　　第十一章介紹無線奈米生醫跨領域團隊，由臺灣大學李世光教授主持，探討這個團隊在種種不利的學術環境下，如何成為創新的常勝軍。為何一般科研團隊無法學得無線奈米生醫團隊的研發模式？把一群聰明人放進實驗室中就可以產出超凡的研究成果嗎？無線奈米生醫團隊給我們帶來許多啟發。

▎參部曲：洞察機構脈絡

　　創新不是在真空中導入。任何創新都必須在某種機構下被擴散。例如，學校是一種機構，在臺灣，學校會要求學生將大多時間花在考試上。教育體制是更大的機構，規範所有老師的教學方式與學生的學習方法。企業也是一種機構，會以文化引導員工的價值觀，以法規來管理員工的生產活動，以例規來規範員工的互動模式。社會更是一種機構，有些社會中女性不可以在外拋頭露臉，有些社會中女性卻可以在職場揚眉吐氣。

　　要創新，實踐理想，就不可忽視機構的阻力。例如，學校要推行一項新的教學方案，背後會有教育部這類機構的制約，像是依照法令某些教學方案是不可推動的。機構的影響通常是長期的，會左

右使用者的思維，會規範使用者的行動，有些行動會變成習慣，習慣成自然，之後形成習俗而不自知，成員的心智也就僵固了。

機構有穩定社會的力量，讓組織可以循規蹈矩。但是，機構也會制約創新者。某種程度，創新其實是一種顛覆的力量，試圖革新機構中不合理的做法。當創新超過機構可以容忍的程度時，機構便鎮壓創新者，維護機構所希望的秩序。完美的創新，放入矛盾的機構中，不是被棄之不用，就是用了以後造成更多副作用，危害組織。

第十二章到第十六章說明機構如何能扼殺創新，並討論如何以創意來回應機構的制約。重點是，遇到機構時，千萬別對抗，而要以巧思回應。

第十二章介紹愛迪生導入電燈泡的謀略。當時，愛迪生在面臨瓦斯燈產業的制壓下，如何能將機構的攻勢一一化解呢？我們將探討愛迪生如何洞察機構的脈絡，發展出一系列的策略回應。我們會發現，愛迪生不只是一個聰明的科學家，更是一位厲害的謀略家。

第十三章探討臺灣的7-ELEVEN，在地人暱稱為「小七」，也是成功案例。小七由日本轉移經營模式，但是堅持不複製，而是結合臺灣的在地脈絡，形塑出新的飲食習慣。這個案例告訴我們，要成功地轉移一套創新，除了要入境隨俗外，還要思考如何移風易俗。

第十四章探討當創新者遇上頑強的機構力量時，如何以柔軟又堅韌的方式回應。主角是階梯數位學院。雖然這家公司因財務問題已經暫停營業，但我們不可否定它在臺灣數位學習產業留下的創新紀錄。2002年，階梯推出九年國教的數位學習教材。面對教育體制的制約與激烈的同質性競爭，階梯突發奇招；重新設計產品後，營

業額由每個月新臺幣數十萬元，跳到每月五億元，成為臺灣數位學產業之龍頭，營業額占整體產業八成。有人質疑階梯是以多層次傳銷的方法吸金，可能是詐騙集團。深入了解後發現，傳銷模式只解開謎題的前半部，後半部則是一套柔韌的設計原則。

　　第十五章探討困境中如何無中生有，將制約逐一解開，又能將別人的資源吸引進來。本案例將介紹金傳媒（現已改名為聯合報系活動事業部）舉辦梵谷藝術展的艱苦過程。這個故事會分析策展團隊如何洞察各方機構的制約，以隨創（bricolage，隨手拈來的創新）的方式化解各種阻力，成為助力。

　　第十六章介紹劣勢下如何創新。「劣」這個字由「少力」組成，點出了強勢機構下，弱勢者總是處處受制的困境。少力設計的觀念將讓我們理解弱勢者如何反敗為勝。這個案例解析日本邊緣的香川縣，如何以藝術祭在瀨戶內海創造出跳島旅行的逆境翻轉模式。

就只缺脈絡

　　終曲將做個總結，說明如何善用脈絡讓創新者看見使用者痛點、找出組織的作為、洞察機構的制約。創新者需要透視脈絡，將使用者的痛點轉化為創新的來源，要配合組織作為調適，要巧妙避開機構的制約。如此，創新者方能化阻力為助力，讓創新順利被採納，同時又不會使創新遺害人間。

　　這本書中，我希望以案例來解讀各種脈絡，佐以學術觀念，讓讀者認識脈絡的多樣性。了解脈絡，就能聽到使用者的痛、了解組

織背後的作為、看見機構的隱形制約，也就能化阻力為助力，找到
創新的來源。現在，就讓我們用脈絡的廣角來進入創新的世界。

壹部曲：

看見使用者脈絡

Chapter 2
悲鳴之聲:
旭山動物園的創新物語

聽見悲鳴之聲,看見痛苦之
點,便可找到創新的靈感。

觀念：悲鳴之聲

　　這些年來（2008-2016年），企業為了趕上創新的時尚潮流，紛紛引進「設計思考」（Design Thinking），說是能帶動創意，引導創新[1]。設計思考是史丹佛大學設計學院與顧問公司IDEO聯合炒作的時尚工具。突然間，企業把設計思考變成神丹妙藥，好像服用之後馬上就可以創意無限，讓新產品源源不斷。這樣去神化設計思考讓人很擔心，因為那樣可能會讓愈來愈少人去重視根本性問題。

　　這就像飲酒過多而得肝病的人不去減少應酬，過正常生活，反而拼命吃藻類補藥；以為吃了補藥，肝病就會自然消失。想想，肝這種器官原來是很強壯的，如果被弄到生病，變成肝硬化。那可見這個人應該是長期在蹂躪肝臟。那麼，吃幾顆補藥就會好，怎麼可能。企業長期不重視創新，喜歡抄襲別人的產品，也不想以長期眼光培養人才。以為花錢上幾天「設計思考」課程，就可以讓工程師人人成為發明家，顯然是不切實際的。

　　設計思考只是一套通用工具，讓團隊在創意發想過程中有步驟可循。這套步驟的確可以有紀律地帶出創新構想，但光靠一套工具是不夠的。「設計思考」的根本精神是「思考」，不是設計，而思考的重點則是脈絡。日本設計師原研哉很強調「再出發設計」（re-design），就是脈絡的精神。他要傳達的理念就是回到原點，讓習以為常的物件由全新的角度，重新被認識與詮

釋。原研哉認為，以未知的角度來重新審視已知的事物，才能聽見使用者的「悲鳴之聲」，也才能讓創新者的感覺甦醒[2]。

危機總「動園」

冬季時我到北海道進行調研，來到旭山市動物園；園區很小，開放時間只到下午三點半。我想起一部電影《旭山動物園物語》（2010年8月27日上映）中精采的創新故事。

旭山動物園成立於1967年，是日本最北邊的動物園。1994年，旭山動物園面臨危機，因為園中爆發疑似人畜都會傳染的「胞蟲病」，引發社會恐慌。園方馬上關閉，但隔年重新開幕時，遊客都不見了，業績跌到谷底。其實旭山動物園的問題不只是傳染病。當地居民早就對去動物園玩感到意興闌珊了，只是園方不太關心使用者，一直不知道自己的問題。小孩不想去，是因為園裡的動物總是懶洋洋的。雖然有花豹、海豹、北極熊、企鵝這四大動物明星，但這些有人氣的動物卻一個個沒生氣。

於是，園方做了一個調查。調查顯示，小朋友最希望做的事竟然是：與動物互動，或看到動物與動物互動。例如，小朋友希望抱抱花豹（這⋯⋯也太勇敢了吧！）；或是，小朋友希望看到動物追逐賽，像是海豹追逐企鵝、花豹追逐羚羊等（這⋯⋯也太血腥了吧！）；或是，小朋友希望看到企鵝能在天上飛（這⋯⋯也太有想像力了吧！）。這些使用者期望看來都是不可行的幻想。但是，如

果遊客一直減少，旭山只好面臨關閉的命運，讓動物移轉到其他地區，或是安樂死。

如何挽救旭山動物園呢？更具體一點，我們要如何重新設計花豹展區，如何設計海豹展區，如何設計北極熊展區，又如何設計企鵝展區呢？這些問題不能自己悶著頭想，你得去請教飼養員，了解每一種動物的習性。過去，他們的意見沒有被園方聽見。設計動物的展區前，不能只問小朋友的意見，還必須先知道這些動物的行為脈絡。

花豹：樹上狩獵，完全不累

過去，花豹關在籠子裡，偶爾出來走動一下，就又懶洋洋地躺在地上，或者回洞穴睡覺。飼養員說，花豹的習性是在樹上尋找獵物。過去一直把花豹關在樹下，當然懶洋洋；缺乏運動的時候，不想吃東西，更是有氣無力。當花豹在樹上時，會特別興奮，居高臨下看著「獵物」；小朋友被嚇到，卻很興奮地拿手機拍照。如此，花豹由單方面的觀看，變成與遊客間有趣的互動。

把整個展區搬到樹上，遊客便可以從樹下去觀察花豹的一舉一動。在樹木之間架設通道，花豹就會在獨木橋上活蹦亂跳。就算是花豹在休息，也變成有趣的寵物觀賞。不管是醒著或是睡著，遊客都有各種角度可以看到花豹的生態。來動物園不只有很棒的親子活動，也是學校最佳的戶外教學。

▍海豹：管中窺豹，也要抱抱

　　海豹的展區原本是一個池塘，讓海豹可以繞圈圈游，並設有一個中島提供海豹休息。可是海豹總是提不起勁，連餵食秀時都沒什麼胃口，觀眾也敗興而歸。飼養員解釋，海豹習慣上下游，不是左右游（池塘中）。自然生態中，海豹是悠遊於海底峭壁夾縫之間去追逐獵物。園方於是設置兩層樓高的直立式水管，讓海豹開心地上下游走，感覺像是回到棲息地。小朋友看到海豹突然由水柱裡冒出來，特別興奮，是名符其實的「管中窺豹」。

　　海豹也會人來瘋，會與小朋友逗著玩。遊客靠近玻璃水柱時，海豹會好奇地游過來，彷彿要與遊客說悄悄話。女性遊客則是喜歡擺出一副擁抱的姿勢，與海豹玩起親熱的照相遊戲。游累了，食慾特別好，餵食秀時更有精神地吃個不停。小海豹更萌，最受小朋友歡迎，小海豹玩偶成為暢銷紀念品。

▍北極熊：探熊穴、磨熊爪

　　北極熊之前是被關在一座冰冷的泳池，每次走出來總是沒精打采，或是躲在洞穴中不見客。飼養員解釋，北極熊的覓食方式是在雪地挖個洞，躲在一旁，白絨絨的身軀融入白雪之中，等獵物跑出來透氣時，逮個正著。園方將這樣的習性變成遊客的冒險活動，在北極熊園區地面設計洞口，用強化玻璃蓋住，保護遊客安全。家長可以帶著小孩由洞口窺視北極熊在巢穴的一舉一動。北極熊不時驚喜地看到「獵物」冒出來，遊客也被北極熊開心地嚇到。「熊來了」變成探險活動，讓親子盡興而返。

　　為了讓北極熊更有活力，園方還準備了籃球，丟到冰水中讓北極熊可以「帶球上籃」，也就是讓北極熊抱住籃球到處游。園方在玻璃上抹了蜂蜜，北極熊被吸引去舔，遊客便可以近距離看到熊的模樣。展示區中放著巨大冰塊，讓北極熊可以磨爪子、玩冰塊。北極熊跳水的時候，遊客可以從樓下的大玻璃看到牠的跳水英姿以及潛水萌樣。這樣，北極熊與遊客都很開心。

▍企鵝：大遊行、天空飛

　　企鵝原本被關在籠子裡，只能在小池裡游泳。除了餵食之外，其他時間企鵝在室內大多都變成了「雕像」。可能是因為太無聊，也可能想留點力氣。飼養員解釋，企鵝的習性是在雪地裡集體遊行，到處逛逛，是動物界的好奇寶寶。整天被關在籠子裡，長久下來企鵝會累積很大的壓力。

　　園方於是改變做法，在冬季安排企鵝遊行路線，把遊客「圍起來」，讓企鵝自由。實驗後發現，企鵝並不怕人，而遊客近身看企鵝時也大嘆驚喜，於是便將企鵝遊行變成正式活動。園方設計無柵欄散步，讓企鵝可以運動，維持健康又可以娛樂觀眾。這條路線有平地、有上坡、有下坡。企鵝在平地走路時會搖頭晃腦；上坡時必須晃動小小的翅膀來平衡胖胖的身軀；企鵝憨憨的走步，萌到最高點。下坡時，企鵝會用雪白的肚子滑溜衝下去，更是小朋友最愛看的節目。企鵝有了自由，可以在外面放風；遊客則可以看到企鵝自然生態，雙方都滿意。

　　當地小朋友與企鵝近距離接觸也是種親密的體驗。他們對企

鵝產生感情，不時就想來探望好朋友。企鵝成為當地學童兒時的記憶，也變成外地遊客難忘的回憶。園方知道企鵝喜歡在大池子裡穿梭追逐，於是在池子下方設計一個透明玻璃走廊。觀眾由地下通道看上去，企鵝彷彿在天空飛翔。

創新啟示

　　理解動物的生態脈絡，讓原本衝突的關係變成和諧。其實，旭山動物園並沒有做出重大變革；唯一改變的，是思考的角度。以前是人看動物，現在則是動物與人相看兩不厭，其中有四種創新的互動設計（見表2-1）。

表2-1：理解悲鳴之聲，創意設計源源不斷

	之前	脈絡(悲鳴)	園區設計	互動設計
花豹	樹下來回走，懶洋洋	花豹的習性是在樹上窺探獵物	豹上樹，狩獵完全不累	觀眾當「獵物」，看到有精神的花豹
海豹	池中左右游，不起勁	海豹的習性是在海底峭壁找獵物	管中上下游，活力全開	管中窺豹，還可以抱抱
北極熊	池邊散步，無精打采	北極熊的習性是挖洞等候獵物上門	洞中冒出獵物、冰塊磨爪、抱球漫遊	深入熊穴探險，變成親子遊
企鵝	關在園區，變成「雕像」	企鵝的習性是集體遊行，喜歡在大水域才有速度感	雪上遊行，關人不關企鵝；大池塘中體驗飆速	集體遊行生態展，萌樣迷倒觀眾，海底通道看似天空飛

第一種互動是豹上樹，讓花豹在樹上與遊客互動。讓花豹棲息樹上，高度帶給花豹「權力」，因而就帶出活力，因為見獵心喜。讓花豹在樹上活動，跳躍於樹木之間，才合乎牠的狩獵習性，花豹也因此變得炯炯有神。

第二種互動是管中游，讓海豹上下游，而不是左右游。深度增加體驗，因為水管模擬海中峭壁，海豹與遊客玩的更起勁。有了垂直通管，海豹快樂地上下穿梭於地面池塘與地下水缸，也會變得人來瘋，與遊客玩起親親抱抱的遊戲。

第三種互動是熊來了，窺視北極熊的巢穴帶來新奇；遊客會有冒險的感覺，是最佳親子活動，家長可帶著小孩由洞口窺視北極熊在巢穴的一舉一動。北極熊看到「獵物」（心靈糧食）而心動，也變得活力十足。

第四種互動是地上遊、天空飛。自由帶來韻律；讓企鵝自由行，遊客更感新鮮。讓角色互換，是企鵝看人，不是人看企鵝；圍住人，不是關企鵝，更有娛樂兼教育的效果。設計海底隧道，企鵝看起來就像飛翔於天空。企鵝出外放風時，與遊客的互動更為親密，也讓小朋友雀躍不已。

就這樣，原本默默無名的旭山動物園成為北海道的名勝景點。各地旅館都想盡辦法要將動物園列入旅遊景點。位在北海道道央的星野度假村，原本離旭川市約將近四小時車程，特別推出巴士行程，就為了讓旅客去體驗與動物的新鮮互動。旭山動物園的創新，讓原本乏人問津的動物園，變身成為旅遊熱門景點。

旭山動物園帶給我們什麼樣的創新啟示呢？

　　第一，除了使用者外，還有「被使用者」：以前，我們會把創新的焦點都放在使用者身上。旭山動物園的經驗告訴我們，在使用者的需求外，也要把「被使用者」的痛點考慮進來。深入了解動物的習性，為牠們打造最適宜的生活環境；動物因為自在生活而充滿活力，遊客則因為驚喜而快樂滿足。

　　第二，有道理的，不一定合理：讓遊客與動物互動，嚴格來說這樣的設計並不是什麼驚天動地的創新。但是，為什麼先前都沒有人想到呢？即使到現在，許多動物園也都不去做（並非做不到）。這可能是我們被「硬道理」綁死了。花豹要關在地上；海豹要在水池游；北極熊放在冰池旁；企鵝關在籠子裡。這些看起來對的「道理」，卻不一定「合理」。要創新，我們必須深究道理的合理性，以免掉入思考盲點。企業需要思考「看似有道理、其實不合理」的現狀。

　　第三，思維改變，限制也跟著轉變：遊客去動物園「看動物」，這是天經地義的事；為了遊客安全，園方必須用籠子隔離動物，愈遠愈好。很諷刺，這卻讓遊客來動物園看不到動物。如果反過來想，讓動物「觀賞」人，讓人「偷窺」動物；限制條件反而就變成創新來源。北海道的嚴寒雪地原本是不利條件，轉換用到企鵝遊行時，卻成為珍貴資源。當思維改變了，原先的阻力就有可能變成助力，限制也隨之化解。

　　我們也別忘記，為何當企業有充裕的時間去籌備創新時，卻總是什麼都不做；一定要等遇到危機的時候，才想到要變革。思維解放，制約也跟著解放，重新設計遊客與動物的互動方式，便能讓旭

山動物園起死回生。我們應該開放心胸，勇於改變思維，讓創新追
隨脈絡，共同飛翔。

Chapter 3

關鍵多數：

衛星派遣系統的人性軌跡

對司機來說，「Call 數」才是他
們工作中最重要的數字。

觀念：關鍵多數

創新可以是新上市的產品（像是新手機），可以是新技術（像是奈米科技），可以是新服務（像是餐飲體驗），可以是新商業模式（像是建立 iTune 音樂平臺），或是一個新政策（像是健保制度）或是新趨勢（像是樂活族風尚）。可是很奇怪，這些創新往往推出後乏人問津。原因很簡單，這些新產品或新服務沒有解決使用者的痛點。

新產品本來就是要幫使用者解決生活或工作上的需求。令人驚訝的是，多數企業推出新產品後反而造成使用者的不便。這真的很令人不解。麻省理工學院教授艾瑞克・梵希坡（Eric von Hippel）發現，愈來愈多使用者決定不理生產者（也就是企業），自己動手創新產品。1976 年，他分析科學儀器商業化的過程，赫然發現高達八成比例的產品竟然是由使用者所開發出來的，而不是儀器製造商。

梵希坡在《創新的源頭》一書中點出各領域的領先使用者，像是運動器材、五金產品、外科手術設備、圖書館資訊系統以及 Apache 伺服器（資安軟體），都是因為痛點不被生產者所重視，故而紛紛群起革命[1]。他們對產品太熟悉了，很多人更由業餘嗜好變成達人，所以決定自己來開發新產品。久病成良醫，抱怨的使用者變成創新者。走在產品開發的最前端，這些人便是「領先使用者」（lead users）[2]。如果我們能理解領先使用者的痛點，便可找出創新的靈感，持續改善新產品或服務。

例如，1950年代麻省理工學院教授阿瑪‧博思（Amar G. Bose）為進行一項研究，採購一套立體音響。他挑選市場上號稱最高等級的揚聲器，卻發現這麼貴的揚聲器竟然無法原音重現。他聯絡製造商，製造商也無能為力。於是，他就自己動手研究「心理聲學」，也就是分析人類對聲音的感受力。結果，他發明原音重現的技術，更創立一家公司，就叫Bose。

在創新採納前可以由領先使用者尋找靈感。創新開始採納時，將面對五種不同使用者，他們影響創新是否能成功擴散[3]。這五類使用者是：創新先驅者（innovator）、早期採納者（early adopter）、早期採納大眾（early majority）、晚期採納大眾（late majority）以及落後採納者（laggard）。創新先驅者為數較少，約占總採納人數之2.5%。他們愛冒險，有能力處理複雜的科技，他們喜歡學習新觀念，不畏風險，通常都是第一批採納創新的人。他們不是發明者，卻能發展出許多連發明者都不知道的運用方式。

早期採納者約占總採納人數之13.5%，是群體中的意見領袖，喜歡提供建議給大眾。這些人對創新擴散有決定性的影響。早期採納者是新觀念的傳教士，受到成員的效法與尊敬。當早期採納者願意接受創新時，比較容易觸發多數的採用。他們大多很謹慎，會先看看先驅者運用的狀況，才決定要不要進場。有些早期採納者學習力強，也會後來居上，熟悉應用科技的各種祕訣。

早期採納大眾是跟隨者，約占總採納人數之34%，這群人

是形成大量採納的關鍵。早期採納大眾接受創新的速度早於一般大眾。他們能透視未成熟創新中潛在的風險，會聽取意見領袖（早期採納者）的建議後，才會決定是否採納。晚期採納大眾是時尚盲從者，也占總採納人數的三分之一。他們要等到大多數人都接受創新後才會採納。原因可能是經濟考量，例如等降價；也可能是規避風險，例如等系統穩定；或來自同儕間的壓力，像是「大家都在用，我怎可不用」。

落後採納者是最晚接受創新的一群，占總採納人數的16%。他們是因為不得以才去使用創新，採納決策往往與現實環境有關。他們通常因為資源不足（例如預算不夠）、學習力有限（像是不理解科技）、惰性或是風險規避等原因，才會等到最後才採納。

創新要擴散，必須靠「關鍵多數」（critical mass of adopters）效應。一開始，使用者對創新接受度不高，擴散速度比較慢。當大部分使用者漸漸了解到創新的好處，便會有更多人採用。而關鍵就是讓早期採納大眾帶領追隨者，形成社群影響力，引爆創新採納。當早期採納大眾認可，透過口耳相傳，或者同儕效應，採納的人會如滾雪球般地增加。所以，擴散的祕訣就是透過早期採納大眾去驅動，當採納到達關鍵多數點的時候，社群內會相互影響，加快擴散的速度，像賽車般地飆了起來，一直達到飽和點後，擴散才恢復平穩。

例如，樂高玩具公司會借力先驅者來研發新產品。樂高主要產品是販賣塑膠小磚塊。一直到2000年之前，樂高創新的主

力都是靠自己研發部門。隨著市場萎縮，樂高業績一落千丈。新執行長決定打破框架，向使用者借靈感。樂高研發團隊採訪那些很會玩樂高的小孩、青少年及學生，問他們想要什麼新型的樂高遊戲。結果就推出《星際大戰》、《哈利波特》以及《忍者》等系列產品，在市場上大獲好評。

之後，樂高讓使用者將自己的點子提到一個專屬網站 CUUSOO[4]，只要有一萬個人按讚，樂高就會開發這項產品。樂高更協助使用者組成各類型的俱樂部，向他們蒐集新產品創意，而使用者也很樂意免費提供創意。樂高最令人稱讚的產品是 Mind Storms，這個觀念是把樂高磚以及電動馬達結合，變成小機器人。初期，樂高機器人的功能很簡單，只能前進後退、鞠躬敬禮。不久，機器人程式被破解，使用者開始改寫程式，讓機器人做更多事，像是拍蒼蠅、拿飼料去餵魚、幫忙拿拖鞋、跳饒舌舞等瑣事。樂高大方公開程式碼，協助使用者分享程式。軟體更多元，結果讓這項產品大賣。

iCall 好系統，不受歡迎

接下來，我們來探索一套衛星派遣系統的採納問題。這項研究大約是在2002年展開調查，任務是理解臺灣大車隊公司（以下簡稱大車隊）為何招募不到會員；為何計程車司機不願意採納一項優良的衛星派遣系統。大車隊於2000年成立時，以高科技與品牌形象

進入市場，在臺灣掀起一陣熱潮。大車隊最初是由鼎漢工程顧問公司旗下的鼎華科技公司（以下簡稱鼎華）與新加坡康福計程車公司（Comfort Taxi）於2001年所共同合資創立。康福是應用衛星派遣科技的佼佼者，鼎華引進康福的CabLink系統，並改名為iCall。

　　2002年7月大車隊正式營運，採取會員制，提供計程車派遣服務。當時，臺北市空車率高，約75%，但乘客卻找不到車子，這是很弔詭的情況。大車隊由新加坡引進了iCall系統後，本以為可以很快地招募兩萬名會員。但天不從人願，五年時間會員數一路由六百名搖搖晃晃地攀升到二千名。歷經三次組織改造，中間還因財務狀況差點倒閉，之後就在二千名會員上下震盪。從2008年起，大車隊的會員數雖漸漸爬升到三千人，成為全臺最大的品牌計程車隊，但是離損益平衡的六千臺還是有一段的差距。大車隊如何才可以達到「六千」關卡？

　　沒有引進衛星派遣系統之前，計程車司機習慣四種做生意的方式：去人潮多的地方、加入計程車公司、到計程車招呼站或加入無線電派遣車隊。這些方式的營業範圍有限。初期導入時，計程車司機還滿喜歡大車隊的品牌效益。一位司機說：「如果有三臺計程車在等紅燈，乘客一定會選擇我的車。高科技車隊的品牌形象，讓我在街上跑起來更有競爭力。」iCall擴展司機的營業範圍，降低空車率，按理說前景一片看好。

　　iCall有兩項核心功能。首先，以衛星即時追蹤車輛位置，驗證車輛行經的路線，解決司機與乘客間的爭執。其次，透過電腦自動派遣計程車，省去人工派車作業。被竊時，衛星系統也可以馬上定

位，及時找回車輛。這套系統的運作模式很簡單。乘客以電話與客服中心聯繫，提供所在位置。服務人員先辨識乘客的地理位置，以衛星搜尋兩平方公里內的計程車，將任務派遣給距離最近的車輛，再與客戶確認派車。當乘客預計用車時間超過三十分鐘以上，派遣任務會開放給所有隊員競標。如果是長途預約任務，iCall則以輪班順序，依序號派遣給司機。

iCall的派遣規則是修訂自康福。當兩輛以上的計程車同時被系統偵測到時，司機必須以競標方式來爭取任務。誰先送出的ETA（估計到達時間，Estimate Time of Arrival）少，誰就贏得該項任務。然而，這種競標模式並不適用於臺北，因為司機輸掉競標時容易心情不好，不服氣的人會到客服中心吵鬧。為此，大車隊改為「1+4派遣」方法：以距離最近的一輛計程車優先派遣，其餘鄰近四輛車為候補。若是第一順位拒絕任務，系統便遞補。

隊員流失一直是大車隊頭痛的問題。許多司機加入大車隊三個月後就離隊。他們認為派遣數不夠，支付月租費新臺幣三千元是不划算的。隊員服務部經理唐玄武認為，司機不會使用iCall應該是主因；因為教育訓練不足，所以不知道如何運用系統，也就接不到派遣。派遣數不夠，還容易引起司機胡思亂想。一位司機便覺得大車隊的派遣機制不公平：「為什麼其他司機的派遣接的比我多？我的工作時間比他們都長啊。他們一定是與服務人員勾結，所以才能得到更多的派遣。」

有司機認為是市場飽和問題，衛星系統根本沒用：「加入哪一家計程車公司都是沒用的。你看，臺北市滿街計程車在街上繞來繞

去，一大堆空車。乘客根本不用打電話叫車，只要走在路上，手一揮就有了。」

要理解採納問題，我們先探索一下司機的脈絡。

▌第一階段：品牌車隊，重視接聽品質

鼎華於2001年創立大車隊，由洪軍燭擔任總經理，集資新臺幣二億二千萬元導入衛星系統。大車隊並不是車行，而是以品牌為主的資訊服務公司。派遣中心外包給「臺灣客服」公司。臺灣客服著重在接線人員的服務態度，但派遣效率卻變慢。隊員加入前，要先安裝車機（衛星定位系統接收器和無線通訊數據機）。當時，每臺裝置約為新臺幣三萬元，後來才降到一萬元。會員的裝機成本由大車隊負責，司機必須繳交三千元的月費，以及車機保證金一萬元。到後期，會員費降至一千五百元，外加每次派遣十元的服務費，到達三千元就不額外收費。這對司機是不低的門檻。

2001年至2002年間，創始隊員成立自主性紀律委員並進行隊員編組。以二十人左右為一小隊，設小隊長、分隊長與中隊長。一位中隊長回憶：「那時候的理想是仿效英國、日本，成立一個紳士車隊，讓乘客轉變對傳統運匠（按：運匠是司機的俗稱）的不好印象。」

在隊員的戮力經營下，大車隊建立了口碑。例如，一位司機專程把客人遺忘的手機送回，使一位企業家免去苦惱。另一位司機因走錯路，延誤些許時間而不收客人車資，使乘客大為感動。一位小孩生病倒地，在眾多路人袖手旁觀下，一位大車隊司機見義勇為，

送母親與小孩至醫院急診。一位外商主管對大車隊的服務讚許有加，因為在臺灣很難有司機會下車幫客人開車門、卸行李，放到推車上前，還幫客人撢掉行李上的灰塵。

大車隊在交通尖峰期，每日有一萬七千通進線電話，接到約80%，派遣有一萬件，完成率約75%。每日運營中，叫車容量在七千通時，任務之完成率尚可達到80%，但是在七千通後則每況愈下，完成率會掉到75%，或者更低。

大車隊面臨三個問題。第一是客服中心的成本過高。臺灣客服每日要投入二百人力工時，每人每小時約接聽二十二通電話，三十多位接線生每個月要花費新臺幣二百至二百五十萬以上的成本。算起來，每一通電話服務成本約新臺幣十元以上，對新創事業是一筆龐大的開銷。第二是客服中心人力不足，系統初期也不穩定，乘客常因為無法進線，或等待太久而放棄。第三，乘客叫車雖能進線，但大車隊只有一千六百輛車，白天時段只有約九百輛，仍是供不應求。司機在顛峰時段往往拒絕接派遣，而選擇路招乘客。原因是電話叫車的客戶常為趕時間而改變心意，到路邊攔車。司機大費周章地到達目的地之後，乘客卻不見了。

系統建置成本及客服營運成本過高，造成資金耗盡。大車隊投入龐大行銷費用打廣告。但此舉加速資金的消耗，當電視廣告推出後，叫車量激增，隊員卻沒有如預期增加，導致客服容量超載，電話打不進來。乘客叫不到車，抱怨頻頻發生。

鼎華以月租費新臺幣三千元為主要收入來源，但三千元對司機來說不是一筆小數目。要司機由其他車隊轉到大車隊更不容易。許

多司機雖有心加入大車隊，但本身被現有合約所綁（為期一年到三年不等），不可能馬上毀約。另外，隊員一聽到負面消息頻傳，就離開大車隊又回到個人車行的營業模式。退機率一增加，大車隊又要負擔拆機成本。在這樣的惡性循環下，iCall 終於在 2003 年 3 月 26 日斷訊，面臨財務危機。

▍第二階段：翻新系統，Call Me Five 新服務

第二階段是大車隊的危機處理期。鼎華在 2004 年 4 月找到一位飯店業的投資者，希望能挹注資金、重整公司。由於經營理念不合，新任董事長把大車隊改名為「熊貓車隊」，雖出自個人偏好，卻讓創始隊員感到不滿，與隊員產生衝突。不久，許多核心成員離開大車隊，車輛數由一千六百臺掉到九百臺，至 2004 年 6 月更掉到六百多臺。

到 2004 年 6 月 14 日，乘客每日進線掉到一千通。大車隊將客服中心由外包轉為自行經營，客服人員降到二十四名，服務成本則降至每通新臺幣六元。此時每日約只有五百通電話進線。工作重點由「專業接聽，重服務品質」改為「親切接聽，重派遣效率」。2004 年 7 月，大車隊與熊貓經營團隊的合作正式破裂。大車隊找來過去的合作夥伴 —— 季庸顧問公司前來協助，由徐伯毅任副總經理。重整後一年，隊員數爬升回一千四百名，舊隊員重新歸隊，同時把經營權交還專業經理人，熊貓車牌被全面拆撤。

為解決系統派遣穩定度，2005 年 7 月到 9 月間，大車隊全面更換 GPRS 通訊系統，使衛星訊息不會因建築物障礙而收訊不良。2006

年3月大車隊推出「Call Me Five」服務；乘客可設定五個常用叫車點，以語音系統直接由電腦派遣，增加效率。客服中心將原來的兩班制改為三班制，安排重疊換班時間，以便交接派遣狀況；休假改為每月八天，上班九小時中可休息一小時。這些措施讓派遣漸漸由每天一千通爬升到四千通、六千通（2005年7月），持續穩定成長至七千五百通，完成率也提升到85%。

到2005年9月，隊員又回升到一千六百位。可是就在此時，營運資金又耗盡，營收不見起色。人心惶惶之際，隊員又開始離開。離隊者一多，又增加行政成本。季庸團隊必須盡快找到下一位投資者。

▎第三階段：改變為通路，人海戰術

2005年10月，經營團隊找到新投資人林村田，原經營全虹通訊連鎖企業。林村田將全虹轉手賣給遠傳後，正尋找另一事業版圖。他過去是鼎華的小股東，與洪軍燦和徐伯毅相談甚歡，決定投資大車隊，擔任董事長一職，仍借重洪軍燦團隊，繼續車隊的營運工作。

林村田認為，計程車產業在未來會被迫轉型為服務業。大車隊會是計程車產業的7-ELEVEN。他認為全虹是通路，大車隊也可以是通路。當車隊規模建立起來後，除了廣告收入外，司機社群的食、衣、住、行、育、樂所帶來的商機，才是大車隊的營收目標。舉凡計程車的維修保養、換車貸款、托兒所，都是持續性營收來源。

半年內，新經營團隊進行大幅度變革。首先，公司請新加坡科技修改軟體，更換電信設備，以提升派遣容量。接著，林村田向新

加坡科技購入約一萬部機臺,以備擴展車隊之用。月租費仍是1500＋10x(x為派遣數),也就是一個月只要接到超過二百通派遣以上就只繳三千元。後來,大車隊推出三個月免費試用方案。

2006年2月,大車隊成立二十人的業務部門,預計擴充到二百人,希望每位業務員一個月平均可招募十位隊員。業務人員專門到司機休息站、加油站、排班點、醫院及捷運站等地點去招募。由於這些地點出車率較慢,所以業務人員有時間和司機解釋這些招募方案。大車隊希望以人海戰術在2007年底前招收到一萬名司機,以壯大車隊的聲勢。

在2006年底,獎勵措施及人海戰略讓隊員數提升到三千人。但截至2007年初,隊員規模仍維持在將近二千名左右,因為入隊的會員以及離開的會員幾乎一樣多,離目標一萬臺車隊規模尚有一大段差距。2008年,洪軍�離開公司。

黃金點的脈絡

市場有需求,系統也穩定,客服有效率,加上強大的銷售,為何計程車司機對iCall仍舊無動於衷呢?為什麼司機來了又走?案情撲朔迷離,研究小組在迷霧中摸索前進,嘗試找出線索。採訪約三百名計程車司機後,我們並沒有了解更多。有一次,研究團隊在大車隊汀州街總部(以前的總公司地點)晃來晃去時,意外看到一大排列表機,才找到線索。原來就是「派車數」。

現在,大車隊已經全面電腦化作業。當時每到月底,隊員必須

回到總部繳費。除了會費一千五百元外，每一通派遣要收十元，達到三千元時就定額收費。每到月底，一大排點陣式印表機就必須用力地把司機每月的派遣數印出來，讓司機拿到櫃臺繳費。那是一幅壯觀的畫面，一大群司機排隊看印表機，然後到櫃臺討價還價，不時還吵了起來。

印表機表單上密密麻麻的數字讓我看的入神，根本沒空注意櫃檯的緊張氣氛。表單中，有些司機一個月才接到五十通派遣，有些司機則有九十至一百五十多通。奇怪的是，少數司機竟然可以拿到三百五十通以上。我們將派遣數與收入交叉對比，發現每月接到五十通與三百通派遣的隊員是最穩定的會員，收入也最高。會游離的隊員是每月收到九十至一百五十通的隊員，他們的月收入也較低。

關鍵性的三百通司機

每月只拿五十通派遣的司機怎會賺到錢？令人疑惑。去拜訪他們後，才理解這群司機是用 iCall 來挑選優質客人，特別是來自商業區或豪華住宅區的派遣，他們會快速接受。否則，除非是必要，他們一般都不接。這些「五十通司機」不是靠派遣數來增加收入，而是靠派遣挑客戶。

一位司機提到如此挑客人的原因：「大多數客人是鈍感的，你提供好的服務，他們並不一定感受得到，也不了解服務的價值。iCall 可以幫我做篩選，找到好客人。不過，iCall 只是個餌，你的服務品質好不好，決定於魚（乘客）是否會繼續上鉤。」

那怎麼會有司機可以拿到三百至三百五十通以上的派遣呢？這

代表，他們每天可以收到十通以上的派遣。那又代表，這些司機一開車出去就一個客人接著一個客人地上門。他們是如何做到的？

許多「三百通司機」都曾加入過無線電派遣車隊，對科技使用並不陌生。他們有一套運作方法，很有系統地記錄iCall派遣地點，暱稱為「黃金點」。他們早在無線電車隊時就開始記錄黃金點，衛星派遣系統則讓司機更容易蒐集這些資訊。

我們來看一個非正式的小組，隊員有七個人，自行取名叫「168」（諧音：一路發）小隊。這個小隊採用iCall不久後便發現，衛星可以提供大量的乘客上車地點，涵蓋地區又廣。過去用無線電派遣時，他們靠記憶知道哪裡會有常客。現在資料量大，他們要用紙筆記錄下來。一位司機談到他的轉型經驗：「我們這組人對乘客上車地點特別敏感。我以前可以用腦袋記下三、五十個地點都沒問題。現在每個禮拜，我們這個小組就可以蒐集一百多個『黃金點』。後來，我們乾脆把這些上車地點和時間，以二十分鐘做間隔來整理，這樣就可以蒐集散布在臺北市各處的『黃金點』了。」

「黃金點」這個名詞成了「168小隊」司機間的密碼。他們開始由游牧式找客人變成系統化巡車。「168小隊」每週五會舉辦「讀書會」，隊員會將當週蒐集到的黃金點送交給小隊長，並分享當週使用iCall的心得。小隊長將資料依每二十分鐘為一單元，用程式將地點依地區別整理，然後分白天與夜晚整理成冊，每週更新。

這位小隊長得意地說明這項設計背後的用意：「你看，現在三點，我在復興南路和忠孝東路交叉口，馬上可以查表，先找這區的地點，再找時段。在忠孝東路大陸大樓這個『黃金點』，三點到三

點二十分有七個點。所以我待會直接繞去那裡等。先熄火，喝點東西，順便休息一下，保證馬上有客人上門。」

　　這群黃金點司機不是努力地巡車，也不是被動地等待派遣，而是讓自己被衛星「找到」。iCall成了地理與時間坐標，協助司機精準地找到乘客。一位司機笑嘻嘻地解釋：「iCall最強的功能不是衛星定位，是它預測『黃金點』的能力。iCall幫我畫出一張藏寶圖。寶藏不是只放在一個地方，我蒐集愈多『黃金點』，找到寶藏的機會愈大，空車的機率就愈低。當我的藏寶圖上遍地都是『黃金點』的時候，我就可以走到哪，撈到哪。」

　　另一位精通科技的司機解釋：「我就像站在101大樓上一樣，馬上就知道信義區附近的『黃金點』，知道哪裡會有客人。然後我可以由最省油、最不堵車的路，馬上到這個『黃金點』去等乘客。」

　　這群司機透過黃金點增加收入，多數月收入約為新臺幣七萬元。技巧純熟的司機甚至可達十萬元月收入。

由黃金點到空排點

　　所以，我們是不是直接套用黃金點呢？讓司機拿一大本類似康熙字典的「黃金點手冊」，在街上繞來繞去。這當然不好，一方面是查閱不易，另一方面是容易引發衝突。萬一，一個黃金點來了十位司機怎麼辦？

　　解決方案其實不難，就是將時間與空間的資訊交叉運用。大車隊在2009年悟出這個道理，用資料探勘的方式（大數據），將黃金點集合起來，變成一個「黃金區」。一個「區」在衛星系統中被

定義為三百至五百公尺見方的菱形格子。大車隊在大臺北地區找出四十四個經常派遣區，或稱之為「空中排班點」（見表3-1）。將黃金點變成黃金區，就成為「空中排班點」的設計。

「空中排班點」的設計是讓司機進入這些區域時，由系統發放排序號碼（像是醫院的掛號系統），以統籌排班的模式分發工作。這個模式會引導司機繞行在高派遣率的地區，減低整體空車率。當司機有系統地穿梭在不同空排點之間，不僅可以降低風險，同時也增加收入。如果司機是蜜蜂，空中排班點便是蜂蜜，吸引計程車司機到叫車頻率高的地區，以舒緩尖峰需求。這也就是「服務庫存」（service inventory）的觀念，將服務容量預先引導到高需求地區[5]。

空中排班點最大的好處就是將服務需求透明化，讓司機有誘因往空排點聚集。這無異擴展了簽約點，也改善了零散派遣的缺點，將服務容量往高需求區集結。空中排班點將服務「庫存」起來，使供需分布更平均。有些司機更發展出對不同空排點的在地知識，幫助他們遊走於空排點之間。

一位熟稔空排點的司機如數家珍評論每一個她討厭的空排點：「我是不會去板橋火車站那個空排班；那邊隊伍長、出車慢，接到的客人都是短程。喜來登飯店那個排班點我也不喜歡，那裡有個小隊長訂了許多規矩，很討厭。統領百貨附近的空排點更不好，常會接到酒客，要是吐了出來，我就賠大了，光洗車一次就要兩、三千塊。我也討厭吳興街附近的空排點，因為哪裡巷道多又窄。我的車大，不小心就會被刮到。我也不喜歡信義路五段環球世貿，有過慘痛的回憶，因為要倒車卻不小心把摩托車全部撞倒。美麗華排班點

表3-1：空中排班點示意說明（資料提供：臺灣大車隊）

排班點名稱	地區	排班點名稱	地區
交博館	中正區	板橋火車站	板橋市
喜來登榮城	中正區	板橋縣議會	板橋市
松江吉林國小	中山區	新店北新站	新店市
王朝大酒店站	松山區	新店湯泉	新店市
京華城	松山區	中和建一健康	中和市
忠孝東四段	大安區	四號公園站	中和市
遠東飯店	大安區	東森站	中和市
西門六號	萬華區	南勢角捷運站	中和市
艋舺西園	萬華區	中華中學	土城市
國泰金控	信義區	板橋地院	土城市
天母天玉	士林區	樹林火車站	樹林市
天母忠誠忠義	士林區	鶯歌國中	鶯歌鎮
捷運新北投	北投區	正義國小	三重市
榮總	北投區	碧華國小	三重市
關渡華碩	北投區	民安國小	新莊市
公視A棟	內湖區	新莊幸福	新莊市
臺新銀行	內湖區	泰山仁愛	泰山鄉
美麗華	內湖區	蘆洲空大	蘆洲市
木柵興隆	文山區	五股工業區	五股鄉

（內湖）要等很久，又有糾察隊，不能聊天，不好玩，所以我也較少跑那。」

也有司機喜歡不同的空排點：「信義區松仁路101大樓附近的空排點有很多企業會員，十點後就加成空排點；十一點之後有很多外國人去pub，小費給的多。我也喜歡京華城的空排點，可以聊天、蒐集隊員意見、上廁所，常常會載到長途的客人。松仁路國泰金控的空排點有不少日本客人，我最喜歡；他們不囉唆、也不會要你找零錢。西門町空排點也不錯，但是要繞到館前路去等，可以接到臺大醫院的客人。還有，內湖遠傳的空排點，要上下班時人潮才會多，晚上人少。」

這些豐富的空排點知識幫助司機趨吉避凶，提升車輛使用率。少前往耗時費力的空排點，就可以減低空車率，道理就如此簡單。如此，司機的工作行為由「規劃路線」變成「區域集結」。

空排點推出後大受隊員歡迎。他們可以自由進出過去被霸占的公共排班地點，不需進入實體計程車招呼站。一位資深經理說明：「這些空中排班點就像虛擬的計程車招呼站。既然實體排班點我們進不去，又要顧那麼多個簽約點，我們乾脆就把排班點搬到天空。司機進入一個空排點後，可以選擇要不要排班。如果要，系統就會給一個序號，也就是這一區進線的總量按照順序排列。司機可以在這一區一邊巡客、一邊看號碼。這樣比困在固定排班點要彈性多了。」

空排點讓每日進線量增加到三至六萬通，在2010年，空中排班點發揮效用，使「一百五十通」司機變成「二百五十通」。這類的司機大幅增加時，口碑效益也就出現，使會員數爬升八千名。此

時，大車隊每日服務達十八萬名乘客，每日進線量為三萬至六萬通。在2013年更突破一萬兩千位會員。之後，大車隊的服務區域也推展到基隆、桃園、新竹、臺中、嘉義、臺南和高雄等縣市，成為臺灣規模最大的衛星計程車隊。2012年11月6日，大車隊正式核准登錄為上櫃公司（2640），之後上市。

創新啟示

臺灣大車隊的經驗可以帶給我們三項創新啟示。

第一，痛點有多深，創新就有多亮。設計者的工作在創新導入後才真正開始。追蹤領先使用者如何用科技，理解他們的痛點，是創意來源。企業常常有一種迷思，以為導入科技後就可以強化生產力。我們常忘記，當使用者還未經歷，就很難理解科技真正的潛力。只要持續地觀察領先使用者如何摸索科技，將科技融入工作中，就可以看見使用者的痛點，也就能找出創意，像是由司機的黃金點找出空排點的設計。

其實，這些黃金點資料累積幾年後，還可以解決另外一個更大的痛點，也就是應付高峰需求。我們可以用iCall的歷史資料，分析出某區過去不同時段的進線量，由派遣中心預測服務庫存，調度車輛去消化需求。例如，我們可以由iCall資料庫分析出，南港展覽館的空排點在某月會有展覽活動；木柵區的某週五下午都會下雷陣雨；這些進線量會暴增的地區，可以預先調度車輛去支援。我們愈能掌握使用者的痛點，就愈能痛定思痛，找出創意的解決方案。

第二，槓動關鍵多數的策略。設計者要學會善用各類使用者
（參見表3-2）。有的使用者願意承擔風險，樂意早點採用科技。有的
使用者比較保守，一定要等很多人都使用，他們才願意跟著採納。
有些使用者比較敏銳，很快就知道如何將科技融入工作中；有些使
用者則比較遲鈍，採用很久後還是搞不懂如何善用科技。我們可以
向領先使用者學習還在構思中的產品；向先驅使用者學習如何巧用
科技；設法讓早期採納者形塑口碑，促發關鍵多數，使得早期採納

表3-2：使用者類型分析

司機類別	特質	行為脈絡	創新啟示
五十通	到特定地點挑選客人，守株待兔，提供高品質服務。	將乘客轉變成常客，溫馨接送客人，常有額外服務，像是贈送早餐，小費高。	他們是先驅使用者，發現科技的特質，結合自己的專長（服務），建構出新的計程車服務模式。
九十通	月收入低（新臺幣二萬至三萬元），因此抱怨多。	營業土法煉鋼，每天以自己熟悉方法跑車，隨機找客戶。	他們是典型的後期大眾，會抱怨但不知原因，離隊率高。若能引導他們集結到派遣多的區域，便可解決他們的痛點。
三百通	每天接不完，收入約新臺幣七萬至十萬元。他們熟悉科技特質並願意承擔風險。	記錄黃金點，每二十分鐘（時間）在各地區（空間）的上車時間與地址。	他們是先驅使用者與早期大眾，可讓他們分享知識給隊員；將黃金點變成「空排點」，可形成服務庫存，降低空車率，也可變成知識財。

大眾、晚期採納大眾與落後採納者隨後跟進。理解各種使用者的特性，才能善用這些特質，有策略地撬動關鍵多數，讓創新擴散。只是花大錢投入廣告，發動人海業務戰術，不見得是明智的做法。

分析使用者的工作脈絡可以幫助我們理解科技的潛能，浮現科技被隱藏的價值。當這些價值被凸顯出來，不用大肆宣傳，其他使用者自然就會紛湧而進，創新採納也就能穩穩地飆到關鍵多數。

第三，找出科技的獨特內涵。每一種科技都有其內涵，而不只是技術功能。iCall的價值不只是衛星，也不只是派遣，而是系統所累積的「時間」與「空間」資訊；整合空間與時間資訊之後，更可提供創新的移動服務。善用這些資訊，衛星派遣系統的價值才會浮現出來。如果進一步思考，還可以設計出各種新服務。例如，當司機從臺北載送客人到中壢後，iCall可以協助該司機尋找中壢沿線是否有客人需要坐車返回臺北。這種媒合功能可以降低跨區域的空車率。又如，iCall也可以整理各個空中排班點中任一時段所有的進線量以及車輛數，幫助司機預先選擇進入哪一個空中排班點，提升派遣效率。

要讓一項創新擴散，必須讓科技的潛在價值浮現出來，才能善用科技，而不會慘用科技。價值要浮現出來，我們必須關心使用者的工作脈絡，理解他們的痛點，方能依據科技的特質創造出嶄新的方案。

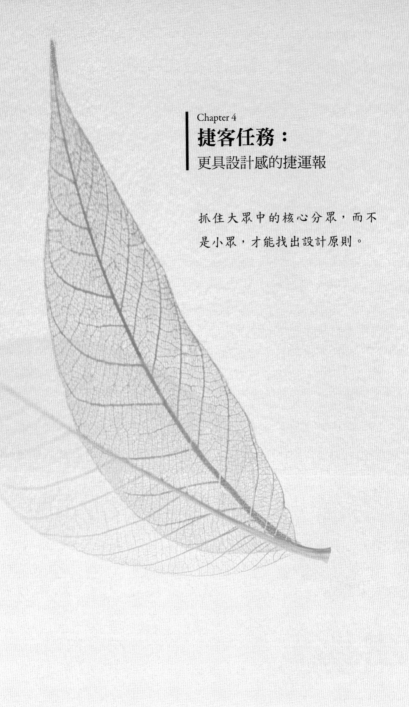

Chapter 4

捷客任務：
更具設計感的捷運報

抓住大眾中的核心分眾，而不
是小眾，才能找出設計原則。

觀念：人物誌

　　以使用者為中心必須先將使用者具象化，讓工程師心中存在使用者，提醒自己處處以使用者為核心來進行設計。這需要讓設計團隊對使用者的特質有共識。另一種理解使用者脈絡的方法就是運用人物誌（Persona，用日誌的手法詳細描述一個人物）[1]。類似戲劇的做法，人物誌利用深入的角色描寫，建構出使用者的模樣，並以此設計符合需求的產品。目的是翻轉過去先研發而後才思考目標市場的思維。Yahoo辦公室牆上便張貼大型人物誌，提醒設計師在創新過程中要時時與使用者對話，以降低新產品失敗風險。

　　將同一類型的使用者變成一個人物，給予鮮明的角色，類似戲劇中的主角，然後仔細地傾聽他的需求，根據他的痛點來設計新產品、新服務。設計一個生動人物誌，必須詳細地描述角色，讓人物的行為舉止有個性。成功的人物設計，能使虛構使用者彷彿真正存在，讓設計者可以持續與該人物對話。

　　人物誌也就是設計一位真實的「虛擬使用者」，可以由五個面向著手。第一是外觀，找出代表人物的照片。除了長相與身材，更可以包括人物的動作、姿勢與服裝，提供理解角色的重要線索。第二是心理，人物的快樂、憤怒、悲傷、慾望、恐懼等。掌握人物形成的人格，理解他對人生的態度，凸顯面對某類問題的反應。第三是背景，建構人物的社會特徵，像是年齡、性別、家庭、文化、種族、教育程度、職業、生活習慣

等，這些背景可以形塑出該角色的能力與態度。

　　第四是個性，細緻地去分析人物的嗜好和習慣，分析角色對生活周遭事物的觀感。使用者喜歡什麼、討厭什麼、使用產品過程中有哪些「痛點」，又有哪些悲鳴之聲。第五是角色，在小說中人物的角色可以是單純的，也可以是複雜的。單純角色只具有一種特質，性格相對固定，行為容易預測，如壞心的老闆、大仁哥式的暖男、斤斤計較的小資女、忠心耿耿的管家等。複雜一點的角色則擁有多重的特質，行為不易預測，如壞心眼的警察、亦正亦邪的強盜、搖擺不定的領袖等。在設計人物時，角色層次愈複雜，愈可以避免落入刻板印象。不過，在一開始設計人物時，先以單純的角色為主即可。

　　人物誌大約可分為四大步驟。第一，找出該領域的關鍵人物型態，檢核哪幾種人物影響最大，例如有些人物關係網絡廣，容易協助擴散創新，有的人物則是在社群中具備技術能力，他們的推薦很快就會被社群所接受。定義人物時要盡量避免過度空泛，像是男人與女人、小孩與老人、消費額度高與不常來消費等。這樣的分眾雖沒有錯，但很難聚焦。人物設計最好配合企業實況，例如銀行業設計新一代店型時，可能會需要知道「明日之星」的人物誌，也就是收入新臺幣五萬元以上的社會新鮮人；老招牌餐廳轉型時，可能需要理解老、中、青三代客戶的人物誌。

　　第二，展開人物誌細部設計，含角色設定、行為特質、捷運活動。採訪代表性使用者，歸納人物特質，並排除不契合的

對象。第三，先鎖定一個主題，比較自己與對手提供的產品或服務，找出原本產品或服務的設計原則。蒐集使用者對採用原有產品或服務所遭遇的痛點。透過痛點反饋，企業可比較自己的產品或服務與對手有何差異，藉此找出使用者期望的設計原則。第四，這樣的比較需要反覆數次，新的設計原則便會愈來愈清晰。企業便可以依照新的設計原則來改善新產品或新服務。

以下我們就捷運報來說明人物誌的應用方式。

任務：為捷運族設計報紙

在傳統報紙的廣告收入大幅下跌，網路新聞也難以吸引廣告商的預算時，捷運報（或稱地鐵報）卻在斯德哥爾摩、倫敦締造出佳績。捷運新聞吸引到一群行動讀者。1995年，瑞典都會國際集團（Metro International S.A.）開始在地鐵站發行免費報，打入歐洲、北美洲、南美洲與香港等一百多個城市，全球廣告年增長率高達四成以上。2004年《都市日報》在香港地鐵刮起一陣旋風。免費報所掀起的報業革命，讓許多媒體開始反省過去的編輯策略，是否已無法滿足新一代讀者的需求。

2007年3月26日，聯合報系以約一億四千萬元投標金，拿下臺北市政府捷運報《Upaper》的獨家發行權。這個金額比競爭對手壹傳媒投標價的兩千五百萬元，高出將近五倍。捷運報嘗試開拓多元合作，鎖定的是一群關心生活情報的「捷運通勤族」。聯合報系認

為，捷運族正是行動化最高的一群人，這個族群不但年輕，16至39歲，學歷較高，也重視生活品質，消費能力驚人；而上班族小資女應該是核心讀者[1]。

捷運報以這一族群為主提供新聞內容，提供有關臺北的生活、消費、休閒消息。不過，直到2014年初，《Upaper》的新聞內容仍未能勝過《爽報》，讀者群大量下滑。讀者反應，《Upaper》的新聞常常是過期重編，報導內容制式化而單調，更缺乏知識性。於是，取報的人愈來愈少，看過的人抱怨愈來愈多。捷運報要如何改變報紙的內容呢？

透過捷運報網路社群統計指出，小資女其實並非是最核心的客群。反而，男性工程師族群是主力讀者之一，他們閱讀《Upaper》的一大動機是為了找約會用的餐廳。讓我們稱這號人物為「戀人」。如何為「戀人」找餐廳設計出新的新聞內容呢？以下將先由人物誌分析開始，理解戀人的行為脈絡，由現行的產品分析讀者的痛點，找出新的設計原則，最後提出新的設計構想。

戀人的特質

「戀人」正逢適婚年齡，常被親人安排相親活動，急著找到結婚對象。這位叫「邱彼特」的捷運報讀者是現年37歲的男生，身高171公分，體重69公斤，平常穿著簡單的T-shirt與牛仔褲。邱彼特在知名大學研究所畢業後，進入一家科技公司，工作努力且薪水穩定（見表4-1）。

邱彼特上班都搭捷運。在短暫的乘車時間，他會塞住耳朵聽

表4-1：「戀人」之人物誌

人物：戀人（定義：正逢適婚年齡，常被親人安排相親活動，急著找到結婚對象。）
姓名：邱彼特
性別：男　年齡：37　身高：171公分　體重：69公斤

研究所畢業後，第二份工作是擔任一家臺灣電子公司的工程師，平時工作努力，薪水穩定，已經存了結婚基金。水瓶座的他，看似活潑外向，但單獨與女生相處卻不知聊哪些話題，每次相親（聯誼）後都無疾而終。

經典的話：如果相親也有SOP就好了。

特徵：喜歡結交朋友，聽朋友經驗分享。個性外向，熱心助人，常需要參加各種聯誼活動，也需要幫朋友與上司安排活動。

行為：邱彼特上班都必須搭捷運。在短暫的乘車時間，他會拿出手機開始瀏覽Facebook、跟朋友聊Line、塞住耳朵聽音樂放空、快速瀏覽即時新聞。一進到公司，整天的戰鬥正式開始。邱彼特認為，在資訊爆炸的時代，新聞很快就變舊聞，要花時間「懂」這些新聞太累，他只需要「知道」就夠了。在通勤時，他會看捷運報，包括《Upaper》及《爽報》，找些靈感。他最近常參加聯誼、相親，很留意餐廳相關的資訊。看了好多吃喝玩樂報導，但都沒有他想要的資訊。他想知道哪一家餐廳比較適合與異性交往。

最關心的主題：找相親（約會）餐廳
邱彼特不只希望能找到適合的餐廳，更想有多一點的選擇，也希望由新聞了解相親時要注意哪些事，像是該如何開啟一個話題。他擔心地說：「如果相親也有SOP就好了，我就可以按部就班地安排節目，每次回去後我都不知道要怎樣與對方聯絡。」

音樂放空，用手機瀏覽Facebook、用Line跟朋友聊天、快速瀏覽新聞。當邱彼特要蒐集資訊時，遇到緊急的事會使用手機查詢，不然大多還是習慣回家後使用電腦搜索。他習慣將查到的資訊貼到Word檔案統整。通勤時他會使用平板電腦看YouTube影片。在搖晃的車廂內，字體較大，看起來也較舒服。

　　水瓶座的他，平常一個人生活得自由自在，但心頭放不下的就是身邊仍沒有伴侶，也因此邱彼特常常被媽媽唸：「都已經37歲，怎麼還沒娶老婆，是要我幾歲才能抱孫子啊！」邱彼特覺得有些無奈。到了一定年紀的他，對於婚姻有憧憬，連結婚基金都存好了，就是苦無對象。

　　邱彼特平時熱心助人，對朋友的請求都是義不容辭，例如開車接送友人、提供朋友購買電腦的建議。他看似活潑外向，但唯獨對於感情略嫌遲鈍。每次和女生相處時，不知道要聊些什麼話題，相親聯誼常配對失敗。聯誼結束後不知怎麼聯絡對方，往往錯失機會。好不容易約到女生出遊，卻不知道為何無疾而終。

　　他希望能找個對象交往，這樣逢年過節就可以輕鬆點，不用再遭受長輩逼問。前幾天，姑姑幫邱彼特約了一位相親對象，時間就在下週六。邱彼特好希望這次能配對成功。

▎戀人找餐廳

　　邱彼特的首要需求就是尋找適合約會的餐廳。平常邱彼特跟朋友都是去吃熱炒或是「吃到飽」餐廳。他在前幾次約會就帶女生去高人氣的熱炒餐廳，結果讓女方邊吃邊流汗，在吵雜的環境難以聊

天，讓約會狼狽不堪。他經常搜尋許多餐廳、咖啡廳或參考他人的推薦，但希望是自己能負擔得起的選項。

從34歲開始，邱彼特陸續參與不少的聯誼，也是常常音訊全無。吃飯時想找話題，不是聊錯話題讓彼此尷尬，就是自己一直說，對方一句話也搭不上。最近，邱彼特遇到一位相親的機會，但不知如何選餐廳，也不知相親的規矩。各自回家後，若對彼此有好感要怎麼跟對方聯絡？下一次約會又該帶女生去哪？邱彼特只能參考身邊朋友的經驗。

大部分的資訊皆是以餐點介紹為主。《Upaper》也如此，主要報導某家餐廳的料理方式很有特色，哪幾道料理是必點菜色。其次則給予地址和交通資訊。目前《Upaper》的「周五吃好料」、「周末吃好料」專版，都是以全版介紹一至兩家餐廳，以餐點圖片為主，附上四百至六百字介紹內文（參見圖4-1）。這樣的設計原則是強調菜色內容。邱彼特並不喜歡這樣的設計，他的任務是尋找適合的約會地點。邱彼特皺著眉頭說：「這樣的新聞沒什麼用啊！我是要去約會，連我都知道不可以選燒肉餐廳，最好要浪漫一點的。光告訴我這家餐廳有哪些菜，每道菜多少錢，我還是沒法知道到底適不適合啊。」再者，報導中只推薦一家餐廳，並沒有讓邱彼特有所選擇。況且，臺北市中心停車不易，如果能提供坐捷運如何到達餐廳的資訊，就可以免去找停車場的困擾。

相較於《Upaper》，《爽報》則介紹季節性的食材，以秋天適合品嚐的食材為主軸，帶出不同料理手法的各家餐廳特色菜；同時陳列六家餐廳，將價格、地點等資訊列出，以供讀者比較（見圖

圖4-1：《Upaper》原有設計以餐點介紹方式推薦餐廳

4-2）。《爽報》的呈現方式較有新意，跳脫說明式報導，改以圖片呈現，搭配少許文字說明，明顯略勝一籌。不過，邱彼特仍不滿意這樣的設計，像是以養生為主打，卻缺乏對食材的清楚介紹，文中只寫著「羊肉滑彈甜嫩」，卻無法知道為何在秋天要吃羊肉，到底為何吃了會有「幸福的滋味」。

　　邱彼特心裡存在疑問：「所以這家餐廳跟那家餐廳會有什麼差別嗎？看不出各家餐廳的差異性，讓人覺得很困擾。」相較於《Upaper》只給一個選擇，《爽報》給更多選擇，但還是未將各選項

圖4-2：《爽報》的設計透過季節性專題介紹餐廳

的差異性凸顯出來。邱彼特腦中想著：「這家餐廳適合幾個人去？跟誰去？如果我帶女生去這個地方聚會適合嗎？如果有說明怎麼點菜就好了。雖然講了推薦菜色，但兩個人總不能只吃這一道菜吧，總要知道搭配的吃法呀。」

由此可見，介紹餐廳菜色的設計對於並非饕客，而是有其他任務的邱彼特來說，實在難以產生共鳴。這樣的設計並沒有解決他的需求，反而造成更多困擾，因為讓他不知怎麼挑選。甚至，邱彼特會覺得這些資訊讀起來好像是《爽報》去跟七家餐廳收了錢，幫他們打廣告。

總結來說，《Upaper》的報導以餐點介紹為主，像商品型錄；《爽報》以季節特色為主，卻像置入廣告；兩者都不能滿足邱彼特的需求。邱彼特說：「這些報導都沒有解決我的需求，重點不是桌上擺的菜啊，而是桌子對面的那個人！她到底會不會滿意這家餐廳和我的表現，這才是我在意的。我需要更多建議，像是跟女生約會時的用餐禮儀、有沒有哪些禁忌、該如何穿才會吸引異性等。」

邱彼特究竟想要看什麼樣的報導？由邱彼特這類「任務導向」的分眾讀者身上，可以整理出三個核心需求與相應痛點。

需求一：以任務為主的差異性報導。一般人直覺想到「找餐廳」就等於「找美食」，應該以餐點為主軸。但邱彼特找餐廳的動機是因為他有社交任務在身，是與約會有關的資訊。邱彼特說：「平時跟朋友、家人聚會，想找適合的地點就要花一堆時間和精力，更何況是約會，總是得一直去請朋友推薦。如何找到對的餐廳可是一門學問，可以讓戀情加溫。」

　　邱彼特的痛點是閱讀各式各樣的食記，還是不清楚這類型的場合適不適合約會。邱彼特不是要「吃好料」，而是與異性朋友「共度美好時光」。「好吃不是重點」，如何「社交」才是主題。尤其，和異性朋友的交往程度不同，也會影響邱彼特對餐廳的挑選。有些餐廳以輕食為主，有些餐廳有複雜的配酒、配菜的選擇。到底哪些餐廳有助於戀情加溫？這是邱彼特的資訊需求。

　　需求二：社交流程性報導。對邱彼特來說，「如何避免犯一些低級錯誤」是約會用餐的關鍵需求。邱彼特說：「我以前和女生吃飯的時候，就一直聊我當兵的趣事，想討女孩歡心。或者是聊我工作上的事，想要展現我的專業，也讓她知道我是工作認真的人。但是，她好像沒什麼興趣。後來我才知道，女生最討厭男生聊當兵的事，因為那是男人的世界，女生沒興趣。還有，我到底什麼時候可以向她要電話？每次吃飯都是我要買單嗎？除了找餐廳，這些問題也很讓我困擾。」

　　吃飯的過程中有哪些禁忌話題？有哪些話題應該不能說？吃飯前後要注意哪些細節，才能讓我表現得當，像是紳士一般？「如果有一個約會的SOP（Standard Operating Procedure，標準作業流程）那就好了！」這是邱彼特在閱讀上的另一個需求。

　　需求三：提高好感度的知識。挑好餐廳，避免社交錯誤外，如何提高女方的好感度，讓對方留下好印象，是邱彼特對「吃好一頓飯」的社交需求。邱彼特說：「其實我平常上班都穿公司制服加上一條牛仔褲，去約會吃飯頂多把頭髮梳整齊一點。後來才知道女生好像對品味這件事情很重視。我的朋友都笑說我『宅男味』太濃。

到底要如何讓自己去掉『宅男味』呢？」此外，邱彼特也不知道如何展現「體貼」，才能讓女生對自己產生好感。選對餐廳、聊對話題、留下好印象，是邱彼特對「選餐廳」的資訊需求。

┃ 設計原則

　　根據邱彼特找餐廳的痛點，可以提出三個新聞內容設計原則（見表4-2）。

　　原則一：以「任務導向」分類餐廳。對邱彼特來說，最好有約會分類選單，像是適合約會的餐廳、適合帶外國人去的餐廳、適合談生意的餐廳、適合家庭聚會的餐廳、適合辦讀書會的餐廳等。邱彼特希望，不要只推薦一家餐廳，必須提供三至四個選項。內容設計上，邱彼特希望將餐廳依照任務目標、想塑造的氣氛來推薦。例如，用「情感層次」來分類，像是誠意滿分、戀情加溫、決戰生死（一定要成功）、老夫老妻（追求新鮮感）。對戀人來說，從相識，到相敬如賓，到相談甚歡，甚至到後來的論及婚嫁；在不同階段對餐廳的選擇應有不同的考量。第一項設計原則可以由「約會任務」來規劃餐廳的分類方式。

　　原則二：流程化資訊。邱彼特不只希望能找到適合的約會餐廳，也希望理解約會過程中應該注意哪些餐廳禮儀，包括如何點菜用餐、如何避免禁忌話題、如何開啟適合話題、如何買單、吃完後如何延續約會的熱度。邱彼特需要知道這些社交潛規則。因此，提供約會流程知識是必要的設計原則。

　　原則三：提供代表性意見。邱彼特常煩惱，不知道如何讓女生

表4-2：戀人的痛點分析

Upaper報導重點	邱彼特的痛點：「任務」並沒有達成
Upaper的設計元素：敘述某家餐廳的料理方式的特色，建議哪幾道料理是必點菜色；其次提供地址和交通資訊。只有一個餐廳選項，沒有選擇。 Upaper的設計原則：以介紹餐廳與餐點為主。	邱彼特皺著眉頭說：「這樣的新聞沒什麼用，我是要去相親、聯誼，又不是去吃商業午餐，最好要浪漫一點，讓我知道戀情如何可以加溫。光告訴我這家餐廳有哪些菜，每道菜多少錢，我也沒法做決定啊。況且，臺北市中心停車不易，我希望知道如何能坐捷運到達餐廳。可是餐廳不需要一定要剛好在捷運旁，捷運只是個地標，交通方便的餐廳，菜不保證好吃。」
爽報報導重點	邱彼特的痛點：用餐之外的事更重要
爽報的設計元素：以議題形塑的方式呈現，如透過秋天適合品嚐的食材為主軸，帶出不同料理手法的各家餐廳特色菜。一次提供六個餐廳選項，而不只是一個。 爽報的設計原則：跳脫以往新聞都是以文字為主的敘述，改以圖片呈現各餐廳之養生主打菜。	邱彼特平淡地說：「若是要養生，每一道食材也都沒介紹清楚，只寫著『羊肉滑彈甜嫩』並無法知道為何在秋天要吃羊肉。我需要更多建議，像是跟女生約會時的用餐禮儀、有沒有哪些禁忌、該如何穿才會吸引異性等。」
舊設計原則	新設計原則
商品型錄模式：以餐點介紹，性價比分析為主。雖然圖文並茂，但多項商品型錄，反缺乏情報性資訊。 季節性廣告模式：具有季節性與話題性，但容易淪為廣告促銷，缺乏生活情報性資訊特色。	第一，任務導向的分類：透過使用者進入餐廳的任務做為主題。將餐廳選項差異化，依照使用者的目的性、想達成的效果、氣氛來進行優先推薦，讓讀者選擇自己喜歡的社交模式。 第二，流程化資訊：將社交流程簡化說明給使用者，讓他們有心理準備。 第三，代表性意見：調查不同類型女生意見，做為約會指標性建議。

留下好印象。他總是摸不透女生喜歡什麼、不喜歡什麼。約會結束後女生常常就不再跟他聯繫，他卻不知道自己犯了什麼錯。因此，捷運報可企劃女性意見領袖調查，報導女性對理想男友的期望，讓代表性女生「現身說法」。這樣便可以讓「戀人」讀者更了解異性的想法。

總結來說，邱彼特找餐廳不只是需要美食資訊，更需要知道合適的社交場合。「找餐廳」的隱性需求其實是「學社交」，提供簡單易懂的社交技巧，會讓捷運報更具吸引力，也讓戀人讀者理解如何「第一次約會就上手」（新的設計參見圖4-3）。

這個新設計讀者反應如何？一位男性讀者提到：「原來以前我犯那麼多錯！看了這個報導才知道自己完全不懂女孩子的心思，原來女孩不喜歡聽太過專業的職場語言，也不喜歡一邊和自己吃飯，一邊聊其他女生。難怪以前我常常拿到『好人卡』（被女性婉拒）。」一位女性讀者則表示，要把這個報導拿給男朋友看。她解釋：「原來吃飯還可以讓感情加溫。我要告訴他，要這樣吃才會有誠意。下次和我的家人或朋友吃飯時，他也應該要注意到這些細節。」

一位男性大學生看過後表示，新設計確實能吸引眼球，要去約會前一定會想看這些資訊。他興奮地說：「平常找餐廳我都要東找西找，這樣一目瞭然地呈現就是我需要的。」也有讀者回應：「禁忌教學很符合我的需求！因為人人都怕犯錯嘛。」

另一位讀者認為新設計比較不像置入廣告：「我覺得依任務來推薦餐廳很好，如果只推薦一家餐廳就像在幫它打廣告，但這個

圖 4-3：依據戀人設計的捷運週報內容

新設計是能讓我自己選擇想要的。」一位讀者也喜歡版面設計，說到：「約會流程和禮儀教學用漫畫、圖像式說明很吸引人，不只有文字，也更有幽默感。」

創新啟示

捷運報案例可以帶給我們三項創新的啟發：勾勒清晰的使用者；大眾著眼、分眾著手；創造有設計感的新聞。

第一，勾勒清晰的使用者：使用者的輪廓愈清晰，設計者愈能對話的更清楚，創新才能愈貼切。不過，當設計者完成一項人物誌後，接下來可以做什麼？若延伸使用者中心的理念，設計者應考慮更有系統地分析人物誌，並可朝兩方面著手。首先，由更多人物著手，以捷運報為例，除了戀人外，可以思考還有哪些通勤族的分眾人物，例如懶人（想抓重點看的讀者）、商人（著重比較的讀者）、女人（預算有限的小資女）、達人（想要深度新聞的讀者）、半外國人（懂一點華文的外籍人士，在臺北只能留一、兩天）。有系統理解更多人物，可以思考如何針對不同的分眾行為來研發新產品或新服務。

其次，設計者可以思考由一個人物中分析更多「主題」。例如，戀人除了「找餐廳」的主題外，可能也需要「買東西」的主題。達人除了「看展覽」之外，也可能需要「輕旅行」的主題。商人則可能需要涵蓋所有的主題。以單一人物為主軸，發展出不同的主題，便可以對人物有多面向的理解。此外，設定一個主題，去分

析每一種人物對這項主題的理解，便可以對主題有深入的認識，也就能知道更多設計內容的方式。反之，當鎖定的族群輪廓不夠清楚，新聞內容的提供就無法精緻化。

第二，大眾著眼，分眾著手：產品設計要「大小通吃」，反而很可能不討喜。過去的迷思是，鎖定一個「大眾」來研發產品，以為就能畢其功於一役，滿足所有使用者。但是，往往根據「大眾」研發出的產品不是100%受歡迎，而是只有10%的接受度。如果根據「分眾」來設計，每一種分眾的接受度可能提高到40%。許多分眾加起來，方能打中大眾的60%。分眾並非小眾。捷運報的分眾可以是戀人、達人、商人等（這只是眾多分法的其中一種），小眾則是帶著嬰兒的母親、行動不便的老人、盲障人士等。並不是小眾不重要，而是企業一般會需要先掌握好核心客戶，以穩固業績。理想是先服務好核心客戶，找出分眾，再穩紮穩打地推廣到小眾。此外，分析弱勢小眾對公司推行企業責任計畫也會很有幫助。

比較明智的做法是，由一個特定分眾下手，再漸漸擴散到其他分眾。例如，當歐洲紙媒一片低迷時，瑞典出版商Bonnier卻開辦東歐報，鎖定「文青族」而逆勢成長。該報找建築師來設計報紙，根據文青讀者需求，大量運用資訊圖表化的技巧來呈現新聞；將報紙當作雜誌來設計；封面當作海報來設計；內文當作百科全書來設計。其他分眾也因此被吸引來看「文青版」的報導設計。推出後大受歡迎，發行量在蘇俄由11%成長到29%；在波蘭由13%成長到35%；在保加利亞則以100%成長。

第三，創造有設計感的新聞。新聞也可以具有「設計感」；新

聞媒體受到大眾批評已經有好一段時間。報紙內容被認為乏善可陳；電視新聞的內容缺乏知識性。新聞媒體當前很需要研發中心的機制，分析新聞的產製模式、傳播與商業模式。最核心的任務就是仔細地分析觀眾，有系統地建立人物誌，思考配合不同主題要如何差異化，結合分眾的資訊需求，研擬出新的內容設計原則，再依照這些原則去「設計」新聞。如此，新聞內容也可以像是時尚業般具有設計感。

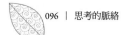

Chapter 5

科技意會：
洞見客戶的趨勢

使用者不一定是對的，理解他
們的意會，才可避免會錯意。

觀念：科技意會

我記得美國貝爾實驗室早期推出電話時，目標是商業人士。因為他們做生意需要頻繁的溝通，美國幅員又那麼遼闊，如果有電話，他們一定可以增加溝通效率。不過，推出後商業人士反應冷淡。做生意應該說「人話」，回家應該講「悄悄話」，工作已經很忙了，哪有時間用「電話」。失望之餘，創新者找到另一組使用者：商人的妻子。她們有許多家庭瑣事要聯絡，有人際關係要維持，有很多八卦資訊要分享。平時丈夫不在家，女性友人之間更需要交換大量消息，電話可以解決她們的痛點。電話是陌生的科技，丈夫對電話的理解是負面的，而妻子對電話的理解是正面的。針對妻子的痛點重新出發，電話這項創新才迅速擴散出去。

要如何才能理解使用者的痛點呢？組織心理學家卡爾・維克（Karl Weick）提醒，了解使用者的「意會」（sensemaking），就可以聽到他們的痛點，也就可以理解他們的行為脈絡[1]。什麼是意會？維克發現，使用者遇到陌生、新穎的事物，不是感到驚喜，就是被驚嚇；使用者只好努力地意會（make sense）那個新穎的事物，嘗試於未知的驚訝中找出合理的解讀。不過，人們常常會錯意，所以對科技產生錯誤的理解，於是排斥創新。維克做了個有趣的總結：「當我們將科技放入工作中時，有一個科技會在辦公室和我們一起工作，另外一個科技會被植入我們的腦袋中，無形地影響著我們的所作所為。」

理解使用者在陌生狀況下對創新形成意義的過程，就是意會。在意會的過程中，使用者心中會啟動兩項功能[2]。第一，使用者會產生主觀認知，依靠自己過去的經驗來解讀陌生的科技。有時，使用者會自我感覺良好。有時，使用者卻是心生厭惡或恐懼。不管這些認知是理性或不理性的，都會導致使用者的決策，採納或拒絕某種創新。第二，使用者開始由不斷的意會中產生理解，除了賦予科技喜惡外，也會漸漸學習科技的內涵。特別是當使用者與科技互動密集後，就會漸漸熟悉科技的各種功能以及應用方式。使用者對科技的理解愈快、愈深入，就能更有效地運用科技。

大概是在2008年左右，有一機會與趨勢科技合作，希望能將使用者需求融入新產品開發過程。當時，趨勢科技的產品創新都是由研發部門主導，全部都是工程師，很少有跨部門的成員加入，思考與決策都很「技術」。結果，開發出的新產品規格與客戶需求相差甚遠。後來，工程師親自去拜訪客戶，可是回來之後，根據需求來開發新產品，推出之後還是受到客戶的責備。為什麼會這樣？工程師忿忿不平，也一直不能理解為什麼客戶如此「言而無信」，說話不算話。

其實，客戶並不是要「欺騙」工程師，而是他們可能不知道自己真正的需求是什麼。這其中有兩項原因。第一，一套資訊系統在開發過程中，需要融入不同專業，才能找到解決方案。技術不一定能解決複雜的管理問題。第二，工程師可能沒有看見對方的脈絡。每一類組織的問題都是不同的，例如政府

部門的問題就和科技公司的問題不同。就算是同一類公司，所遇到的痛點也不盡相同，例如生產電腦的科技公司就和製作電玩的科技公司遇到的資安問題截然不同。雖然，想製作一套放諸四海皆準的資安產品是工程師的夢想，但卻不切實際。

如何找到使用者真正的痛點？我們先由趨勢科技的「客戶洞見」（Customer Insight）計畫著手，以四個案例來分析使用者的痛點。我們會發現，理解脈絡後會看到截然不同的痛點，體會客戶真正的痛。

客戶洞見計畫

資訊系統已經走進組織日常活動之中；駭客攻擊資訊系統也成為企業的首要風險。企業為處理資訊安全，發展出各式方法，像是查核清單、風險分析和安全政策等[3]。由於資安問題愈來愈嚴重，主管機構推出沙賓法案（Sarbanes-Oxley Act）和個人資料保護法，以催促企業採取相應的資訊保全工作。其中，最受關切便是電腦病毒防護。

電腦病毒防不勝防。例如，知名的「木馬病毒」便擅長以偽裝技術，將病毒送進銀行的個人電腦，再傳播到數百個分行，造成全行當機，癱瘓銀行作業。此外，企業若中了「殭屍病毒」，駭客可以由遠端控制所有電腦，竊取企業資訊。目前，網路上每月增加數萬隻變種與新型病毒，更是讓資安人員疲於奔命。防毒軟體公司，

如 Symantec、McAfee、Panda 與 Trend Micro（趨勢科技）等公司，都成立專屬機構，日以繼夜地研發新防毒產品，以因應新病毒來襲。

　　過去，這些防毒軟體公司都是靠著掃描程式碼來偵測病毒，研發重心多是在解讀病毒碼。這些研發工作多為技術導向，只要分析出病毒碼的行為，便可以設計軟體程式將病毒移除。在這過程中，分析「病毒」比研究「使用者」要來的重要。不過，隨著企業環境愈來愈複雜，駭客愈來愈精明，研究使用者的需求也隨之提升。例如，木馬病毒入侵銀行的方式，就會與入侵電腦製造公司的方式不同。政府部門的資安問題，也會與線上遊戲公司截然不同，不能一概而論。

　　這也難怪防毒公司近年來開始效法消費性產品公司，例如寶鹼公司等，紛紛興起「客戶洞見」（Customer Insights）計畫，希望以現場的第一手觀察，了解客戶的需求。藉由理解客戶現況，找到下一個熱賣產品。例如，當日本鋼鐵業面臨經濟不景氣，業績急遽下滑時，透過使用者洞見，日本鋼鐵業發現蟑螂對都市人的困擾；因此便與化學藥劑公司合作，將驅除蟑螂的藥劑加入鋼板中，用於家具與建材，創造另一個新市場。運動器材公司提供使用者設計工具，讓他們自己訂製運動衫與運動鞋；香水公司與化妝品也提供使用者測試工具，試用滿意後便可將參數傳回，進入商品化流程[4]。這種「取之於民、用之於民」的方法讓企業與使用者互蒙其利，不但提高企業的營業額，又降低開發成本，提升客戶滿意度，難怪企業會趨之若鶩。

　　如果使用者具備相當的知識，知道自己需要什麼，這種「客

戶洞見」的方法的確很有用。不過，有些時候使用者並不一定可靠。當我們要求使用者解釋資訊安全需求時，他們通常會提出一些不切實際的需求。這其中有三個問題。第一，當產品複雜度高時，使用者很難提出他們的需求，必須由跨領域專家協助。第二，許多新科技的發展需要時間演進，非一蹴可幾。也因此，使用者不見得能預知科技未來的風貌。第三，使用者不是在「真空」中使用產品，而是必須將產品或系統運用於工作實務中，必須隨著工作環境來調適產品的運用方式。因此，要由使用者身上找出洞見，必須了解使用者的在地脈絡。如果用麻省理工學院艾瑞克・梵希波（Eric von Hippel）的術語來說，這些在地脈絡有許多黏稠性資訊（sticky information）、潛規則、暗道理，在洞見需求之前，我們得先看見這些「黏稠性資訊」[5]。

使用者說不出需求，只有一堆抱怨、挫折、沮喪，那要如何看見他們的黏稠性資訊，理解他們的在地脈絡呢？

看見客戶的「趨勢」

趨勢科技在全球有超過四千名員工，遍布四十四個國家，研發團隊在臺灣有一千人，南京六百人，有很強的自主研發實力，年營收額為10.86億美元（2015年）。趨勢科技著眼於防毒產品與資安服務，由臺灣延伸到中國（北京和上海為主）、日本、北美地區（加州為重鎮）。資安業者每天面對約有五萬種電腦病毒快速突變，必須提供最先進的防毒解決方案。儘管趨勢科技已經發展出各式各樣的防毒產品，技術領先業界，但客戶還是常常抱怨，認為推出的新

產品沒用、服務不好。

為因應此問題，確認客戶的資安需求成為該公司的首要任務。雖然趨勢科技的研發與業務部門頻繁拜訪客戶，但是所收回來的需求變成產品規格後，卻無法獲得客戶的認同。趨勢科技於是在2008年成立一項「客戶洞見」計畫，為時十二個月，希望透過實地拜訪客戶，調查客戶對防毒產品與資安服務的需求，並由客戶的實際經驗找出創新的洞見。

我挑選四個案例來說明不同工作脈絡下的資安議題。這四個案例包括：政府機關、電腦製造商、線上遊戲和銀行。這四個案例代表趨勢科技的關鍵客戶，也就是貢獻值最大、最有潛力的客戶。這四類使用者也代表該公司的四種核心客戶群：公部門、大型企業、社群組織與金融機構。分析他們的資安問題，可以了解產品與服務創新的機會。

為理解資訊安全的實務，我們訪問這四家企業的資訊安全長、資訊長與熟知資安問題的人員[6]。每次田野調查，我們（研究者）都會與趨勢科技X-Team成員一同拜訪客戶，由客戶最近的資安問題談起，蒐集客戶經歷的資安事件以及理解對防毒產品的抱怨。若是客戶有被病毒攻擊的經驗，我們會記錄防毒廠商處理的過程，分析資安的「攻防戰」。這些攻防戰故事有助於我們理解創新者如何偵測與解決電腦病毒。

為呈現使用者脈絡，我摘要案例精華，以問答方式重新呈現，讓大家理解如何一步步讓使用者說出「真心話」。案例公司以匿名處理，以表達尊重之意。看完四個案例之後，我們便可理解如何由

使用者脈絡提煉出創新洞見。

▍北區縣政府最怕網路犯罪

　　北區縣政府是臺灣北部的一個地方機關。資訊中心的任務在統整縣政資料，協助北區縣行政流程再造，是一典型的地方政府組織。北區縣政府設有中央資訊系統部門，目的是推動電子化政府和改善行政流程，此中心是少數能提供完善資訊到鄉鎮市公所的機構。當時，臺灣有二十三個省、縣、直轄市政府以及三百六十八個鄉鎮市公所，多數都尚未導入中央資訊系統。因此，縣、直轄市機關的資安防護都相對脆弱。這個案例也可以協助我們理解地方政府所關切的資安議題。

　　問：請問你們過去的核心工作是統整縣政資料，現在呢？你們有新任務嗎？

　　答：我們（北區縣政府的資訊系統部門）一直到2001年都還扮演著後勤部門的角色。2001年9月11日發生雙子星塔撞機事件，兩架被劫持的飛機撞擊美國紐約世界貿易中心。紐約證券交易所在911浩劫過後的一週內重新開張。我們縣長對於紐約證券交易所迅速恢復營運的能力很敬佩，就問我們中心是否也能做到。我直截了當地回答說：「不可能！我們連最基本的資安軟體都沒有。」

　　問：所以，縣長有做出什麼行動嗎？

　　答：他（縣長）就創立資訊安全部門，我就當了資安長，負責研擬資安危機的因應策略，還有導入風險管理機制。我們資訊系統部門的年度預算，三年內從新臺幣五千萬元增加到三億元，以中央

系統取代過去分散式的電腦作業環境。

問：分散式環境有什麼不好呢？

答：很脆弱！過去，我們難以監控分散在各鄉鎮公所的電腦。而且，分散式系統易受到電腦病毒攻擊。除此之外，內部職員經常誤用電子郵件，或利用公家網路下載非法影片和軟體。我們資訊部門花了兩年的時間，將分散式的作業環境轉型為一個中央控制系統。這個中央系統整合了許多資料庫，例如住所、土地、房產、課稅和警政等資料庫。中央資訊系統也可以防止駭客針對不同的鄉鎮市公所發動攻擊。這便是「大水庫理論」。

問：「大水庫理論」是什麼意思呢？

答：這是讓所有部會的資訊流通管道都由單一入口進出，統一管制。這樣可以減少駭客的分點進擊，提升資安層級。有中央控制系統之後，我比較不擔心會有駭客竊取地方鄉鎮市公所的資料。特別是在2008年，政府推行個人資料保護法，法律上規定每筆紀錄損失，地方政府機關就要處以六百五十美元的罰鍰。這意味着，如果一個機關擁有十萬筆紀錄的資料庫，該機構就可能有損失六千五百萬美元的風險。沒有一位省市長會願意承擔這麼高的風險。

問：這就是最近在推動的電子化政府嗎？

答：對的！近年來行政院研考會大力推行電子化政府計畫，要求我們地方落實資訊化服務。提供線上便民服務，就成為評估地方政府表現的一項重要指標。也因此，資訊安全成為電子化政府的首要隱憂，因為民眾交給地方政府的資料常被盜取，所以民眾多不信任政府機關。民眾不願意將私人資料交付政府保管，政府的資訊服

務信用程度下降，電子化政府的口號也就流為空談。

問：你們推動電子化政府順利嗎？

答：我們可是優等生。我們將資安層級拉高，贏得了許多縣民的信任。若比較其他推行電子化政府的縣市，一年只能推廣七項電子化服務。我們縣每年可推廣至三十項，成效算是驚人。我們的電子化便民措施大幅省去民眾的交通時間，也降低社會成本，不僅方便各處室追蹤民眾申請案與抱怨事件，也大幅提升民眾對縣政府的滿意度。但是，電腦安全上的漏洞仍是推動電子化政府的障礙。民眾常常抱怨個人資料被各類行銷公司盜用。一般來說，大多數的民眾並不信任地方機關，不願意將個人資訊上傳給政府機關，也不願意使用電子化政府的服務。我們同樣有這些問題。

問：在北區縣政府，比較常發生的資安問題有哪些？

答：因為我們是分散式環境，不易防護網路犯罪。過去曾發生替代役男於鄉鎮公所大量下載色情片，並透過該單位的電腦在網路上販售色情光碟。該員有資訊專業技能，他盜用同事的帳號登入公用電腦來掩蓋罪行。最後由調查局根據網址查到是我們縣政府的地址，我們才得知此事。資訊中心花了很多時間找電腦進出紀錄（log），最後根據登錄紀錄查到上線班表以及帳號所有人。然後，資訊人員再針對員工背景跟所有涉嫌行員做比對分析，才找出這位替代役男。若非其中央資安控管模式，在系統中保留所有進出紀錄資訊，要追查出嫌犯的機會就不高。

問：那你們需要什麼樣的資安軟體呢？

答：雖然我們及時將嫌犯逮捕，但其他縣市的資訊系統仍有各

種網路犯罪的漏洞。如果我們將線上服務連結到其他縣市機關，駭客還是可以由鄉鎮侵入縣政府的資訊系統，這是我們目前最困擾的問題。如果能夠有一種可以分析網路使用行為的軟體，說不定可以在還未犯罪前就找到嫌犯，讓資安防護更加完備。

磐石電腦全面戒備供應鏈

磐石電腦是一個全球性的桌上型和筆記型電腦製造商，總部在臺灣。該公司專精於技術研發，產品曾多次獲得國際設計獎，以品質著稱。磐石電腦在全球有超過兩萬名員工，該公司的資訊長需要管理全球資訊系統中心，共四百位資訊人員。2008年，磐石電腦將公司切割為代工和品牌兩個集團，一個事業群專注於代工，生產電腦與機殼、寬頻等周邊產品，另一個事業群將主力放在自有品牌的行銷。

問：代工廠這邊的業務有哪些資訊安全的顧慮嗎？

答：代工訂單仍然是我們（磐石電腦）的核心業務，我們的關鍵客戶包括蘋果、惠普、戴爾等大廠。代工業務中，這些客戶最關心的是生產規格被商業間諜竊取，所以新產品資料的保密格外重要。客戶會嚴格檢查我們的資安等級，定期評估資安嚴密程度。若有資訊外洩的可能性，客戶毫不留情，馬上轉單，甚至立即取消下一筆訂單以及未來合作機會。所以，資安防護也是磐石電腦可以勝出其他廠商，贏得訂單的競爭力。

問：那你們做了哪些資安防護？

答：資安重點是盡全力防止商業機密外洩。特別是我們大部分

產品設計資料都儲存在資訊系統中，必須透過網路傳輸到各部門研發工程師手上。我們需要大量檢驗資訊，才能偵測出電腦病毒。市面上的資安防護產品，並沒有辦法提供大量掃描資料，偵測新型態病毒的功能。我們找的不只是防毒軟體，更是整套資安服務。

問：員工會無意間洩漏資料嗎？

答：我們最怕員工使用無線網路設備（mobile device）。如果員工使用的私人設備無意間上到惡意網站，或在收發電子郵件時感染病毒，或因隨身儲存裝備攜入病毒感染到生產線，都是很高的風險。過去，曾經有一家硬碟機供應商便有這類慘痛經驗。那家供應商員工的私人隨身碟在無意間受到病毒感染，當他透過此隨身碟將生產資料灌到硬碟時，整個生產線產品都因此中毒。所以客戶拿到剛出廠的新產品，其實已經感染病毒了，客戶的軟硬體系統也因此被病毒感染。那家供應商不僅要負擔生產成本，更要賠償客戶的損失。如果整條供應鏈都感染，那是很可怕的，會賠死的。

問：除此之外，病毒都是怎麼攻擊你們的系統？

答：我們在全球有六大語言版本的網頁，不採集中式資料更新作業，而是由各國區域總部分別管理。上萬篇網頁內容、文字、圖形、檔案與應徵者投遞履歷等工作也都分散管理。也因此，這讓駭客有機會植入病毒到外掛程式或網頁中。不知情的使用者，像是我們的客戶、上下游廠商往往因為點選網頁後造成自己的電腦中毒。更令我苦惱的是，使用者由網路上把驅動程式下載的時候，常常連病毒一起下載。我們就要負連帶責任。磐石電腦全球網頁中每日的高流量，還有頻繁的資料下載，讓我們資訊中心每天要防範上千次

的惡意入侵。我擔心，要是我們的供應商無意間下載到電腦病毒，會感染到整條生產線。

問：那麼，駭客是如何入侵的？

答：我們也不知道。我們資訊中心員工每天要處理成千的可疑入侵，我經常收到客戶與供應商的抱怨，但是我們很難確認出攻擊的來源。今天，一家供應商告訴我們，他們下載了一個中毒的軟體。隔天，客戶來瀏覽我們的網頁，結果又中毒了。他們都怪我們，可是我們根本不知道他們的病毒是哪裡來的。客戶向我們反映系統中毒後，我們資訊中心根本沒法診斷出駭客進入的管道，那是另一門專業啊。我們最大的困擾就是不知如何防護網頁內藏毒的問題。全球網頁是我們的企業形象，如果中毒事件被媒體披露後，也會使公司備受批評。我們現在根本無法統整各國網頁，所以資訊中心只能針對網頁，機動性地進行弱點防禦以及掃毒偵測。

問：結果，媒體比電腦病毒還可怕？

答：那倒是，我真正擔心的是媒體。如果他們報導這些消息，再加油添醋，我們的股價馬上會受到影響。執行長把這責任全推到我們（全球資訊系統中心）身上。公司一有電腦中毒事件，我們整個資訊中心的人會被主管罵死，有人還會說公司形象受損都是資訊中心害的，真讓我們欲哭無淚。在公司，資安問題跟供應鏈、生產線、企業形象是緊緊扣在一起的。

▌萬王科技擔心尋寶危機

萬王科技算是臺灣首批經營線上遊戲的本地公司，也是頗具技

術能力的線上遊戲公司。萬王科技的研發團隊有約二百人，主要在Linux作業系統中，以3D算圖引擎（Rendering Engine）開發遊戲。掌握自有的研發能力後，萬王科技推出一系列線上遊戲，也建置數位內容付費機制，如通用卡。萬王科技的線上遊戲約有上萬名玩家，主要收入來自會員費與銷售線上遊戲的寶物。執行長是一位科技專家，他認為沒有必要使用任何防毒軟體，因為該公司採用中控式主機，嚴格管制資訊入口，沒有資安問題。就算一位玩家的電腦中毒，也不會感染到其他使用者。

問：聽說你們玩家很喜歡「非法」使用外掛機器人？

答：是的。在線上遊戲的世界裡，增加玩家的分數是一項很重要的工作。玩家的分數愈高，戰鬥力也就愈強，也代表他更有能力超越他的對手。因此，玩家必須經常上線玩遊戲，累積寶物來增加財富。但是，專業玩家會鑽漏洞以便快速「練功」，提高自己的點數。他們常會插入外掛程式，以機器人軟體在遊戲中繼續蒐集寶物。所以即使玩家在睡覺，程式會自動蒐集寶物以加分。加分多，戰鬥力就多。但是，這會造成遊戲的不公平。若被會員發現，他們就不再信任線上遊戲平臺，萬王的業務便會大受影響。

另外，也有玩家會買一些特殊器材，如超速鍵盤，約為一般鍵盤四倍頻率（注：超速鍵盤按一下，約為一般鍵盤按四下）。玩家用超速鍵盤的目的是要加快寶物蒐集速度，或在格鬥時能夠進行「秒殺」（秒殺即一秒內殺完遊戲中的敵人）。超速鍵盤會使移動加快，也使攻擊加快。我們最討厭機器人外掛程式，那也算是一種病毒入侵吧。

　　當資訊部門由登錄紀錄察覺有異狀時，例如有玩家二十四小時都不下線，資安人員便會從系統端丟訊息測試。一旦察知是機器人，萬王科技的資安人員並不會取消這個違規者的會員資格，只會以軟體程式干擾，讓機器人速度變得很慢，讓違法玩家知難而退。

　　問：聽說玩家也喜歡「黑市交易」？為什麼電玩界會有「黑市交易」？

　　答：這必須要由電玩間諜說起了。依慣例，電玩公司會提供玩家試用期，業界稱之為「公測」。目的在吸引大批的玩家上線試玩，以測試遊戲的完備度。但是，試玩期間也是資安空窗期。各國的電玩間諜會趁著線上遊戲安全機制尚未完備期間，在遊戲中刺探系統弱點。他們有兩個目的。第一，這群不速之客要的是遊戲中的資料演算法則（algorithm），並試著擷取傳輸封包內容（package），以得知遊戲關鍵資訊的存放位置與編碼方式。電玩間諜在得知演算法則後，便可以了解整個遊戲架構，仿製到自己的程式中。

　　電玩間諜也可以由封包內容找出遊戲的弱點，複製寶物，再以廉價出售寶物給玩家，使玩家的遊戲人物增強「魔攻」（如魔法功力）或「物攻」（如寶劍）的威力。這些寶物（軟體）在「黑市」可以獲取豐厚的利潤，萬王科技也很難查出遊戲中哪些寶物是正牌的，哪些又是來自黑市。有些電玩間諜也會利用系統弱點，瞬間累積遊戲的金錢數，然後透過電玩貨幣匯兌，洗錢獲取暴利。例如，魔幣或天幣等熱門電玩貨幣都可依照匯率行情兌換真實貨幣。

　　此外，根據線上遊戲的規則，玩家必須要在遊戲中過關才能得到寶物，得到分數。但是，新玩家沒辦法在遊戲裡取得足夠的分

數。為了符合這類需求，地下市場也應運而生。遊戲玩家可以向地下市場以比萬王科技更便宜的價格購買寶物。我們很擔心地下市場會漸漸地侵蝕公司的營收來源。

問：這樣說來，會員帳戶裡會存很多虛擬的錢？

答：當然。萬王科技雖然有完備的資安防護，防止駭客入侵，但是玩家自己的資安防護並不是很完善，玩家的戒心更是不高。例如，有些粗心的玩家的帳號和密碼是一樣的；有些玩家的密碼則是用自己的小名。更嚴重的是，大多數玩家會使用同一套帳號與密碼，來玩遍國內各大網路遊戲。小偷在成功盜取其他遊戲廠商的會員資料庫後，可以藉由程式不斷地測試萬王科技的遊戲帳號。若成功登入遊戲後，便可以將受害玩家帳號內的寶物洗劫一空。更惡劣的竊賊在賣光寶物後，會直接將受害玩家帳號註銷。萬王科技是否應該要負擔受害玩家的損失，常常成為難解的法律爭議。會員對萬王科技提出申訴並要求賠償時，駭客有很充裕的時間可以逃走。防護帳戶竊賊反而是萬王科技要解決的問題。

席德銀行討厭善意的提醒

席德銀行是臺灣前五大金融公司，資本額為新臺幣七百零八億元，淨值達八百八十一億元，總市值逾一千二百億新臺幣，積極布局全球。席德銀行在洛杉磯、香港、澳門、北京、上海、越南、倫敦、加州設有辦事處。席德銀行的資訊處有豐富的資源，約有三百人。席德銀行的新一代系統核心採用微軟開放式平臺，目的是藉由微軟環境系統所提供的彈性、應用系統多樣性、易於親近顧客，滿

足各事業群擴張的要求。

問：之前，你們好像常常抱怨趨勢的現場服務來得太慢？

答：我們每次電腦中毒都需要請趨勢科技的工程師來現場協助，因為一旦爆發電腦病毒疫情，全省五百餘家分行都會受到牽累。他們的防毒工程師雖然會處理電腦病毒，但對於銀行內部程序並不了解，往往無法根據銀行程序來對症下藥。遇到中毒事件，防毒工程師花費許多時間在測試無關緊要的問題上，浪費許多寶貴時間，也讓我們對他們失去信心。

例如，分行行員電腦操作有一定的權限，有些行員不會有電子郵件帳號或是連到網外的權限。這型行員的電腦中毒時，就不太可能經由電子郵件或瀏覽網站中毒，比較可能是由該行員負責的作業流程導致中毒，像是行政人員間的檔案分享。由於防毒工程師不了解銀行業務，在診斷時花費許多時間檢查電子郵件或瀏覽網站，卻忽略該行員的業務範圍可能才是真正的感染源。如果防毒工程師理解銀行的作業流程，就能更快地辨識出中毒來源，及時解決問題。

之前，我們的桃園分行因行員個人電腦中毒而擴散至各分行電腦，導致系統癱瘓。網管人員分隔網域，以控制中毒範圍。資訊人員透過趨勢的電話診斷，得知是「僵屍病毒」（Zombie）。駭客將僵屍病毒植入受害者的電腦後，便可以使用遠端控制程式來傳播垃圾郵件、進行商業詐欺、同時傳送病毒，甚至阻擋防毒程式。最後，駭客可以連結中毒的電腦來建立僵屍網路。

我們資訊人員試過多種不同方法後，仍未解決僵屍病毒的問題。事發三天後，我們等不及，只好將所有系統重灌，結束此次資

安事件。防毒廠商的反應時間已經超過我們可容忍範圍。之後，一旦發生資安事件，我們決定自行解決。購買趨勢科技的防毒服務也只是當作買保險，效果並不大。我們看到防毒廠商這麼慢的應變，以後也不想再購買服務合約了（按：當時趨勢的防毒支援已經是市場中最領先的服務）。

當我們一家分行的電腦被病毒癱瘓時，我們的人馬上呼叫防毒廠商前來支援，他們的回應慢的令人難以忍受。等到防毒工程師來了，也沒有給太大的幫助。即使提高資安預算，在資安問題真正發生時，仍無法獲得預期的服務水準。我希望能夠有一種新式的預防病毒產品，專門針對銀行工作人員的上網行為做例常比對，以便防患於未然。

問：除此之外，還有哪些資安服務會造成你們的困擾？

答：我們也曾建議趨勢發布病毒通報，但他們通報性質是針對地域性，而非產業性。我們的資安人員常常接獲他們病毒通報，而引起內部一陣虛驚。真的有銀行受到病毒侵擾時，卻沒接到他們的通報。趨勢科技的病毒通報裡也沒有提到解決的辦法。這項通報用意良好，卻帶來內部不必要的恐慌。

如果我們宣布警戒，可能會嚇到分行，帶給客戶不安的情緒。此外，我們必須將此資安議題彙報金融主管機關。電腦病毒入侵是一項嚴重的危機。若是對政府機關報告有誤，評比便會下降。我們這不是進退兩難嗎？不上報不行；但如果最後發現是誤報，我們的風險管理評價會被降低。安全警報一多，也會影響我們的股價。

如果沒有上報，當分行電腦受到病毒攻擊時，更會受到主管

機關處分，嚴重者罰款金額高達新臺幣三百萬元。銀行業最忌諱有「狼來了」的虛驚，因為我們擔心假警報會引發金管會（金融監督管理委員會）的處分與客戶的不信任。

防毒廠商可能很難想像，他們的資安報告對我們來說其實如梗在喉。因為只要他們給我們這種通報，站在我們的立場，就有必要去回應。否則，我們等於沒有進行查核，這是要負責任的。但是如果我們要對任何枝微末節的通報都做回應的話，整個資訊部門的人可能都要被逼瘋了。為什麼他們不只提供跟銀行相關的警報就好？

問：你們在跨國業務上會有資安考量嗎？

答：境外資安管控（security offshoring）是我們關注的焦點。我們在國內的資安防護很健全，但是國外分行如洛杉磯、香港、澳門、北京、上海、越南、倫敦等地的資安控管卻有死角。國外分行只有基本的資安防護，資訊系統服務多外包給不同城市的軟體廠商。但是這些廠商並不是資安專家。因此，海外辦公室對於電腦病毒防護都相對不強。駭客可以攻擊海外辦公室的電腦，從內部網路滲透進入核心系統。我們很需要海外資安方案來管理分行的電腦與查核委外廠商提供的資訊服務。

解決痛點的洞見

創新者不應該只關切技術上的創新，更需要了解使用者的困擾。理解不同類使用者的困擾後，趨勢科技便可以思考如何由他們的痛點來思考新產品與新服務（參見表5-1總結）。

在北區縣政府的案例中，趨勢科技過去主推低價位掃毒產品

表5-1：由使用者痛點分析創新亮點

案例	痛點	資安需求	洞見
北區縣政府	痛點一：分散式系統易受到電腦病毒攻擊。中央控制系統太昂貴。個人資訊保護法推行後所帶來的風險。 痛點二：電子化服務不受民眾信任。 痛點三：網路犯罪的責任認定。	網路犯罪	以「方便管理」做為主軸，透過網路閘道產品做網頁管制及電子郵件控管，並且在主要資訊流通設置管制點，防範網路犯罪。提供遠端管理的資安服務。
磐石電腦	痛點一：商業保密能力決定客戶去留。 痛點二：最怕電腦病毒潛入生產過程。 痛點三：地區網頁受到攻擊。	供應鏈中毒	提供「完美夥伴」方案，針對磐石電腦的供應鏈上下游的資訊流通管道，提供完整的資安解決方案。防毒公司可提出中央監控方式，來確保生產過程中沒有感染病毒，並保證出廠產品全部無毒。
萬王科技	痛點一：外掛機器人也算是一種電腦病毒。 痛點二：間諜與黑市交易。 痛點三：擔心粗心會員的帳戶被洗劫。	尋寶中的危機	提出整合性資安信譽服務（All-In-One Security Reputation Service），將整個檢查機制設置在Web 2.0裡面。
席德銀行	痛點一：總是遲來的防毒服務。 痛點二：令人討厭的善意服務。 痛點三：小規模資訊委外是大風險。	通報變危機	為銀行關鍵客戶配駐專屬技術專家，長期建立對該銀行的了解。發生資安事件時，資安專家快速地進入現場，爭取解毒第一時效。開發「病毒預防針」方案，分析使用者上網行為，協助銀行盡速找到病毒攻擊的脆弱點。

給政府機關；對公部門的印象停留在「花少錢，但要最省事」的印象。「大水庫方式」的中央處理資安系統需要投資大筆預算與人力，鮮少有公家機關願意嘗試。趨勢科技應該思考針對政府機關提供「量身訂做」的資安服務。

這個公部門案例可以讓我們省思三個問題。第一，除了北區縣政府以外，其他縣市資訊仍採分散式管理，缺乏相關資安軟硬體設備。趨勢科技是否能提出不同的產品或服務方案，滿足此缺口？第二，公家機關普遍缺乏資安專業，對網路犯罪較無防護力。當資安問題愈來愈嚴重時，地方政府勢必要提高資安預算。對此，趨勢科技又應該如何因應？第三，縣政府對電子郵件濫用、節約用電（提醒員工晚上要關機）、上班時間瀏覽不法網頁等資安內控問題感到頭痛，趨勢科技又可以提供怎樣的服務？思考以上三個問題可提供明顯的研發線索。

那麼，對於北區縣政府以外的鄉鎮中心呢？有這樣痛點的公部門應該不只有一家。於此，研發部門可以設計整合的服務。例如，趨勢科技可以利用遠端控管服務，替每個縣市政府資訊中心（約只有三、五個員工）管理約六千臺電腦的資安問題。除了臺灣二十多個縣市政府外，還有中央部會如立法院、監察院、中央銀行、外交部、內政部等單位也是潛在客戶。趨勢科技的研發人員還可以進一步分析，公部門如何處理資訊安全議題，包括政府的現行資安措施，曾經發生過的大型資安事件與機密外流等問題。

由客戶立場來看，在分散環境中，縣政府無法有效預防犯罪，勢必需要委外服務。這種委外不只是服務，還可能需要派一組人來

改善內部資訊架構。趨勢科技如何配合經銷夥伴是做法之一。另外一做法是設立專責單位為縣政府管理資安委外。例如，另一家防毒軟體公司McAfee為此商機，還去併購一家企管顧問公司。了解公部門的資安需求脈絡，趨勢科技的研發人員可以由「便利資料保護」為主軸，提供遠端管理的資安服務，透過網路閘道產品做網頁管制以及電子郵件控管，並在主要資訊流通設置管制點，防範網路犯罪。

在磐石電腦案例中，研發人員可以看到三個機會點。第一，防毒公司可以推出「網站防駭攻擊」解決方案。第二，防毒公司可以協助資訊中心建立入侵防護網。一旦駭客侵入，資訊中心馬上偵測到侵入點並做防衛措施。當駭客竄改網頁資料時，資訊中心能立刻偵查出什麼資料遭到竄改。另外，駭客掛網或對下載程式放毒時，資訊中心也可以馬上祭出反制措施。第三，不同客戶會因產品的類型與訂單金額不同，要求磐石電腦提供不同等級的資安檢驗標準。趨勢科技可以協助客戶建立一套資安檢驗機制，以讓客戶安心。由此案例也可看出，趨勢科技現有的產品並非針對大公司而設計。磐石電腦在選購防毒產品時，若買趨勢科技的產品要六十臺，買別家的產品可能只要買兩臺。雖然價格比較貴，可是磐石電腦還是會選擇別家的產品，因為六十臺電腦的控制系統會造成管理上的不便。趨勢科技開發下一代產品時，可以利用整合程式做集中控管。

了解供應鏈脈絡，趨勢科技還可以提出「完美夥伴」（Perfect Partner）的概念，針對磐石電腦的供應鏈上下游的資訊流通管道，提供一完整的資安解決方案。趨勢科技可以分析磐石電腦資訊安全等級，了解資安檢測是否有標準程序（如ISO/IEC 17799）。研發人

員還可以分析由協同開發，到工廠生產過程中，什麼地方有資安危機，是不是需要協同國際大廠訂定一套資安檢測制度。對於代工過程的病毒入侵，趨勢科技可設計中央監控系統，來確保生產過程中沒有病毒感染。

對於全球網站病毒肆虐的問題，趨勢科技可以改善資料防漏（Data Leakage Protection）產品，用以分辨內賊、外賊或是不當使用。針對網頁駭客，趨勢科技可以提供「防駭服務」（Hack Free Service），只要一有駭客造成的惡意活動，趨勢科技立即發警報通知磐石電腦，有點像是保全服務。

於萬王科技案例中，我們了解到電玩產業的需求不在防毒，而是在維護遊戲平臺的公平性、防止洗錢以及防範竊賊。趨勢科技面對這種另類資安問題，要如何依產業特性為萬王科技設計一套產品呢？除了遊戲產業，任何藏有個人資訊的組織，例如MySpace、Blogger、Yahoo、Google、Facebook、Linux等，其實都是潛在使用者。從社群這個角度來看，創新的範圍就擴大了。

對於這種社群組織的創新點可以由兩個方向來看。第一，由產品面來看，網路社群含有大量Web 2.0（互動社群）的資安漏洞，像是Facebook就允許使用端在其系統架構上寫程式，這就會牽扯到資安問題。目前趨勢科技跟eBay有這樣類似的合作，但是市面上尚未有相關的解決方案。第二，由網路社群後臺的資安架構來看，趨勢科技可以提供服務，例如定期為客戶掃描網頁。賽門鐵克前一陣子就提出類似網路社群資安服務，拿到新加坡國防單位的訂單。

萬王科技的另類資安問題還可以激發不少創新構想。例如，

趨勢科技可以研發「防弊機制」，提高線上遊戲的公平性，或在寶物程式上做加密的動作，來防範寶物被不當竊取或複製。過去防毒公司的產品開發都是針對資安威脅，但是萬王科技這樣的需求已經超過威脅了。再提高一層去看，這樣性質的公司，其實就是代表所有Web 2.0相關產業的需求。無論是線上遊戲、網路社群或是部落格等，皆脫離不了Web 2.0的範疇。依此脈絡，趨勢科技可以包裝現有商品，提出整合式資安信譽服務（All-In-One Security Reputation Service），將整個檢查機制設置在Web 2.0技術裡。

在席德銀行的個案中，防毒公司必須先分析銀行的應用環境，了解銀行最常被侵入的病毒是什麼。還有，被席德銀行抱怨的應該是經銷商的服務人員，而非趨勢科技的工程師，所以造成客戶對趨勢工程師能力的誤會。趨勢科技可以效法戴爾電腦的服務模式，為銀行關鍵客戶配駐專屬技術專家，長期建立對銀行的了解。在發生資安事件時，這些資安專家便可快速地進入狀況，爭取解毒第一時效。再者，防毒公司也可以針對銀行客戶開設「金融資安教育」，除了增進行員對病毒的即時處置能力外，也可協助行員理解金管會對銀行資安稽查重點。

銀行是趨勢科技的關鍵產業。很可惜，趨勢科技過去並未建立起對銀行防毒的領域知識。不過，這也是趨勢科技的契機。若趨勢科技能分析銀行業最常發生的病毒，縮小搜尋範圍，針對銀行業提供客製化病毒通報，並提供解毒步驟，應可以獲得銀行業客戶的青睞。而且，建立銀行業解毒的專業度，趨勢科技也才可以在最短的時間內，用最省力的方式解決問題。例如，趨勢科技可以開發「病

毒預防針」方案（Preventive Maintenance），大規模分析使用者上網行為，協助銀行找出病毒攻擊的脆弱點。

🍃 創新啟示

使用者有很多痛點，但多數無法清楚表達他們的「悲鳴之聲」。設計者也常常會錯意，誤會使用者想要表達的意思。工程師辛苦地由客戶端取得需求，可是將產品做出來後，客戶卻不認帳，還反過來責備工程師。為什麼客戶會如此「口是心非」呢？癥結是，設計者雖然理解客戶的資安需求，可是卻未能深入資安的脈絡。本案例可以提供三項創新啟示。

第一，要理解使用者的意會，而不要會錯意。使用者是創新的來源。創新者不可閉門造車，要走入人群，關心創新對使用者帶來的不便，理解使用者對創新產生的各種意會。往往，使用者說不出他們真正的需求，因為產品的複雜度超過他們能理解的範圍。設計者也會被自己的主觀所駕馭，而忽略使用者真正的痛。使用者亂意會，設計者會錯意，就會誤導創新的發展方向。例如，在銀行業雖然需要電腦病毒通報，卻不需要全面性通報服務，因為會驚動金管會，引發客戶恐慌。若不理解使用者言外之意，就提供通報，反而造成使用者的困擾。

第二，要理解使用者意會，必須理解在地脈絡，分析使用者如何於所處的組織體系中運用系統。由使用者的意會中，設計者可以獲取在地知識，並且將這些在地知識融合到產品知識之中。例如，

同樣是資安問題，縣政府想預防的是內部犯罪行為；科技公司想防範的是供應鏈風險；電玩公司需要防護帳號竊盜；銀行擔心的是海外分行的資安漏洞。理解使用者痛點與所處的工作脈絡，方可獲得客戶的洞見。

第三，理解意會，找出洞見。當今企業多以技術的角度來處理資安問題。但是，我們卻很少注意到使用者的角色。資安的源頭不就是使用者嗎？了解使用者如何有意或無意地造成資安問題，理解他們如何意會科技，才能理解資訊安全問題的源頭。體察使用者的工作脈絡，以系統觀全面了解使用者痛點，創新者就能獲得源源不斷的設計洞見，企業也才能根本性地解決資安問題。

Chapter 6

物裏學
清明上河創宋潮

我們似乎忘記，真正令人感動
的是有意義的故事以及感人的
情節。

觀念：疆界物件

物件裏有什麼學問？我們先來看一個博物館的故事[1]。

八〇年代，匹茲堡大學教授蘇珊·史塔克（Susan Star）與詹姆斯·葛凌思姆（James Griesemer）研究加州脊椎動物博物館（MVZ, Museum of Vertebrate Zoology）的發展史。在二十世紀初，這家博物館扮演著動物學啟蒙的角色。MVZ博物館建立物種資料庫，保存豐富的動物標本，詳細記錄生態體系。

史塔克注意到，博物館能有這樣的成果，不只因為有一群信仰達爾文的優秀科學家。博物館背後更有許多支持者，包含來自荒野俱樂部的專家提供動物標本，毛皮商人提供捕獲的動物，居民提供資訊，農夫供給食物和休息地，當地大學與政府提供資金與用地。是什麼力量讓這些不同社群能合作無間？史塔克發現，這些社群運用一些物件，化解知識落差所形成的溝通障礙。這些物件也讓社群在追求各自目標下，仍能共同為博物館貢獻。史塔克稱這些物件為「疆界物件」（Boundary Object）[2]。

博物館運用的第一個疆界物件是「紀錄表」。紀錄表提供一套標準化的樣本採集方法。科學家必須仰賴荒野專家蒐集各地的動物標本。荒野專家了解在地脈絡，常與當地居民打交道，善於野外活動。問題是，荒野專家缺乏動物學知識，無法如同科學家般在現場採集樣本。

博物館的動物學家發展出一套紀錄表來協助他們。荒野專家可以遵循標準步驟，有效將動物標本保存下來。紀錄表中的

諸多欄位隱含著動物學的知識。荒野專家填寫紀錄表後，科學家便可以解讀出被捕獲動物的位置，比對過去資料，判定樣本的科學價值。紀錄表就是一種疆界物件，將原本複雜的理論化為簡單的蒐集步驟，使得不具動物學知識的參與者可以輕鬆蒐集標本。疆界物件就像是翻譯員，促使科學家與荒野專家溝通無礙。

第二個疆界物件是「物種圖鑑」。物種的概念源自十九世紀達爾文的理論，MVZ博物館製作許多物種圖鑑，讓不同社群參與者對物種能有一致的認知，強化參與者對於物種的印象。物種圖鑑結合抽象的理論，但提供易懂的資訊。圖鑑中會標示物種在分類系統中的位置。一般人只需了解物種的特徵、習性、棲息地，就可以幫忙科學家蒐集樣本資料。

這個研究告訴我們，每一個物件背後都隱含某種知識體系。但如何找出物件裏的學問？我們可以運用「格物致知」的方式，透過物件來分析系統運行的脈絡，找出背後隱藏的意義[3]。例如，半導體工程師維修時，會觀察晶片的刮傷（物件上的線索），由傷痕中去找出相關的參數，推理背後可能牽涉到的製程[4]。一個非線性問題初期徵兆並不明顯，也不容易察覺。由物件裏找線索，可解讀其中隱含的知識。麗莎‧山德斯（Lisa Sanders）醫生，也身兼《紐約時報雜誌》記者以及電視影集《怪醫豪斯》醫學顧問。她所寫的《診療室裏的福爾摩斯》是一本最佳範例[5]。她用偵探小說的寫作手法，讓人了解到醫生如何由不起眼的物件分析病情，偵查可疑症狀，最後找到病因。

　　博物館策展中需要呈現許多文物，也可以運用「物裏學」。每個物件的背後，都有一連串的故事；每個物件都代表一種溝通方式；每個物件裏，都有一套知識體系。「格物」就是要透過物件解讀背後的知識體系。以下案例就以博物館策展來說明，如何解讀物件中豐富的意涵，讓觀眾對文物能有全新的學習體驗。

博物館策展的瓶頸

　　近年來博物館展覽愈加豐富，從古至今、由東到西、以實體加虛擬，各式主題百花齊放。有三類策展單位激烈競爭。第一類為博物館、美術館之官方策展單位，如國立故宮博物院、臺北市立美術館，或是歷史博物館等單位。第二類為民間策展公司，以中介角色向國外藝術單位借展，如時藝多媒體公司於臺中國家美術館推出的草間彌生作品展，或是金傳媒公司所策劃之梵谷畫展。第三類則以個人為主，多是藝術家本人或是收藏家，以私人名義展出作品[6]。

　　國立故宮博物院（以下簡稱故宮）是臺灣規模最大的博物館，館內藏品多為中華文物之精華。根據故宮（臺北）統計，原北京故宮博物院運至臺灣的文物，有器物46,100件，書畫5,526件，圖書文獻545,797件；原國立中央博物院部分，則有器物11,047件，書畫477件，圖書文獻38件，共計608,985件，有「中華文化寶庫」的美譽。

　　故宮雖擁有如此豐富文物，卻面臨三大挑戰。第一，整體參觀人數爆增，2016年目前每日流量約一萬三千人，已經超過五千人次的飽和流量，但本地觀展民眾卻下降。第二，看熱鬧多於看門道，觀眾多抱著「到此一遊」的心態，對文物所蘊藏的涵義理解不多。第三，數位典藏傳播效果有限。根據英國《藝術報》（*The Art Newspaper*）統計，2014年全球博物館展覽每日平均參觀流量排名中，故宮占前三名。第三名是「明四大家特展 —— 唐寅」，共吸引一百一十三萬餘人次參觀。第二名是「十全乾隆展覽」，達一百一十七萬餘人次參觀。第一名則是「乾隆潮新媒體藝術展」，吸引近一百七十萬人次參觀。

　　雖然故宮成為觀光客必訪景點，卻成了「看熱鬧」的場所。故宮自2004年展開數位典藏計畫，將實體文物製作成動畫放上網路。然而舉辦這麼多展覽，到底有沒有達到傳播中華文化的使命，仍是一個需要深思的議題。以《清明上河圖》來說，市場上出現三種策展方式[7]。

　　一、不動：忠於原味，故事卻失味：在北京故宮博物院的官方網站上，《清明上河圖》的介紹僅交代作品名、作者、作品材質和尺寸：「清明上河卷宋張擇端繪絹本，設色。縱24.8cm，橫528cm。」在空間的限制下，博物館僅能展示畫作及目錄式的文字介紹。觀眾雖然可以透過導覽員的解說，汲取額外知識，但對畫作所知有限。上海博物館五十週年慶時，向北京故宮博物院借《清明上河圖》展出。蔣勳描寫到當時候的場景：「清晨五點鐘就有人在門外排隊，常常一排四、五個小時，都不一定看的到畫。人潮隊伍一

到畫的前面，就停住不動，任憑管理員如何催，都難以移動。我在隊伍中聽到日本來的觀眾，向催促的人抱歉地說：『我從日本來，要慢慢看』。」[8]

　　這幅名畫吸引觀眾大排長龍進場觀看。然而，受限於時間限制，多數人只能匆匆一瞥，無法細膩感受文物的美。這樣「不動」的原件展出，受限於時空環境，更別談要理解畫作的意涵。幾乎很少有觀眾參觀之後能對文物有深入的理解。

　　二、走動：身歷其境，所見卻失真。近年來仿古園區也跟著流行起來。業者看見商機，以畫作為主題建造「杭州宋城」。不過，宋城不是呈現汴京城的樣貌，而是以稗官野史為題材，打造出汴京與南宋都城臨安交融的光景。走在宋城街道上，會經過《清明上河圖》裏的「趙太丞家」，也會看見《水滸傳》裏的武太郎在賣饅頭。逛累了，可以欣賞大型歌舞劇《宋城千古情》。這部歌舞劇以杭州的歷史典故與民間傳說編製而成，有以南宋臨安城為時空背景的歌舞表演，也可以觀賞白蛇與許仙，或梁山伯與祝英臺的愛情故事。令人擔心的是，過度商業化使國寶變得譁眾媚俗，參觀之後民眾對於宋朝留下的卻可能是錯誤的印象。

　　河南省開封市（古時汴京）不甘示弱，也建造了一座「清明上河園」，於1998年開園，呈現北宋庶民生活樣貌。開封市「清明上河園」簡介裏的一段文字寫著：「一千年前，張擇端把現實世界帶入畫卷當中，過了一千年後，開封再次把畫卷呈現到現實的世界。」此主題園區共分為兩大部分，一部分為與主題無關的遊樂設施；另一部分則是嘗試重現清明上河圖當中的場景，帶遊客實際走進《清

明上河圖》。

《謎樣的清明上河圖》一書指出，以文化為主題的樂園，多數追求商業化，難以做到歷史考究。加上媚俗的歌舞秀、民俗秀、稗官野史，卻反而忽視《清明上河圖》背後珍貴的歷史脈絡[9]。《清明上河圖》是一幅難得的巨作，描繪千年前的汴京城市生活。過度商業化使得中華文化被塵封。

三、互動：科技造成動感，卻沒感動：策展公司也推出動畫版。2010年上海世界博覽會中國館所展出的《繪動的清明上河圖》，將張擇端原版放大三十倍，在120公尺長的大螢幕上呈現汴京生活百態。科技讓畫作不再死板，畫中人物活了起來，汴京城中有白天、黑夜。科技以更有趣的方式呈現文物。將文物數位科技化，讓民眾得以在展區中與展物進行互動，也讓國寶可以傳播的更遠。然而，過度強調科技功能卻忽略文物背後的啟發。當民眾走出展間，在腦海裏留下炫麗奪目的科技，卻不理解展覽所代表的意義。有看卻沒懂，留下「到此一遊」的迷惘與遺憾。

問觀眾花一小時看完《清明上河圖》有何想法，多數人會回應：「《清明上河圖》應該是描述清朝時期的繁華景象吧。」或者，一知半解的觀眾會說：「《清明上河圖》大概是描述宋朝時的生活狀況吧。」但是，多數說不出圖中的城市是汴京。也有些事前閱讀資料的觀眾認為：「《清明上河圖》是張擇端畫的，是用『界畫』的手法。」不過，他們卻說不出「界畫」是什麼。

於此，我們可以發現觀展者亟需文物相關的常識，但缺乏整合性的資訊。策展人卻認為觀展者應該自己先做研究，來看的時候

才能有豐富的感動。先不管誰對誰錯，回歸到使用者需求，他們想知道的其實不外是：《清明上河圖》這麼多版本，到底哪一個是真的？為何畫中驢子比馬多？虹橋上哪麼多人都在做什麼？汴河上為何有那麼多船？街上小吃店這麼多，汴京人都吃些什麼？如果由這些問題著手去梳理歷史脈絡，也許就能改變傳統的策展方式。

要探索如何創新策展，我們必須先理解這幅畫的來龍去脈。

🍃 真假清明上河圖

《清明上河圖》常被誤解為描繪清明節的情景，其實並不是。宋徽宗委託張擇端畫汴京，花費四年完成後，一見畫作時自我感覺良好，覺得自己治理之下社會安定，百姓富足安康，宛如太平盛世。清明一詞摘自《後漢書・班彪傳》中所言：「固幸得生於清明之世」（按：固是指班固，東漢史學家班彪之子，東漢歷史學家，《漢書》的作者）。

北宋張擇端完成《清明上河圖》後，此畫經過五度入宮、四度出宮。在 1953 年，東北博物館舉行「偉大祖國的古代藝術特別展」，《清明上河圖》首度公開於世人。同年 10 月，北京故宮博物院繪畫館開館之時，《清明上河圖》從瀋陽運送至北京展示，成為繪畫館的重要文物。1959 年，它成為北京故宮博物院的典藏文物。

《清明上河圖》目前所知共有三十幾種仿本。其中較具有代表性的仿作為明代的仇英版以及清朝的清院版。明代的仇英版《清明上河圖》珍藏於中國至正博物館，據稱是仇英以北宋張擇端的《清明

上河圖》為本，以當時明代的都城蘇州為描繪背景重新畫製。但此畫與張擇端所繪的風格截然不同。

清院版的《清明上河圖》（收藏於臺灣的故宮）是如何誕生的呢？有一次，清朝乾隆皇帝拿到一幅《清明上河圖》，感覺到這幅畫作有些地方不夠細緻。於是招集五位宮廷畫家，重畫了一幅《清明上河圖》，就是今天所稱的「清院本」。清院本的篇幅較真跡長出一倍，人物更多，街道更複雜。就在清院本畫完後，嘉慶年間查抄湖廣總督畢沅家時，發現《清明上河圖》真跡。原來臨摹那幅畫是贗品。當嘉慶皇帝看到真跡之後，趕緊去找乾隆皇。父子倆為顧及面子，就快快把畫收起來，而正本則被編入《石渠寶笈》之中。

┃ 國寶之所以為國寶

北宋張擇端所繪之《清明上河圖》現收藏於北京故宮博物院，這份文物之所以被認為是第一級國寶有三個原因。其一，歷史價值；其二，藝術價值；其三，哲學內涵[10]。

就歷史價值而言，張擇端版本是原始版本，猶如紀錄片般描繪汴京城當時生活風貌。觀其人物、街景，甚至是街道上的各行各業，就能一窺北宋城市千年前之樣貌。清院本是以清朝的風俗套入宋朝的街景，令人歷史時空錯亂；仇英版畫的不是宋朝，是明朝。張擇端版忠實呈現北宋汴京城原貌，畫中與孟元老《東京夢華錄》書中所描述的景象甚為貼切。這幅畫能歷經金朝、元朝、明朝到清朝，歷經千年戰亂，從皇宮到民間，再到皇宮，又流入民間，竟然還能夠保存下來，讓現代人看到，讓人格外珍惜。

　　就藝術價值而言，城市生活與界畫技巧是現代藝術對《清明上河圖》有極高評價的原因。古代畫一幅人物長卷要花很長的時間才能完工。一位畫家一生畫不了幾幅。在畫家有限的時間中，作品首選便是畫神仙，或是皇帝與宮廷人像，方容易找到贊助商。《清明上河圖》的主角是庶民，老百姓都能理解與接受；古代原本不受重視，到了現代卻廣受歡迎。

　　界畫是另一特色。畫中的車船、房子，是用界尺按照比例去繪製，因此稱之為界畫。張擇端在這方面的繪畫技術相當出色，被招入國家畫院擔任供奉翰林（因為不是進士，只能當供奉，也就是研究員）。在原畫後方的跋文可見後人對於此幅圖畫之珍重，張著寫道：「翰林張擇端，字正道，東武人也。幼讀書，遊學於京師。後習繪事，本工其界畫。尤嗜於舟車、市橋、郭徑，別成家數也。按向氏圖畫評論記云，西湖爭標圖、清明上河圖，選入神品，藏者宜寶之。」

　　就哲學價值而言，《清明上河圖》讓我們認識一千年前汴京的城市生活以及宋代的生活潮流。北宋汴京城為當時（西元1102年至1125年）亞洲地區最繁華的城市，卻在《清明上河圖》完成後十年被滅城。縱看整幅《清明上河圖》，圖上的百姓、士紳、商人、店家、街景，實在無法想像繁華的北宋竟會滅國。究竟在這當中，北宋遭遇什麼樣的變故？是內憂，還是外患？一個富庶強盛的國家竟在短短幾年內遭外族的攻擊，俘虜徽宗與欽宗父子。理解這一連串的歷史變故，再回首看《清明上河圖》中繁榮景象，令人不勝唏噓。從《清明上河圖》中可以讀出城市脈絡，進而思索我們所處的

現在與未來。

▍辨認真假有祕訣

　　這麼多的仿本，該如何分辨真假呢？若將《清明上河圖》攤開，均分為三等分，會發現每一塊都是完整的畫面。張擇端在每個畫面正中間精心安排一場交通事故。這三場交通事故使靜態的畫中有了動感。這三個事故正可以做為辨別真假的依據。

　　事故一：驢子正衝向小孩。在郊外，一隊官家的隊伍正要進城。隊伍最前面有一個僕人正在開路，驚嚇到前方的一頭驢（畫中的驢缺了前半身，因為原畫已經毀損），前方剛好有一個小孩，快要被驢子撞上。小孩的媽媽著急地在一旁喊著，對街酒館裏的人卻在看熱鬧。

　　事故二：虹橋甩尾的漕船。虹橋下有一艘船，一時沒抓準方向，整艘船打橫，快要撞上虹橋。這時候船夫齊心合力用長竿竹槳撐著調整船身；有些船夫鬆開繩索放下桅杆，有些人大聲么喝著。在橋上還有人幫忙拋纜繩，有一條纜繩已經拋到一半正要接，另一條纜繩還沒拋，試圖將船身調正。縴夫排成一線，也試圖調整方向。岸邊有人熱心地指點給意見。

　　事故三：高傲的騎馬官人，迎頭撞上的駱駝。在這幅畫的後半段，城門外有個官員騎馬行進時把一個路人的包袱碰掉到地上，東西灑了一地。路人指著官員埋怨，騎在馬背上的官員輕蔑地瞧了一眼。此時，碰巧有一個駱駝商隊要出城，駱駝即將要撞上路人。

進入上河圖：汴京的生活脈絡

《清明上河圖》裏面包羅萬象，有驢子、牛馬，有官員與百姓，有商業貿易，有茶館餐廳，有百姓的娛樂，有碼頭船運。進入汴京城，可以看到北宋時期的生活風貌，看見城市的交通、飲食、商貿、娛樂、文創、社會階級、航運，更可以由畫中看出城市的未來。

我們由畫中的物件逐一解開張擇端放入《清明上河圖》中的密碼。

物件一：驢子背上的煤炭 —— 城市的交通
進城送暖的驢隊

畫的一開始就呈現疏林荒野，一條沿溪曲徑上有五隻驢子緩緩走進城裏。最前頭有趕驢的人，左手拿著鞭子，右手拿著韁繩，引導驢隊向右轉。驢子駝著竹簍，裏面裝滿的是木炭，約十簍之多。算起來這個時候應該是秋天末尾，入冬前汴京需要大量木炭以備取暖之用。

宋朝吉祥物

在北宋，驢子不僅交通工具，也是幸運的吉祥物；就像日本的熊本熊一樣。《宋史》記載：驢子曾為宋太祖趙匡胤帶來好運。趙匡胤年輕時官運不佳，四處遊走。有一天到襄陽，身上缺錢，無法住旅店，於是就到一座廟掛單。這間廟有一位老住持，閱歷豐富，與趙匡胤長談一晚。第二天，老和尚建議趙匡胤：「往北方去吧！那裏會是你出戰功的地方。」臨走之際，老住持給他一袋盤纏，更

把寺廟中僅存的一頭驢也送給他。趙匡胤聽從老住持的意見，一路北行十分順利，最後當上皇帝。從此，驢子就變成宋朝的吉祥物。

各類運輸工具

在畫的中間，虹橋上有一個滿臉絡腮鬍的粗壯大漢，雙手拉著獨輪車，車前有驢子拖曳，車後有人幫忙扶持。獨輪車上堆滿貨物，在下橋斜坡上，大漢兩腿叉開，用身體減緩獨輪車衝力。獨輪車很像今日的快遞公司，或是騎機車運送披薩的摩托車。在擁擠的鬧市，穿梭於人群小巷間運送貨物。除了獨輪車外，還有太平車、平頭車，也是用驢子來運載。太平車，車上有廂無蓋，駕車人坐在中間；平頭車，比太平車小，酒樓多用來運送水酒。宅眷車則是用牛拉的，車子上面加設了棕毛編的車廂蓋，車子前後加上木構欄門，垂上簾幕，是供貴婦乘坐的出租車。

出租中心

孫羊正店旁有兩個人帶著馬，馬周圍沒任何貨物，這是出租驢與馬的地方。夜晚二更十分前都可以租借。當時職銜不高的官員買不起馬，平常騎驢上下班。若需要出席重要場合或執行公務時，可以租借馬匹，比較有面子。

驢子代表的是戰力

畫中出現四十六頭驢，十九頭用來拉車；十二頭用來馱運貨物；八頭用來騎乘。另外，還有二十頭馬、十一頭牛、七頭豬和四頭駱駝。為什麼驢的數量遠比馬多呢？實際上，宋代驢比馬多不是巧合，而是現實。自周朝，兵車的數量來衡量軍事強弱。《孟子‧梁惠王上》：「萬乘之國，其君者，必千乘之家；千乘之國，其君

者，必百乘之家。」萬乘之國，意即擁有萬輛由四頭馬拉動的兵車的國家，是大國。北宋曾公亮《武經總要》提到「一騎當步卒八人」，就是一名騎兵可以相當於八位步兵的戰力。

北宋沒有草原可繁育優良馬匹，在中原農耕地區養馬成本很高。馬代表戰鬥力，做為騎乘之用相對就奢侈很多。驢子飼養成本低，耐力好、繁育快、消耗能量少（食量僅有馬的 60%），驢子就變成大眾交通工具。根據沈括所著的《夢溪筆談》指出，驢子的搬運量是馬的五倍，但飼料低於馬一成。驢子行走時雖步幅小，但一日可走近百里，即使一日不進食也能忍耐。於是，宋朝在關中與德州地區大量繁殖驢子。

▌物件二：正店招牌 —— 城市的飲食
孫羊正店

在《清明上河圖》中有一座商店掛著「孫羊正店」的招牌。「孫羊」是店名，「正店」指的是旗艦店，樓高三層，前有彩樓歡門，還有各類的綵球垂掛著，是汴京城酒樓一貫裝飾方式。孫羊正店前面有賣花的；旁邊是「香湯」，是溫泉泡湯，附有搓背服務；有幾位士兵在拉弓，可能是去泡湯前先活絡一下筋骨。在二、三樓，有許多客人在其內飲酒對談，也有人正欣賞歌唱表演，好不熱鬧。一般餐館每份下酒菜不超過十五錢，換算約新臺幣六十元，高級酒樓的價位要更高。餐飲方面，不僅賣酒菜，也賣水果，如果客人想點的東西酒樓沒有，可以派人到外面張羅，外帶回來酒店享用，不會禁止外食。

宋神宗治理期間，汴京約有正店七十家。政府執行酒的專賣制度，稱作「榷酤」。官府為控制酒的生產，把做酒的酒麴，分配給正店，由正店出錢承包釀造與銷售。宋代的酒稅收入很高，宋神宗熙寧年間，高達四十萬貫。根據《宋會要輯稿》，宋仁宗提供優惠的條件，下詔給招商部門，願意承包正店的商家，政府會指定三千戶的腳店做為下游經銷商，就像現在的旗艦店和分店一樣。

若是錢不夠，去不了正店，汴京居民也會去「腳店」。腳店不是按摩腳的店，而是小規模、歇腳時的酒店。自己不能賣酒，需向正店批發。腳店規模不一，有些是大型的店鋪，有些只擺放一、兩張桌子。《清明上河圖》裏有一家「十千腳店」，就在虹橋旁。這家十千腳店的屋簷下，用竹子搭成了一座綵樓歡門，做為招攬客人的看板。在上方，一支木棒撐起三條長布幔，其中一布幔上寫著「新酒」兩字。「十千」一詞來自於三國時期著名詩人曹植的《名都賦》裏的「我歸宴平樂，美酒斗三千」，也有人說是來自於唐朝李白《將進酒》中的「斗酒十千恣讙謔」。這家腳店還有代客泊車以及外送的服務。

宋朝人習慣一天只吃兩餐，肚子餓時便去找小吃。

小吃大多是麵食類，統稱為「餅」。烤的叫燒餅，水煮的叫湯餅，蒸的叫蒸餅。宋仁宗本名趙禎，禎與蒸在洛陽話發的是同一個音。為了避皇上的名諱，蒸餅改名為「炊餅」。在《清明上河圖》中，進城處花店旁的小吃攤，就是炊餅攤。根據《東京夢華錄》記載，汴京的小吃大致可分三類。第一種是從主食分離出來，像是炊餅與麵食；第二種是官宦階級或富貴人家平常所嚐的零食，像是油

條、碗豆黃、糯米糰子、炸年糕；最後一種是由處理剩飯而來，像
是蛋炒飯、牛肉罩餅。這類的小吃攤在汴京城裏到處可見。

宋代的飲食習慣

不過，汴京的居民有辦法消費這樣高級的餐館嗎？《東京夢華
錄》提到，「市井經紀之家，往往只於市店旋置飲食，不置家蔬。」
當時汴京人不習慣在家料理餐點，常常吃外食，因此造就汴京城裏
有各式各樣的餐館。當時已打破宵禁制度，到了夜晚，城裏燈火通
明。夜市三更才收攤，但不到五更時分，又有店鋪開張營業了。當
時餐館酒樓提供的食料，從粗飽到精緻美食應有盡有，滿足不同階
層的消費者。

當時宋朝人主食以米飯為主。皇家通常都是吃羊肉，其他階層
則是大多吃雞與鴨。豬是最不受歡迎的。除此之外，宋代人對烹煮
手法也頗有一套，對素食、冷凍調製、擺盤也多有創新。根據《東
京夢華錄》，當時有名的食品店有玉樓梅花包子、曹婆肉餅、薛家
羊飯、梅家鵝鴨、曹家從食、徐家瓠羹、鄭家油餅、王家乳酪、段
家爐物、魚羹宋五嫂、羊肉李七兒等。

老百姓平常遇節慶，可以叫外燴，也可以借宴客時所需的桌椅
陳設，器皿盒盤，而且從宴客請帖或是安排桌次都可請專人負責。
宋朝也有公關公司幫忙張羅宴客，幫顧客請「白席人」來主持宴
席、帶動氣氛、勸酒助興。

小豬的命運

《清明上河圖》裏，在護城河的東北方，樹蔭下有五隻小豬到處
跑，好像沒人管。北方人主食吃麵，肉食以吃羊肉為上；南方人吃

米飯，肉食用豬肉和魚。上等的伙食主要是以羊肉為主，使用羊豬的比例是十比一；皇家御廚則只用羊肉；豬肉是百姓吃的，豬肉較不值錢，因為百姓不懂烹飪的方式，肉質硬而難嚼。一直要等到蘇東坡發明「東坡肉」，豬肉才開始變好吃，小豬的命運也就從此改變了。

北宋時，蘇軾自己下放，去杭州擔任太守，開始疏浚久未整治的西湖。老百姓為表達感謝之意，過年時帶著豬肉向他拜年。一次，蘇軾請家廚幫忙料理，家廚忙於切肉燒煮之際，把「連酒一起送」聽成了「連酒一起燒」，結果燒煮出來的豬肉，更加色澤紅亮，口感鮮美，令人稱賞不已，演變成現在的東坡肉。蘇軾被流放到黃州，就是靠吃別人送的豬肉解饞。他還作了《豬肉頌》：「黃州好豬肉，價錢等糞土。富者不肯吃，貧者不解煮。慢著火，少著水，火候足時它自美。每日起來打一碗，飽的自家君莫管。」

路邊也有五十嵐 — 飲子

在虹橋上的東南方有一家掛著「飲子」招牌攤販。飲子是經過加工後的飲料，當時主要販賣木瓜汁、沉香水、荔枝膏、豆兒水、鹿梨漿、椰子酒等。這些飲料有保健類，像是可清熱、防暑、去濕的涼茶、枸杞茶；雪泡縮皮飲（類似酸梅湯）可消暑解毒，防止上吐下瀉。

茶館

在漕運碼頭旁，有家茶館，向河岸的一邊和朝向碼頭的一邊，都用蓆棚或布棚搭出臨時性的空間，放置了許多桌椅，看來生意很不錯。中國人對於茶有服（做藥）、吃（入菜）、飲（喝的）等三個

階段。根據《宋史‧食貨志》記載，當時茶有兩類：片茶、散茶。片茶即是固體茶，散茶是茶葉。茶館雖始於唐代，但繁盛於北宋。汴京茶館數量多，競爭之激烈表現於各家茶館命名，有如朱骷髏茶坊、郭四郎茶坊、張七相幹茶坊、黃尖嘴蹴球茶坊、一窟鬼茶坊等。

蘇軾於《新茶》提到：「要知冰雪心腸好，不是膏油首面新。戲作小詩君一笑，從來佳茗似佳人。」詩中將茶比作於白雪，是因為宋代人喝的是「白茶」。使用深色茶具，茶沖泡出來要有一層白沫才能稱作上品。不過這種白茶已經失傳。宋代開始，茶館發展成社交場所。在茶葉飄香之中，茶館主人在店內會營造出淡雅的氛圍，以展現品味。

▌物件三：商人的長袖 —— 城市的行業

中介商，牙行

在虹橋上，有兩個人的袖子特別長。為什麼會有這樣的服裝設計？那是因為他們倆是「牙行」，他們的工作是為買方或賣方提供仲介服務，袖子長讓他們可以摸手指頭，以做為討價還價之用。牙行扮演的是一個多元化分工社會中不可或缺的角色。這也顯示當時各行各業分工愈來愈精細。

診所：趙太丞家

除了牙行，汴京還可以看到什麼行業？在圖中的尾端，有一間以太醫做為標榜、外觀十分氣派的「趙太丞家」診所。《宋史》記載：「六品以上宅舍，許作烏頭門。凡庶民百姓家，不得施重拱、不得四鋪飛簷。」《清明上河圖》中，除了城樓、寺院之外，使用斗

拱形式的只有趙太丞家。

　　宋代的太醫局不是御醫，是醫政管理機構，也給官員與軍人看病，還是醫學院。當時也規定醫官處虛職時，可在外面開立私人診所。診所外，可見到醫藥廣告，像是寫著「醫腸胃病」、「治酒所傷真方集香丸」。門外有三位婦人，其中一個抱著小孩，正在等候問診。古代有「寧治十婦人，不治一小人」的說法，那是因為小孩子不太會表達疼痛之處，稍有不慎，易喪失生命，故古代醫生較不願治癒小孩。在畫中，趙太丞家內有婦人抱著小孩前來候診，可見趙太丞醫術是不差的。這位相當於國家醫學院副院長資格的趙太丞所開的診所，與圖中另一家「楊家應症」相比之下，更顯得氣派。

　　在汴京城裏，不僅醫生醫術高明，醫藥店多，且醫藥齊全。北宋十分注重醫學，在宋太祖與宋太宗執政期間，編印了《太平聖惠方》、《聖濟錄》等醫學書籍，發送至各州縣。在軍隊的醫官中，增設「典檢飲食醫藥」一職，也就是現在的食品、藥品監督管理師。

解，不是上廁所

　　汴京城還有另一頗為興盛的行業：當鋪。在趙太丞家斜對面，有間門口掛著「解」字樣的布幔，那不是廁所，而是當鋪。宋代開始，當鋪業急速發展，抵押物品的種類更加多樣化，發展出不同類型的當鋪，分為官辦、民辦及僧辦。由政府設置的當鋪稱為「抵當免所」，又叫「抵庫」。民間辦的當鋪叫作「解庫」（以物品典當換錢）。和尚辦的當鋪，則稱作「長生庫」或「普惠庫」，可能與慈善募款有關。

香藥店：舶來品區

《清明上河圖》裏，在孫羊正店旁的十字路口上，有家「劉家上色沉檀揀香」。香藥在宋代應用很廣，包括祭神禮佛用的焚香、薰香、香囊、香球、花蠟燭等。當時候海外貿易進口貨物包含香藥、象牙、犀角、珠寶。1954年，泉州古港出土的宋船上，乳香、龍涎香、檀香、沉香就多達四千斤，顯示當時香藥貿易之繁盛。林天蔚的著作《宋代香藥貿易考》當中提到，香藥是奢侈品，和茶、鹽、白礬一樣，都為政府賺取大量的利潤。《宋史‧食貨志》：「宋之經費，茶鹽礬之外，唯香之為利博，故以官為市焉。」當時香料市場是由政府管控。

軍巡鋪

軍巡鋪位在護城河的西邊。軍巡鋪門外有六個人或躺或坐，門上有一把用於防火的大傘，裏面有一隻被拴住的馬。汴京城內屋宇接棟，發生火災時蔓延難滅。根據史料記載：京師的相國寺、建隆觀、月華門都發生過火災，一蔓延就數百區。最嚴重的是在大中祥符八年（公元1015年）4月，榮王元儼宮中起火。《宋史‧五行志‧火》記載：「延燔左承天祥符門、內藏、朝元殿、乾元門、崇文院、祕閣、天書法物內香藏庫。」防火成為當時確保工商發展的任務。公元1023年，宋仁宗趙禎登位後，制定嚴密的防火措施，挑選精幹軍士，建制一個消防機構 —— 軍巡鋪，分散於汴京城。這些軍士經過嚴格訓練，主要任務是夜間巡警，督促居民按時熄燈，消除火災隱患。軍巡鋪日夜交替輪班，遇火災發生時，立即前往搶救。

算命攤

軍巡鋪前一株大柳樹下，有間用竹編成的簡陋棚子，上面掛了寫著「神課」、「算命」、「決疑」字樣，是算命攤。戴著方巾的算命先生正在為一位客人排命盤，旁邊還有幾個人圍觀。宋朝人認為福壽有命，富貴有相，非常喜歡看相問命。特別在進京趕考的季節，生意特別好。在眾多流傳的故事中，讓人樂道的便是《宋朝事實類苑》所記載的「宰相預言」。當時，張士遜（宋仁宗時宰相）剛舉為進士時，與寇準（宋真宗時宰相）一起逛相國寺，來到一個算命攤。卜者曰，二人皆宰相也。兩人才要離開時，剛好張齊賢（宋真宗時宰相）跟王隨（宋仁宗時宰相）二人也來算命。卜者大驚曰，一日之內竟有四人宰相蒞臨。四人相顧大笑，認為根本是江湖術士為了賺錢而奉承之話。後來算命師名譽全毀，聲望日消，最後窮餓以死。哪知，數年後，四人皆陸續做了宰相，張士遜回來找這位神準的卜者，想要為他寫傳，但已經太晚。

物件四：說書人的段子 —— 城市的文創

說書人

《清明上河圖》裏，在孫羊店的街角處，有一位長髯老者手拿著一卷書，滔滔不絕說著故事，吸引許多大人小孩，在街角處聚集人潮。當時，汴京開始有說唱藝術家的職業出現，也就是說書人。他們平常在街道邊為老百姓說一段「章」、「回」，就像是現在的電視連續劇一樣，每次只撥出一段劇情，若觀眾想要聽完整故事，就必須下次準時前來聆聽。

因為商業繁榮，娛樂業需求日盛。宋代開始有說書人，他們的腳本後來就成為「話本小說」的起源。這些故事有主題、特定角色和曲折情節，取材自當時知名人物或時事。例如，短篇的《拗相公》中渲染王安石的奇特個性；《北宋宣和遺事》捕捉了宋徽宗年間宋江造反的故事，成為日後《水滸傳》的取材底本。在王安石變法期間，有一名說書藝人丁仙現，在教坊數十年，不只是耍嘴皮子，在皇帝面前會藉由表演，借題影射時事，成為另類的諫言。

勾欄瓦肆

「勾欄瓦肆」即是北宋的娛樂業。「瓦肆」又稱瓦子、瓦舍、瓦市等，它是隨著商業的發展而建立起來的商品貿易集散地。在瓦肆裏，有許多用欄杆圍起來的民間藝術演出的場子，叫作「勾欄」。《東京夢華錄》提到，當時在東角樓的街巷，南桑家瓦肆一帶，有五十餘座的勾欄，最大的是蓮花棚、牡丹棚、夜叉棚、象棚，可容納千人。這些瓦肆勾欄裏，集聚著知名藝人，像是丁仙現、王團子、張七聖，還有擅於懸絲傀儡（也就是布袋戲）的張金線，吸引小商販、軍士、農民、商人、官吏子弟等各樣的觀眾。民眾「終日居此，不覺抵暮」。

歌舞名妓 — 李師師

在孫羊正店這樣的高級酒樓裏，有歌舞名妓表演助興，以獻唱為主而不賣身。《東京夢華錄》中記載，有錢的客人可以挑歌手點歌。孫羊店中歌手站立於兩側，有化妝、有造型，有艷麗的也有飄逸的，讓客人目不轉睛。當時誕生許多知名的舞妓、樂師，像是專於散樂的蓋中寶，或是專於舞旋的張真奴，擅長小唱的李師師、孫

三四、封宜奴。當時被稱為一代名妓是李師師（可參考高陽的《少年遊》）。李師師三歲寄名於佛寺，後來被經營妓院的李蘊收養。李師師的名氣紅遍全國，還被當時的皇帝宋徽宗喜愛。

▎物件五：讀書人的帽子 —— 城市的階級
重戴、轎子、書法門簾

畫的尾端有一位官員騎著馬，旁邊跟著十幾位隨從，看他的穿著應該是屬於中央級的官員。他的官帽戴法十分特別，那樣的戴法稱為「重戴」。當時高級官員會先戴一個布帽，帽子外面又再戴一個斗笠。後來這樣的戴法傳到朝鮮，就變成用馬尾編織的斗笠，也就是韓國古裝劇中官員頭上戴的烏紗帽。

宋朝是讀書人的黃金時代，傳說宋太祖趙匡胤在太廟的夾牆裏立一個碑，上面刻了三條戒律。第一，柴氏子孫有罪不得加刑，縱然犯謀逆之罪，止於獄中賜自盡，不得於市曹中刑戮，亦不得連坐支屬。這是因為北宋是和平地承襲後周柴氏的政權，所以要特別照顧柴氏子孫。第二，不殺士大夫及上書言事人。宋太祖認為自從唐代安史之亂，一旦有將領掌握軍力，會造成藩鎮割據，形成五代十國的政權亂面。為維持政權安定，宋太祖實施重文輕武政策。第三，子孫有渝此誓者，天必殛（殺）之。如果後代皇帝違背上述的兩條，會受到老天爺的處罰。每當新皇帝登基，太監便會引領到密室，受領宋太祖遺留的三條指示。

在孫羊正店前面，有抬著轎子前進的隊伍，前後有僕人，肩上挑著東西。北宋初期，轎子是奢侈的交通工具，按規定如果不是官

員家屬，就不能乘坐轎子。到了宋朝中期後，規定慢慢消失，富商才開始把轎子當作交通工具。到北宋末期，老百姓也可以乘坐轎子。

稅務機關

位在圖中城門內，右側有一所稽徵貨物稅的機構，門口堆放著大包小包貨品。裏面的官員嘴裏叼著筆，正在記帳。當時的商稅有兩種，一種是「過稅」，即是流通稅，大約每千錢課二十。另一種為「住稅」（交易稅），每千錢抽課三十。這些稅額並非有定制，通常每個城門設收稅關卡，由監門官來課稅。在稅務官背後門簾有兩幅書法作品，很像是米芾的字體，可推斷北宋的印染業應該很興盛，書法作品也逐漸滲透到百姓日常生活中，米芾的書法已經廣受喜愛。更有商家推出米芾書法的防火經文覆蓋在貨物上。

米芾從小天資聰穎，六歲會背詩百首，八歲能寫書法，十歲能描摹碑刻。米芾的母親是宋神宗的奶媽，所以宋神宗就給他一個官職「祕書省校書郎」，專門管理書籍校對。往後米芾的官職也就處於這樣的水準，因為沒有仕途的牽絆，給了米芾很多時間去鑽研書法。

久住王員外家

在孫羊正店的東南方，有家「久住王員外家」旅邸。特別標明「久住」兩字，似乎是為眾多落第考生而設的長期住宿旅館。在邸店的樓上窗邊，有一位伏案的讀書人。宋朝是讀書人的時代，也是老百姓翻轉命運的機會，人人皆有當官的機會。宋朝延續隋唐以來的科舉制度，又訂定「謄卷」，讓謄抄官將試卷複寫一遍，避免閱卷者熟悉筆跡，透過筆跡作弊。宋太組還增加「殿試」，將錄取的最

終權力掌握在皇帝手中，確保公正的選才。家境較好的人，請得起有名的老師，大大增加上榜率。所以在宋代還有一條規定：官員子弟考試不占錄取名額。這個制度增加社會階級的流動，增加老百姓能進入上層階級的機會。宋代出現「布衣卿相」的現象，像范仲淹便是平民當上宰相的典範。

物件六：汴河上的漕船 —— 城市的命脈

漕運船

汴河上有許多貨運船，又稱為「萬石船」，是專門用來搬運糧食的船隻。這種船的製造技術比起當時的歐洲要先進多。漕船上可看到船舷、船棚、艙板上都釘上鉚釘，每艘船上有盤車裝置，是旋轉式的木造轆轤，用來收纜索或起重之用。漕船上還有機械結構十分複雜的升降平衡陀，停泊時可以保護船陀。碼頭邊有許多大船靠岸，仔細看會發現船上有一名婦人和一小孩正倚靠著窗邊，往外悠閒凝視。他們應是從江南押運米糧一起到京城的船夫家眷。

汴河看興衰

宋太祖以汴京城做為首都。汴京城的地理位置雖好，卻沒有高山做為屏障。無論是軍事運輸或糧食供給，汴河扮演十分重要角色。宋太祖建國之後，為落實「強幹弱枝」，將國都選建此處。北宋汴京城是當時候亞洲規模最大、最繁榮的都市。雖然北宋的疆域有限，卻創造強大的經濟實力，那是因為汴京城有便捷的水運交通網路。汴京城聚集許多官宦世家和文人雅士，也使經濟大為活絡。在宋太宗時代，汴河的漕運量增加到每年八百多萬石。根據《夢溪

筆談·卷三》，宋代一石合九十二點五宋斤，換算起來，一石約為五十九點二公斤，所以一年汴河的漕運量約為四億七千三百六十萬公斤，是很驚人的數字。

▌物件七：消失的巨石 —— 城市的未來

張擇端的伯樂

民間相傳，宋徽宗有一天到大相國寺去上香，聽到有人能把汴京城畫得栩栩如生，便叫宰相蔡京去打聽，才得知是張擇端。蔡京知道宋徽宗不久前畫了一幅以天上宮室、神馬、仙人為主題的《夢遊化成圖》，便推薦張擇端來畫汴京城。如此一來，有天上亦有人間，就可以取悅皇帝。宋徽宗接受蔡京的建議，將張擇端納入了翰林院，准許他做田野調查，觀察街市，在農舍裏作畫。張擇端完成以汴京城的庶民生活為主題，全長共528公分，高24.8公分的畫卷，獻給宋徽宗。

在《清明上河圖》中，可以看出張擇端擅於「界畫」技巧。他運用「界尺」，在只有24公分高的畫中，用工整的線條精確描繪出宮殿、漕船、橋梁。雖然「界畫」不受當時重視，但幸虧張擇端活用「界畫」，才使得九百年後的我們能夠理解北宋城市的風貌。

張擇端沒有畫出的

《清明上河圖》是在宋徽宗宣和年間完成，畫出北宋汴京城的繁華風貌。不過，張擇端並非完全呈現出當時的實際樣貌，有兩處沒有出現在畫中：女子相撲與艮岳園。宋代流行相撲，選手很像日本相撲身材肥胖，只有褲襠下面搭著一塊布。不僅有男子相撲，還有

女子相撲。在大型民間慶典中都會安排相撲比賽，在正式比賽前，會有女子相撲手出來熱熱場子。大家一看到女子摔角，人潮便聚過來。當人數達到一定數量後，她們就會退場，展開男子相撲比賽。這群女相撲手還有一個稱號，「女飆」，就是形容她們的動作特別敏捷、特別迅速。

宋仁宗特別喜歡看女飆。在嘉祐年間的上元日這天，宣德門前的廣場上演著百戲、木偶戲、各種雜技表演都有。宋仁宗也會帶著后妃到廣場上與民同樂，他看來看去覺得唯獨女飆的表演最有趣，看完後還給女選手獎勵。然而，宋仁宗的行為引起司馬光的不滿。司馬光認為皇帝不應該看女性摔角，更不應該帶后妃來看，還給女飆賞賜。於是，司馬光寫了一篇《論上元令婦人相撲狀》，明定以後不可在大庭廣眾下表演。但這項規定不容易落實，各家舉辦活動時為了熱鬧還是會邀請女飆出場表演。張擇端沒畫出女飆，大概是為了避諱當時文人的禁忌。

此外，張擇端也沒畫出漕船上的巨石。蘇生乾所著《清明上河讀宋朝》一書指出，有一天宋徽宗一時興起，想在庭園觀看山景，於是宰相蔡京建議皇帝修築「艮岳園」。開封周圍原本是沒有山的，為建造「艮岳園」便大興土木，從各地搬來巨石，填土造山，山前還有兩座大池子，池中養些小鳥，兩池之間再修築亭臺樓閣。在艮岳園中的巨石就是所謂的花石綱。

蔡京先在蘇杭設立「應奉局」專門蒐羅各地的奇花異草、瓜果樹木。只要誰家有好看的巨石奇樹，被奉應局官員看到，拿張黃紙條一貼，所有權立刻轉變成皇家。被貼了黃紙條的人家，還得負責

運送。有的樹木、石頭特別巨大，只好遇牆拆牆、遇房拆房，使得百姓民不聊生，弄得家破人亡。當石頭在艮岳園安頓好之後，宋徽宗還高興地取名「青雲萬態奇峰」，有的石頭還被封官 —— 稱之「盤固侯」。最後，民眾群起造反，使得六州五十二縣處在戰亂中。

張擇端對於這件事情是有他的看法，在《清明上河圖》中漕運還是以運糧為主，而迴避掉花石綱，看來是為了不想惹麻煩。

宋徽宗不為人知的一面

徽宗是亡國之君，在中國歷代帝王當中，他被形容成無能的皇帝。《宋史‧徽宗本紀》記載：「自古人君玩物而喪志，縱慾而敗度，顯不亡者，徽宗甚焉，故特著以為誡。」然而，在藝術史上，他卻留下重要的貢獻。宋徽宗在位期間，雖也曾想過要好好地治理朝政，不過他只重視文化發展，成立翰林書畫院。在繪畫上，宋徽宗提倡柔媚的畫風，以「花鳥畫」的藝術成就最高。他20歲時創作出「瘦金體」，使他與宋代書法四大書法家蘇軾、黃庭堅、米芾、蔡襄齊名。瘦金體的特色在於筆畫細瘦，運筆時飄忽快捷，在轉折處顯露鋒芒。在北宋滅亡的七年之前，也就是1120年，徽宗派人編纂《宣和畫譜》、《宣和書譜》。這是中華史上第一次編纂書畫目錄，將北宋文物有系統地整理。他雖然不是好皇帝，卻是不錯的文化部長。

🍃 創新啟示

博物館要如何創新策展？不妨由「物裏學」下手。在文物中找

尋物件的文化意涵，根據使用者的痛點，以科普化的手法還原文物的歷史、社會、文化脈絡，讓文物中的故事躍然而出。觀眾去博物館時不可能一下就吸收龐大的資訊量。在資訊爆炸的時代，若對文物沒有興趣，觀眾更不會花時間去研究。因此，博物館的目錄式說明對觀眾的幫助不大。博物館的目標不應該是衝流量，有更多人進去博物館，不代表他們更懂文物，可能只代表他們有更多的疑惑，有更多的抱怨。

觀眾觀展時通常遭遇三項痛點。第一個痛點是資訊過載，觀眾面對這麼多文物，一次難以吸收。往往觀眾花一整天看展，無法留下任何深刻的印象；就算有，也是很片段，因為展場主題零散，觀眾不知要如何吸收。策展動線要設計連貫的主題，寓教於展，形成有意義的故事，觀眾才不會被遺落在許多片段之中。其實，觀眾只需要幾個記憶點，哪怕只學到一點點。

第二是徬徨，展品這麼多，到底應該先看什麼，讓觀眾無所適從。展出內容若能配合文物帶出脈絡，由淺入深的故事情節貫穿核心主題，觀眾更容易消化。若是能設計主題讓觀眾分段欣賞，每個子題提供適量的資訊，觀眾反而能夠吸收更多。也許，策展人應該假設觀眾願意分多次進場來觀展；有的人可以來一次，有些人則可以來三至五次。如此，策展可以更具系列性。

第三是艱澀，展品解釋中用了太多專有名詞，這樣的介紹一般觀眾難以看懂。策展內容應該配合科學證據，但更需以科普化方式呈現。若是一味賣弄專業，讓文物解說讀起來與教科書一樣無趣，恐怕反而讓觀眾留下不好印象。

　　若能理解文物中各種物件背後的脈絡，新的策展模式則可以思考四項原則。

　　原則一：提供先驗知識，補足知識落差。也許，觀眾去看展之前就可以由網路上看到展覽相關的精采預告。引發興趣同時，策展人可以銜接觀眾看展所需的知識。例如，觀眾可以透過新媒體先認識如何辨真偽《清明上河圖》、認識張擇端是誰、理解北宋當時的社會狀況。

　　原則二：呈現物件背後知識脈絡。利用物件來介紹文物相關的知識，像是觀眾可以由驢隊的煤炭理解秋天時汴京城的生活狀況，由驢子理解當時的交通狀況。由牙行的長袖延伸理解北宋時各行業的發展狀況。由「腳店」招牌理解當時的飲食習慣與餐廳運作方式。由官員的「重戴」式官帽理解當時讀書人的黃金年代。

　　原則三：以問句連接常識，科普化銜接古今。《清明上河圖》蘊含豐富的歷史脈絡，但要讓業餘觀眾能體會，策展人必須多用點心，讓知識以常識呈現。我們可以常識性問題引出策展內容。例如，策展人可以將問題設計成：為何汴京城裏驢子比馬要多？北宋讀書人的待遇有多好？汴京人都喜歡吃什麼？汴京城可以租Youbike嗎？宋朝人為何不吃豬肉，那他們喜歡吃牛肉嗎？汴京城可以叫計程車嗎？這類的問題會讓觀眾聯想古今差異，讓展覽與當今生活緊密連結，也讓觀眾看完展後更有感覺。

　　原則四：用主題說故事，情節有意義才會感人，科技不會感人。當今策展人喜歡運用科技，像是讓文物變成動畫，或是運用各種聲光效果凸顯感官效果。不過，我們似乎忘記，真正令人感動

的是有意義的故事以及感人的情節。《清明上河圖》感人之處是它
忠實地呈現了九百年前中華民族的生活風貌，歌頌古人曾走過的榮
盛；也警惕著我們，一個繁華城市可能會在一瞬間就灰飛煙滅；一
個龐大鼎盛的國家，若領導者昏庸，也會在腐敗的制度之下終將垮
臺。

　　博物館要創新策展時，必須先認知使用者（觀眾）與設計者
（策展人）的認知落差。使用者不可能具備像設計者一般的知識，也
沒必要。使用者希望由展覽中體驗藝術、經驗美感、領悟啟發。設
計者要放下驕傲的身段，仔細聆聽使用者的痛點，才能策出精采的
展覽。這不管是設計產品、規劃服務、策展文物，道理都是一樣的。

　　博物館策展人要學習「物裏學」，以「格物致知」的方式創新
策展模式。物件不僅有表面的意義，更內含多層次的意涵。體悟物
件裏的學問，就會找出有意義的故事與感人的情節。如此，博物館
策展便可由不動、走動、互動邁向感動，將文化有意義地傳播給觀
眾。

貳部曲

找出組織脈絡

Chapter 7

涉入哈佛

引進案例教學法

引進一項創新,要先知道有哪
些水土不服。

觀念：識知

創新往往是與學習一套知識有關。當代企業最熱衷的一項活動便是知識管理：將知道的系統化；將不知道的引進來；將不能系統化的知識內化；順便將可以模組化的賣給別人[1]。也因此，企業喜歡引進一套「最佳實務」（某個企業的必殺技），其中很明顯有想速成的心態；將別人的最佳做法，像是行銷、生產、研發，複製到自己公司來[2]。聽說韓國流行音樂很會造星，就複製他們培育歌手的「練習生制度」。或是，聽聞日本的智慧財產權管理做法很棒，就將他們「智財制度」抄過來。抄高手的做法就會變成高手，這樣的迷思普遍存在企業中。

仔細想，就知道這不是做好知識管理應有的心態。最佳實務是一家企業的特定做法，像是IBM很會「併購」，IDEO很會「研發」。所以，引進IBM的併購模式，導入IDEO的研發模式，企業就可以變成IBM與IDEO；就算成不了IBM或IDEO，也可以邁向光明的大道。

組織學家歐里考斯基（Wanda Orlikowski）認為這樣想是過度夢幻，因為真正的知識（knowledge）是必須結合實務的運作，會有協調性行動，會產生複雜的團隊合作，會內含隱性知識。所以，知識是動態的，是識知（knowing）[3]。先不管「識知」這詞翻譯的好不好，歐里考斯基想表達的是，真正的知識是與實踐分不開的。就算鉅細彌遺地整理出一套厚厚的標準作業文件，按表操課，然後找那家公司的人來教，能否學會這套

「最佳實務」呢？

　　答案當然是否定的，除非這套知識不是很困難的，像是組合一套IKEA書桌。一套知識若是具有策略性，必定是經過千錘百鍊琢磨出來的。知識是融入在行動中，所以沒有觀察實際的行動，這套知識只能參考，難以實踐。而且，你更難知道，這套知識到底與自己合不合。一套西裝穿在影星喬治‧克隆尼身上帥氣十足，可是穿在納豆（另一位明星，綜藝主持人）身上效果不一定顯現出來。更複雜一點，如果我們要轉移IDEO的「最佳實務」，模仿這家公司設計研發的做法，那就必須由組織架構、設計方法、人員素質、研發模式、跨域合作、資料庫管理、開會程序、專案管理方式等全部複製。

　　這樣大整形後，很難想像結果。學不到是肯定的，說不定連自己是誰都會忘記了。

　　在本章中將介紹哈佛商學院的「最佳實務」，也就是管理學界著名的個案教學法（Case Teaching Method）。這是近年來商學院教育改革的重要事件。當時正是亞洲各商學院紛紛進行學習美國的發表制度，大學教授要升等全憑發表績效，而教學變成次要工作。剎時間（2005-2016，並持續中），各商學院天翻地覆，都是為了仿效美國大學「拼發表」的升遷模式。

　　正在此時，臺灣一位科技業主管受邀到哈佛商學院參加一個案例討論，討論的正是這家臺灣公司的全球化經驗。這位主管參加之後，對哈佛商學院的教學模式讚嘆不已，同時也對臺灣商學教育失落至極。基於使命感，他決定參與贊助，邀請約

100 位教授去哈佛商學院接受個案教學法的訓練，希望能提升教學水準。後來，亞洲各大學也陸續送教授去哈佛受訓，引進個案教學。突然間，個案教學法成了教育創新的解藥。不只是送教授去接受個案教學法訓練，國科會（行政院國家科學委員會）還撥經費鼓勵教授寫個案。每個案例由起初每案新臺幣二十萬元經費，後來減到一案約七萬元預算，並成立臺灣案例中心收納案例，希望能成立華文案例中心，媲美哈佛。

　　哈佛案例教學法有多神奇？引進個案教學法後獲得怎樣的成效？要回答這兩個問題，我必須先帶著大家到劍橋；不是英國那個劍橋，而是波士頓那個劍橋。哈佛有怎樣的知識體系，又如何「識知」（實踐）「案例教學」，這必須去看看哈佛老師實際上是如何「演出」的（參見表7-1彙整）。

波士頓的劍橋

　　2008年1月，我很幸運地獲選參加哈佛商學院舉辦的兩週培訓課程，要學的內容是哈佛獨到的個案教學法，又稱為「涉入式教學法」（Engaging Teaching Method）。為做好課前準備，我還去請教之前去過的同事，得到的答案是：這種教學法是以個案研討為主，讓學生參與討論，並與同學一起涉入商業的議題，以達到實況學習的成效。大家會管這種方式叫「涉入式教學」，是因為上課過程中教授會安排很多案例議題，讓學生熱烈地涉入各種討論。

表7-1：哈佛涉入式教學的知識實踐體系（哈佛式的識知）

	核心做法	支援性做法	檢核點
案例教學	強調Live Groups運作，讓學生有準備；課堂上案例討論表現是主要成績；老師上課以案例引導討論，知道哪些議題可以找哪位學生參與貢獻；需要時可邀請業界貴賓參與。	學生評鑑分數只做參考；學生必須與新老師一起成長；資深老師傳承技巧；老師分流，學術類有發表壓力，實務類著重教學。	教授是否融入哈佛案例文化；教學評量不能太差；必須全部用案例。
案例撰寫	老師決定案例綱要，文膽執行調查訪問與撰寫；每年產出五至十個案例。	透過校友網絡，容易取得案例授權；上課用自己的案例；案例可收取授權金。	必須有教學指引才能結案。
教學支援	七人合教一門課，開協調會，統一案例引導模式，容許加入個別風格；大型九十人教室；助教數名協助登記成績與處理作業；每堂課配備行政支援（像是擦黑板）。	老師可透過系統取得學生詳細背景資料；預先會知道學生座位；有教室規範，學生必須遵守。	支援老師上課所需各項行政事務。
需培養之能力	老師：分析力（要融入物件知識、流程知識與策略知識）、質問力、表演力（同時板書要好）、寫作力、思辨力。	學生：課前讀案例，學會歸納，事前準備案例討論主題；每個案例要寫作業與心得；上課融入討論，要發言並言之有物，學習傾聽他人意見。	老師案例教學的品質；學生參與案例討論的表現。

　　2008年8月，我由臺灣出發，飛了十六個小時來到了東岸波士頓。哈佛商學院所在這區剛好也叫劍橋，感覺特別親切。但是，貫穿波士頓的這條河不叫康河，而是叫查理士河（Charles River）沿河也蓋了很多座橋。按理說這區應該叫「查橋」才對，不該叫劍橋。但小道消息是這麼說的：有一位名叫約翰・哈佛（John Harvard）早期在英國劍橋求學，回到波士頓為了要貢獻鄉里，捐款增建哈佛大學，而所在地就命名為劍橋。這種說法不一定可靠。因為據稗官野史紀錄，約翰・哈佛先生只是個捐款者，從沒去過劍橋大學。史蹟，不可考。

　　比起康河，查理士河最少大三倍以上。特別在劍橋這一區，河上常有划船隊在練習，頗有英倫的氣氛。若是從哈佛商學院內的貝克（Baker）宿舍往外看，河岸景致與古雅的建築讓人更會產生錯覺，以為到了劍橋國王學院的後院。在劍橋的左岸，1908年，銀行家喬治・貝克（George Baker）先生捐了約五億美元，蓋了哈佛商學院。通常商學院只是一棟樓，或數所教室，而不是像哈佛商學院占據一整個校區，以及數公頃的校園。校園內到處充滿了以「貝克」命名的建築，牆上刻著：建校於1924年。嚴格說來，哈佛商學院應該叫作貝克商學院。

　　原本，我們一行人認為一個課程六千美元（若加上補助，一門課總計九千美元）實在有點貴。但是接下的兩週中，一共來了十二位哈佛教授來分享涉入式教學法的心得，也實際為學員演練一遍。每天中餐與晚餐有豐富的前菜、主菜以及甜點，以及自助點心無限量供應。所以，這樣算起來，這學費其實還滿合理的。

在哈佛商學院上課有很多規矩。整個課程約八十人，分成十組，每一組都住在同一層樓、同一宿區，並依組別配置會議桌與休息室。這些小組叫作Live Group（作息小組）。每天上課前一個小時（早上八至九點），小組必須先討論案例。一個案例密密麻麻長達三十頁，加上英文不是母語，多數學員都看不完個案。在小組討論時，唸完的同學會先幫忙做簡報，再討論預先指派的題目。九點鐘必須準時到教室，不可遲到。上課前，一堆學員也會先衝到廁所，因為上課時不可以離席。上課時，特別將Live Group打散。如此，學員上課發言時可以獨立，也可以認識不同組同學。

兩週後，有些學員對哈佛涉入式教學法非常興奮，有些學員卻失望不已。一位來自北京大學的教授質疑，案例雖有趣，但每個討論卻都以常識性的結論草草收場。討論沒深度、案例沒內容，這樣的涉入式教學法真能培育出人才嗎？有人則認為，在當今學術發表壓力之下，要教授花那麼多時間去準備個案教學，又要自己動手撰寫案例，誘因實在不大。更有人質疑，哈佛這種民主式的教學法是否真的適用於著重權威性教育的環境中。不少教授也擔心：「當被學生問倒時該怎麼辦？」

還有教授擔心，教育資源不足，連個像樣的教室都沒有，更遑論要建造一間個案教學教室，少說也要新臺幣五百到一千萬元。另外，有人擔心個案教學結束時，常常沒有給標準答案，要學生自己去想，這恐怕在華人情境會出問題。也有老師認為，哈佛案例與本土情境脫節。這不只是案例中的管理問題與亞洲脫節，連案例中的文筆也有文化上落差，讓華人看起來沒感覺。

　　一位上海同濟大學教授憂心指出，哈佛商學院教授的表演功力恐怕不是一朝一夕能修練得成。要是畫虎不成反類犬，那教授不就名譽掃地。個案背後有許多管理議題，需要豐富的產業知識，有時更需要用學術理論去引導分析。這都需要思辨與邏輯推理。光有「個案」不一定有用。更何況，許多教授是學院派出身，很少有實務經驗。

　　不過，讓我們理解一個根本問題：為什麼亞洲的高等教育突然需要個案教學法？或者，為何亞洲教授需要改變他們教學的方法？

　　事情是這樣的，在許多亞洲情境中，教授的教學方式通常是放著投影片，從頭講到尾。穿插課堂的是教授提問題，若學生答錯，不是教授期望的「答案」，教授則以權威糾正，或以分數展示喜惡。商學院教授往往教抽象的理論，而無法將理論與實務結合。到了研究所，學生要求上課要用例子讓理論更實用；學生更要求，教授上課要生動活潑。此外，EMBA（Executive Master of Business Administration）學生繳交更多學費來唸書。這筆學費雖可以紓解學院的財政壓力，卻也迫使商學院要更快地導入個案教學，讓課程更加務實，以因應實務界學生的需求。

　　在此背景下，個案教學開始受到重視。個案教學法，也有人稱之為對話式教學法、參與式教學法、涉入式教學法（Engaging Scholarship）或建構式學習法（Constructive Learning）。不管我們給這種教學法什麼樣的名稱，它的精神是以實務的例子，賦予問題一個實際的情境，將所要教的理論融入到案例中。

　　這種教學法在蘇格拉底時期又叫辯證式教學。老師以學生為中

心，用問題引導學生討論，帶領學生經歷複雜的思路過程。老師與學生在提問過程中相互學習，在正與反的觀點交互思辨後，領悟如何以不同角度重新解讀問題。

管理學門中要討論許多是非不清的灰色議題，如果學生不會思辨，得出的答案可能只是一知半解。例如，公司面臨藥品中毒事件，該不該全面回收架上存貨？又如，要不要開除公司創辦人，因為他的技術能力已退化，使公司成長受限？這些問題常有許多「解讀」，而難以有一定的「解答」。學生必須要經歷過整個分析過程，解讀才會有意義，學習才會內化。有效的學習需要學生參與思考過程，了解問題背後的情境，然後一步步地建構出自己的想法。

傳統的教學模式主要是以資訊轉移為主。老師是主角，扮演專家的角色，教育界稱為科學模式（Scientific Model）。老師的身分，如同研究物理的科學家一樣，將知識有系統地傳授給學生。上課時學生專心聽講，時而提出問題澄清，並在課後做練習，確保充分吸收理論。傳統教學法之所以不受歡迎，更根本的問題是，老師把課程帶的很無趣，課上的很枯燥，讓學生失去學習的慾望。科學模式本身是無罪的。

英國劍橋大學流傳著一個順口溜：「上課愈多，學的愈多；學的愈多，卻忘的愈多；忘的愈多就懂的愈少；所以，幹嘛去上課？」學生被動吸收知識會漸漸腦殘，不再思考，失去好奇心。結果上課愈多，學生愈迷惘。正如孔夫子所說：「學而不思則罔，思而不學則殆。」

傳統教學法受到韃伐還有另一個原因：老師基本上只關心教

學，而不是學習；只關心進度，而不是成效。美國有一個卡通正諷刺這種現象。卡通中有兩個小孩與一條狗。約翰對另一個小孩說：「我已經教我們家小狗吹口哨了。」鄰家小孩大聲說：「真厲害，狗也可以吹口哨。」於是，他要小狗吹段口哨來聽聽，但小狗從頭到尾只是汪汪叫。他轉身問約翰說：「牠還是不會吹啊。」約翰冷靜地回答：「我說我已經教牠吹口哨，我沒說牠已經學會了啊。」

教育改革者對傳統教學法的不滿，使得更多大學開始推動新式教學。美國教育家約翰・杜威曾批評：「教學應該如銷售，除非客戶願意買他的貨，業務員是沒法賣出任何東西的。奇怪的是，竟然有老師深信他們教的很多、很好，而不用去管學生到底有沒有學會。」杜威認為在學習過程中，主角應該是學生，不是老師。

在這樣的挑戰下，教育界祭出的解藥就是個案教學法。這個解藥是讓學生涉入各種學習活動，投入知識創造過程，與老師、與同學思辨對話。老師成了智慧的助產士，而不是無聊的說教士。老師要培養學生獨立思考，不只是傳授事實。當然，老師也要負責讓學習興趣盎然。

誰擁有這個解藥？大家公認是哈佛商學院。

哈佛商學院因此成了亞洲，特別是華人的焦點。早期哈佛商學院為改革課程，也為了差異化，以鼎立於競爭的商管教育市場中，於是向法學院借東風。哈佛商學院下了一個歷史性的決策：將法學院的個案教學法全面引進商學院。接下來約六十年間，哈佛商學院的教學全部改為個案式教學。這種以個案為主的學習法不像在訓練工程師，更像在培育一位律師，或養成一位醫生。教育學者稱為

「專業模式」（Professional Model）。哈佛也因此聞名於學術界。

　　但是，天下沒白吃的午餐。若要採用涉入式教學法，老師與學生都必須要在角色上做些調整，也都要學習一些新的技能。這些新角色與新技能並不如我們想像中簡單[4]。

　　學生該做什麼準備才能有效「涉入」？首先，學生在上課前要仔細研讀個案，在上課時才能馬上進入狀況，參與討論，不然上課會像在猜謎。其次，聽力要好，學生上課時要注意聽別人在說什麼，才能在課堂上針對主題對話。最後，學生必須發言，但發言時又不能夠過度主導，要尊重別人發言的權利。

　　老師的責任更重。第一，老師要扮演蘇格拉底的角色，上課時不能太獨裁，要引導學生討論，讓學生體會知識探索的過程。第二，老師要傾聽、鼓勵發言，建立良好的討論氣氛。第三，老師對案例中的組織情境、人際問題以及產業背景要瞭若指掌。在課堂上，老師要能說學逗唱，將討論帶到高潮。老師還要有超強的記憶力，記得誰說過什麼，在何時該找什麼樣背景的學生加入討論，又能在對的時機把每個人說的意見做一總結。最後，老師不能給學生「標準答案」，要讓學生深入思考問題。

　　還沒到哈佛之前，大多學員都認為涉入式教學法應該是一套標準化流程，只要循序演練就可以照搬到課堂上。但是，第一天踏入教室後，才發覺完全不是這麼一回事。每個教授都有一套自己的獨門「涉入心法」，從讓學生參與方式，到帶個案的方法。原來，同一套方法可以依個人特質打造出不同風格。

　　那麼，哈佛教授是怎麼導演「涉入式教學」的呢？我們先來看

看兩位哈佛教授的案例教學方式。

▍馬歇爾：搧風點火

我們第一個遇到的是保羅‧馬歇爾（Paul Marshall）教授，他是針鋒相對的大戰車。馬歇爾身高快一米九，不只是高人一「肩」，橫向體型也頗為龐大。所以上課跑前跑後，時常弄得他一身汗。他原是工程背景，在外闖蕩多年，回到學界完成博士學位後，因緣際會到哈佛任教。但是哈佛沒給他聘書，不是他教不好，他的教學評比都很高，是因為學術發表量不夠。馬歇爾瀟灑拂袖而去，回產業。可是助理教授撐不住場面，哈佛再邀請他回來執教。他的理念是：在學術界當教授只是許多工作的選項之一，他可以隨時切換學術與產業。

馬歇爾一共帶了四個案例。第一個案例討論一位印度年輕人與朋友到喜馬拉雅山登峰，墜崖受傷。朋友遇難，他僥倖存活走到附近村落，但也奄奄一息。奇蹟似地，村落中的一位婦人竟然背他走了三天三夜到附近醫院。得救後，他省思為何一位素昧平生的婦人會無私地拯救他，全班討論的重點便是：為何會有人願意義務地救陌生人？

第二個案例是談小孩子為何會跌倒。課中放映一段錄影，是小嬰兒學走路。這個案例說的是學習過程，由小嬰兒學走路談學習過程中的挑戰。討論重點圍繞在如何成為好的學習者。馬歇爾教授也要大家談談自己遇過最棒的老師有何特質，對自己的影響又是什麼。

第三個案例與創業有關，說的是一位哈佛畢業生如何自己寫信

找金主，然後在身無分文的情況下，募集資金，巧妙地以股權分配讓各方投資者共擔風險，也共享利潤。最後，馬歇爾以一個智利的商學院為例，討論引進參與式教學法會遇到的挑戰。

馬歇爾的教學風格，是在嚴肅主題中帶著輕鬆的態度，在輕鬆的主題中帶出嚴肅的反思。一上課，他馬上就丟題目，每一個回答的同學都像是被他架在探照燈下質問。他特別喜歡把學員的話扭曲，去挑戰下一位同學，接著又返回質問被扭曲意思的同學，同不同意別人對他的看法。這招叫搧風點火。課堂討論時，馬歇爾又會故意引發矛盾，讓學員相互詰辯。待戰火一點燃，他就隱身到背景，在黑板記錄下討論過程，偶爾介入，以確保討論不離題。

私下問他教學的祕訣，他的回答很妙。他喜歡針鋒相對的討論，這樣會使大家腎上腺亢奮，保證不會有人上課想睡覺。他更喜歡「冷問」（cold call），讓學生措手不及。這樣每個人上課前會專心地把案例唸好。備課時，馬歇爾教授會思考三個基本問題：在這個案例中學生需要知道什麼？他們已經知道什麼？我能給他們什麼？這樣他才不會問一些與案例不相干的問題，耽誤課堂時間，也避免在課堂上出現自己答不出來的問題。

馬歇爾把學生分三類。前瞻型的學生是有志者事竟成（making things happen），認真的學生是專心看著事情完成（watching things happen），而平庸的學生是問：發生什麼事了（what is happened）。理想上，頂尖商學院最好都招收到第一類學生，他們就自然會成為社會菁英，然後貢獻母校。他幽默地說，好老師的責任就是挑出好的案例，然後閉嘴，讓聰明的學生透過個案相互切磋，只要別毀了

他們就好。

不過，馬歇爾教學上也有點小問題。他不喜歡做結案分析，要學生自己去省思從個案中學到哪些重點。這固然可以培養學生歸納能力，但往往也會造成失焦。通常討論了一個小時以後，大多學生已經昏頭，也忘記案例中的學習目標。這時他如果能做一總結，可能會有畫龍點睛的效果。教授雖不用給「答案」，但是可以給一種「說法」；大家其實都想知道他有何「高見」。

派伯：大智若愚

湯姆‧派伯（Thomas Piper）教授七十多歲，是哈佛長青樹。他精通財務、博覽群書，可以教任何科目。他致力於商業倫理課程，主張每位未來領袖不能只看報酬率，否則到頭來整個社會還是要付出代價，安隆事件便是最好的警惕。派伯帶了三個案例。第一個案例討論高階主管在面對危機時應有的決斷力。案例大意是一家藥廠的商品被千面人下藥，毒死了消費者，責任雖不在公司，但身為總裁，是否應下令全面回收藥品？公司形象又應該如何重建？

第二個案例討論當代商學院的教育問題。派伯在案例中談到當今管理教育已經迷路了，走向量化驗證，使學術變成毫無思辨的空洞研究。他認為，商管教育是要讓學生學會找到對的問題，不只是去找對的答案（finding the right question, not the right answer）。

第三個案例討論「商業道德能被教嗎？」許多人認為道德這門課是在工作中培養出來的，也有人認為在商業環境中講道德是緣木求魚。商場本就是爾虞我詐，談道德只是自取滅亡。派伯卻不以為

然。他認為只要是與「態度」有關，就可以再教育，特別是用案例再教育。他認為，經商也要有商道。

派伯身高一米八，清晰的輪廓、滿頭白髮，聲音卻出奇宏亮（只是領帶每次都沒打好）。他常故意裝糊塗，設下一連串的問題，讓學生去消化案例內容，待學生一步步走入陷阱，他再用事先準備好的必殺技，問得學生啞口無言，然後悟到自己思路上的盲點。學生最怕他站在座位前，盯著自己看，一言不語地等待回應。

他年紀雖長，但記憶力特好，誰說過什麼意見，提過什麼問題全都記得。他也擅長製造懸疑的氣氛，讓學員陷入苦思，然後用冷笑話緩和氣氛，加以雋永的結論。在千面人下毒案例中，當學生七嘴八舌地討論著是否該全面性回收藥品，或只是地區性回收時，他卻說：「你不會因做錯事而失敗，卻會因為塑造錯的議題而慘敗。」（You will not fail in doing wrong thing, but you will fail when you frame the issue in a wrong way.）

藥品被下毒的危機，是一個公共安全事件。但是，如果換個角度，它也可以被重新定義為一個「包裝設計」的議題，將消費者對公司的疑慮，從公共安全事件轉化為如何以藥品包裝設計，共同防護所有類似的不法事件。

在討論商管教育時，有些同學激烈地討論如何可以用案例教學改善教學品質。有些同學則談到不同學科如何可以用案例活化教學品質。他卻冷冷地說：「如果問題是出在根部，把樹裝潢的再美也沒有意義。」（It's meaningless to add more ornament on the tree, if the root is the problem.）

他批判當代商學院盲目運用案例教學，說是要產學整合，卻沒把最根本的事做好：不重視教授、忽視博士生、用高額獎金鼓勵無意義的學術研究、以聘書來進行學術鬥爭、不重視學生要什麼卻只關心學校排名。派伯的結論更是發人深省，他說：「案例教學的精神不只在學習新知識，更重要是以案例去打破因循苟且的陋習。」（The new is not that uneasy to learn, the difficult point is to unlearn the old thing.）

在討論第三個案例時，派伯問到案情中的高階主管史考特，為達到董事會的業績要求，他快速併購醫院，技巧地盜領保險金，而把醫院當金雞母，這合乎道德嗎？討論一開始，同學就砲轟史考特，說他重利而輕義。不久另一組同學反攻，認為這是環境使然，董事會要高報酬，史考特已履行承諾，不算違背商業道德。況且，當時在美國每家醫院都在「巧取」健保給付，不然根本生存不下去，這是制度有問題，不是道德有問題。

雙方激辯過程中，派伯冷眼旁觀。不久，他提出一系列的問題，讓全班不知所措：「這樣醫院真的賺太多錢了嗎？比起同業，這家醫院的盈利其實是不多的。真的是健保機構逼良為娼，讓史考特『不得已』從事不道德商業行為嗎？史考特的行為對公司真的沒有造成傷害嗎？這是個人的不道德行為，或只是公司策略的瑕疵呢？」

當每位同學擠不出一句話來時，他又雋永地總結：「我們在談道德的問題時，千萬不要忘記每一個道德問題的背後都有一個經濟動機；每一個不道德作為的背後，都有一個理性的行為。」（Think about the rational behavior behind every misconduct.）最後，他經典地說：「我們都是感性的狗，搖著理性的尾巴。」（We are all emotional dogs with rational tails.）課堂結束前，他再次強調：「我們面對的問題，不是道德能不能被教（Can ethics be taught？）。這個問題應該是：我們到底是怎麼教導學生道德這門課的？（What ethics are we teaching？）」

　　派伯以案例精準結合產業動態，對教學有澎湃熱情，不時引導出知性的討論。派伯談到對涉入式教學的看法，可歸納為四個口訣。第一，先鼓勵學生開口就好了（encourage them to talk）。第二，讓學生參與對話（Let students participate in dialogues）。第三，讓學生的決策牽連到行動（Let students involved in decision and action）。第四，這樣，你才能讓他們涉入知性的思辨，從案例中省悟思考的盲點（Let students engaged in intellectual debate）。涉入式學習要歷經鼓勵（encourage）、參與（participate）、牽連（involve）以及涉入（engaged）的過程，這是派伯的治學精華。

▋ 諾門：案例寫作

　　2009年，1月中旬，經過半年的沉澱後，我又回到哈佛課堂，參加第二期訓練。這次地點轉換到新加坡，教的是案例寫作。南洋理工大學是主辦單位，我們進南洋理工大學拿到講義後，馬上就是緊湊的課程。

　　當中讓我印象深刻的是馬歇爾與新老師諾門在處理個案時，呈現出兩種不同的風格。馬歇爾較隨興，喜歡和企業家聊天，先由聊

天中找到靈感，探索有哪些議題可以做為教案。他大多會由校友下手，所以切入議題時不會太唐突。哈佛校友也多存回饋母校之心，因此在後續的案例寫作與授權問題相對不大。

一旦找到個案場域（case site）後，馬歇爾建議要馬上談授權問題。如果對方不同意，就別往下做，以免到頭一場空。接著，進入田野前，先擬定幾項教學議題。例如，你可以選擇由「供應商遴選」議題下手來設計採訪問題，你也可以由「策略投資決策」來設計問題，像是要學生決定要邀請創投公司、天使或私募基金入股。當然，訂出採訪議題只是讓你有參考點，知道由哪裡下手，到了現場還會遇到突發狀況，必須臨機應變。此外，若在出發前能夠訂出不同切入的方法，說不定還可以發展出一系列的案例。

然後，馬歇爾就把工作交給「個案文膽」（case writer）。什麼？文膽？這實在太幸福了！全場同學都發出讚嘆之聲。馬歇爾只要告訴文膽要寫什麼，蒐集哪些資料，接著就等素材到齊後他再下手彙整，案例就成形了。在中國、臺灣、新加坡等地，多數教授無此特殊待遇，學校也無此預算。

諾門的做法則比較像在進行研究。他強調寫作過程中要不斷修正，兩軌並行。寫案例同時，也開始寫教學指引。諾門分享四階段案例撰寫方法。在第一階段，先列出案例寫作大綱（約一頁就可以），再根據大綱發展細目章節。同時，列出六至八個教學議題，由其中找到三個主要學習重點（takeaways）。不過在發展議題時，教學議題會隨著寫作過程變更。因此，撰寫案例要耐著性子去醞釀議題。

　　到了第二階段，一旦案例大綱與教學目標契合後，就可以展開採訪，寫成訪問稿（總共約八個小時，分四次採訪），與案主討論如何訂正。此時，企業在案例進行中會衍生出新的議題，撰寫時也要留意是否需要將新議題加入，或者要避開一些敏感的問題。

　　進入第三階段時，要把訪問稿轉成案例文章。此時，撰寫要注意盡量客觀報導，不要說教。需要分析（說教）的部分，放到教學指引中。撰寫時，要決定故事的主角，並留心是否能附上真名（有些受訪者會希望匿名）。案例呈現若以時間軸延展，我們也要當心不要弄錯前後次序。寫完案例初稿後，要馬上寫教學指引，並對照初稿與教學指引是否配合得當，然後才將初稿送給案主看，檢視是否有遺漏、錯誤或增修的議題。修訂個案本文時，也要同時修訂教學指引。

　　第四階段，在送回給案主時，最好先請一位專家審稿，提供修訂意見。如此，案主可以看到較成熟的完稿，也可以減少來回修訂的次數。如果在此階段能試教案例一、兩次會更好，可以增加教案的品質，豐富教學指引的內容。

▌哈佛，變成哈欠

　　五年來，每年亞洲都會有約九十位教授來哈佛商學院朝聖。他們希望在兩週內一窺哈佛之教學祕笈，並在回去後能現學現賣，使學校的課程更加生動。我們參加這門課時，已邁入第六年。哈佛式教學法對華人學校產生了什麼影響？是不是五年後，這種涉入式教學法已經被帶到的課堂中？是不是每位老師在教室中變的像哈佛教

授一樣表演生動，活力充沛地走來走去？是不是每位老師回到自己的學校後，都開始撰寫本土個案？

答案是令人遺憾的。五年來，一陣哈佛熱潮後，美好的哈佛回憶被收藏起來。多數老師還是回到原本的教學模式。少數老師用哈佛涉入式教學，或去寫個案。也有少數老師用哈佛個案來教學，但教學方式與哈佛的教法仍然有很大的差距。有人說這是畫虎不成反類犬。也有人怪環境。在臺上，老師循循善誘；在臺下，學生無言以對。用案例教學帶給華人老師更大的困惑、更多的工作量，以及更低的教學評比。學生認為老師沒好好備課，老師怪學生上課前沒把案例讀清楚。誰對誰錯不重要，反正哈佛涉入法到了臺灣後卻遺憾地變成哈欠教學法。老師們搖搖頭，繼續照自己的方法教學。

那個案寫作呢？在大陸，有些學校出資贊助教授寫個案，每件案例由一萬到三萬人民幣不等。臺灣由國家科學委員會與教育部出資，每件個案由二十萬到五十萬新臺幣不等，後來退時尚了，每案只補助七萬元新臺幣。至今，大陸與臺灣都寫出五百多件案例以上。臺灣大學與政治大學組成跨校團隊，於2008年成立「臺灣管理個案中心」（由天下文化出版社管理）來流通這些案例。大陸人民大學主導「全國管理案例論壇」，來了五百多位教授。但是，這些個案大多仍停留在故事敘述的階段。課堂上不容易用，研究價值也不大。

五年來，到哈佛來受訓光學費就高達二百八十八萬美元，十二位哈佛教授傾囊相授，為什麼老師回到教室後卻把涉入式教學拋到腦後，問題出在哪？要將哈佛的涉入式教學法帶到華人圈，我們得

要先了解「哈佛教學法」所帶來的三大挑戰：學生的習性、老師的慣性、體制的惰性。

第一大挑戰是學生。以前，學生是知識的接收者。在涉入式教學法中，學生要變成知識吸收的參與者。這個前題，在華人的大學中是不容易成立的。不管在臺灣、香港、新加坡或中國，華人學生大多習慣教授用講的方式上課，他們也都習慣聽課。上課話多容易被同學誤會為愛現、不謙虛，說錯話也容易被老師責罵。由於學生大多習慣被動接收，也就不會在上課前好好閱讀教材。他們心裡想，到課堂時老師就會「教」我了。

對EMBA學生來說，哈佛案例大多過於冗長。學生大多白天都有工作，或還有四到五門課要照顧，更不可能在課堂前自習。沒準備當然沒辦法討論。沒有討論當然就想專心聽課，要專心聽課，當然就期望老師給標準答案。看到沒？這是惡性循環。

好吧！假設學生願意討論，還是有問題。學生對個案可能一知半解，上課發言占用時間，還把同學弄得迷迷糊糊。最後，三個諸葛亮加起來變成了臭皮匠。課堂結束了，全班還在你一言、我一句地爭吵不已。學期末，學生說老師太混了，讓同學發言，自己在一邊風涼。教學評比當然很差。

那哈佛學生就比較聰明嗎？他們為什麼就能有效透過個案來學習。據我的觀察，是的，他們的確比較聰明，這是因為哈佛有機制讓他們上課時必須變得聰明。哈佛商學院MBA學生平均年齡在二十八歲，是由美國與國際優秀的人才中挑選出來。他們是全職來當學生，不是把學習當副業。哈佛商學院一梯次招收約九百名學

生，新生報到時就被分組。所以一屆有十至十一班，每班約八十五名學生，一組八人。每個案例都會指定事前討論題綱，上課前小組要先把個案討論過一遍。討論前每人都要把案例讀一遍。上課有八十分鐘，課前討論要花一個小時。算起來，每個學生花在準備一個案例約需二百分鐘。

哈佛商學院學生一學期要修五到六門課，每一門課約要唸三十個案例，每個案例約二十到三十頁。每天要上五個案例。加總起來，每位學生畢業前要討論約三百個案例。學生遇到困難，哈佛商學院會派助教一對一加強輔導，小組也會幫他趕上進度。教授還會評量每名學生課堂上的表現。學費多少？約新臺幣三百多萬元（七十五萬人民幣），並每年調漲。

第二項挑戰是老師。個案教學法其實不只是工具，更是修練。華人老師大多是想把講義當說明書帶回去，希望複製他們兩週來在哈佛所體驗到的教學方式。但是，要能像哈佛教授一樣帶動參與式學習，亞洲老師得要先完成五項修練。

第一項修練是分析力。要教案例，教授要做好萬全的備課。這包括要讀透個案，對案例中的人物、情節、問題與衝突瞭若指掌，上課才不會被學生問倒。個案中要分析的數據，要運用的理論，也要在上課前反覆演練，才能夠在討論時協助學生經歷思辨的過程。分析案例時，老師要思考如何融入物件知識、流程知識與策略知識。由案例要帶出幾項重點，是物件知識。這幾個重點之間有什麼關係，每個重點內涵為何，是流程知識。教授要如何「導」這個案例，是策略知識。其中以養成策略知識最困難。這就像是導演的工

作。同樣一個劇本，沒經驗的導演就會把戲拍的枯燥無趣，好的導演卻會把人物拍的生動活潑。

　　哈佛商學院特別注重策略知識的養成。每一學期都會有約七位老師同時帶一組案例。為了讓每位老師在上案例時水準一致，又具個人風格，每週在上課前七位老師會召開教學會議，分享教學心得。如此一來，資深老師可以輔導新進老師融入個案教學，縮短學習曲線。老師可以有不同教學風格，但教學內涵一致。這種同中求異，又在異中求同的教學理念，使哈佛教授的個案導演技巧愈來愈純熟，也使商學院的案例教學文化可以傳承。

　　第二項修練是質問力。個案教學中必須以一問一答的方式，引導學生剖析問題，並由其中訓練獨立思考的能力。如何在對的時間，用對的方式，以對的問題，去問對的人，是一門藝術。要掌握好質問的藝術，更要培養敏銳的聽力。傾聽就是把學生的問題重新包裝，反問另外一位學生。等問題討論飽和後，再轉移到下一個議題。困難的是，你得問到對的人才行。例如，要討論一座旅館應如何鑑價時，老師必須要找有房地產背景的學生來幫忙。但是，班上有這個專業的人嗎？老師在上課前要做功課。

　　哈佛商學院有一套系統詳細記載學生專業背景，上課前老師會收到課堂座位表，預先知道每一個人坐在哪一個位置。所以，老師在上課前可以直呼其名，請某個專業的學生在課堂上貢獻所長。案例教學中，老師以問題引導，將不懂的學生問到懂，再把（自以為）懂的學生問到不懂。老師與學生互動，學生之間也要互動。在參與的過程中，老師教學相長；在質疑中，學生也領悟到許多事不一定

有標準答案。

第三項修練是表演力。在哈佛商學院，教授全場走動，充滿活力。手舞足蹈之間，帶動學生討論個案。穿梭在九十人的教室，一下跑到左邊問甲同學的看法，一下又跑到右邊問乙同學的意見，然後又一下跑到中間問丙同學，對甲、乙同學的回答有沒有質疑。九十位觀眾時而是演員，又時而是觀眾。教授的詼諧問題與幽默回答時常使全場哄堂大笑。

教授上課時很少用投影片，只穿梭在學員與黑板之間，把學生的發言記錄在黑板上。看起來好像是學生們群策群力地解開個案的難題，但實際上黑板上要寫什麼，要寫在哪裡，其實全在老師幕後策劃下完成。黑板是表演的道具，也是智慧的橋梁。老師在修練表演力時，也同時別忘了要把字練好，因為寫黑板是表演的一部分。案例教室正面通常有六個黑板，因此老師也要預先想好在那片黑板寫什麼，才能配合演出達到參與式學習的效果。

第四項修練是寫作力。哈佛商學院教授一年要寫四到十個案例，並不斷更新課程內容，也持續尋找新的管理議題。把新個案中所學到的經驗有系統地記錄下來，需要具備良好的寫作力。這不僅是要整理出個案，還要寫出有趣的案例。教授要能妙筆生花，巧妙安排劇情、呈現證據，使情節連貫、推理嚴謹。案例推出之後，老師上自己寫的案例會使課堂更加生動，學生也會更敬佩老師。老師在同儕之間的聲譽提高，個案被廣為採用，廣受好評，年終考績自然也高。

第五項修練是思辨力。這大概也是最重要而且最困難的修練。

思辨好，案例解析可化繁為簡，可問出深度的問題，可透過個案讓學生看到盲點。養成思辨力要靠批判。每一個管理案例中都會有模稜兩可的問題，教授必須要由不同角度提出批判，把可能的意見先想過一遍，再思考如何以更高明的觀點，帶領學生重新認識問題。到課堂上，教授要引導學生由懵懂無知到提出真知灼見。教學與授課的過程若缺乏思辨，再精采的表演也很難讓學生培養批判思考的能力。

　　哈佛商學院教授多出自名校，又在職場上歷練多年，思辨力自不在話下。但是，不少華人教授可能從小學到研究所一路來都在填鴨式教育下成長。對權威傾向服從，對問題不喜追問。突然要他們具備思辨力去教案例，有點不切實際。硬把參與式教學法帶入課堂，學生不知如何涉入，反而被僵住，手足無措而不知如何參與。

▎個案教學，學不來？

　　要引進參與式教學法，學生要涉入（預習、討論、反思），教授要涉入（備課、質問、表演），學校也要得涉入。我們可以由教學支援體系以及案例寫作體系兩層面來看，為什麼哈佛商學院做得到，但亞洲學校卻不易做到。

　　第一，哈佛的「教學支援體系」是砸下重金建造出來的。每個教室設計成半圓型劇場，可容納九十人，設有六面大型黑板，可用電動升降。左右還各有兩個黑板。每次老師上完課後，會有兩位服務人員進場。一位用溼的白色大抹布先擦一遍，另一位再以乾的大抹布擦兩遍。兩位墨西哥籍的「擦黑板員工」告訴我，如果使用板

擦的話速度太慢（有九面黑板要擦），而且會愈擦愈髒。

　　教室內燈光由電腦控制，像舞臺設備一樣，正面還有三個投影機，可以配合講課彈性運用。教室上方安裝三大臺大型攝影機，有特別來賓到場時還可以錄下來。每位學生桌上還有投票鈕，老師可以配合不同學科安排民意測驗，增加教學趣味性。上課前老師可以把教材放到教學輔助平臺（course platform）。老師還可以看到學生的資料。上課前三個月老師就可以透過系統看到每個學生的照片，事先研究每一班學生的背景，背下每一位學生的姓名。

　　每次上課後，每位學生都會填問卷評估老師的教學成效，每門課學期結束時還要再算一次總帳。評估成績只給教授做參考，不列入年終考績評等，因為哈佛不要讓老師因此去討好學生。這些工作全由行政助理負責。老師上完每堂課後，會評分學生當天的表現，並寫電子郵件告訴他們好在哪，要如何改善（不過，現在只有少數老師做得到）。

　　學生上課時要遵守「涉入守則」（rules of engagement）。學生上課時不可中途離席去廁所，不可以帶筆電到教室。上課角色扮演的時候不可以說：「這只不過是遊戲。」對資淺教授上課不滿意時，不准換教授，學生必須幫助教授改善教學，使教學相長。違者就扣分，扣分少者拿不到「貝克獎學金」，多者會被當掉。

　　但是，誰來幫老師處理這麼多雜事？助教是也。每堂課有三到五個助教會幫教授準備好各類工作，如評分、發郵件、取講義、裝設備。但是，一位哈佛老師私下說，最近景氣不好，助教不配了。有位哈佛老師戲稱，這整套教育支援制度就像豐田持續改善體系。

每位老師在此體系中只能前進，不能後退。

最難能可貴的是，哈佛商學院有一群六十多歲的資深老前輩，他們在中年頂峰時間就開始栽培下一代明星教授。這種無私的傳授與長期的傳承，使哈佛傳統香火不斷。學術主任馬歇爾便自豪地說：「這種案例教學與寫作已經成為哈佛的機構性知識（institutional knowledge），也成為哈佛商學院的獨特學術文化。」

以臺灣而言，能有錢建教室的學校不多。臺灣大學蓋了兩間哈佛復刻版教室。政治大學有一間同規格的教室，也加蓋四間袖珍型互動教室。能把軟硬體整合在一起的少。找助理與助教來幫忙？那不行，經費不夠。在臺灣，大學教授也沒有經驗傳承的習慣。資深教授外務多，資淺教授忙發表，能花時間好好備課實在不易。要學哈佛，找七個教授一起討論如何改善教學？那可難了，每個人都有一套做法，難以分享或合作。

第二，哈佛商學院有一套完備的案例撰寫支援體系。哈佛教授雇用案例文膽（case writer）。學校還提供優渥的薪資與一棟古雅的辦公室。教授的工作比較像導演，案例文膽則是像編劇。等到確認公司與主題後，案例文膽就接手，根據故事大綱去蒐集材料、蒐集證據。就這樣，一年最多有人產出十個案例。如果教授寫案例但沒寫教學指引，就無法升遷，文膽也拿不到錢。

個案來源也不是問題，哈佛有眾多畢業生，全進了績優公司，要找人採訪不難。哈佛商學院還有場場爆滿的高階主管培訓班。最新的議題可以由這群「高管」下手，取得個案素材，也省去核准案例的時間。再不行，哈佛商學院設有業界諮詢委員會，都是找當今

一流的總裁擔任。只要一通電話，任何難題都能搞定。

在華人圈，各大學複製這套組織作為並不容易，以臺灣來說吧，真正有意願去寫案例的人不多。助理教授說，先讓我升等，沒被開除時再做吧。副教授說，我等到升正教授再投入案例教學吧。正教授說，寫個案太費力，我先拼經濟吧。你能怪他們冷漠以待嗎？助理教授被考核的就是發表數量，但教學案例不算發表。你能怪他們不關心自己前途嗎？副教授升等更難，所以還是得繼續奮鬥。到了正教授，發現收入銳減，生活品質也降低，又有一堆房貸等著付，子女教育費也不低。你說他們能不去拼經濟嗎？

假設臺灣教授願意寫案例呢？他們第一個挑戰是時間不夠、經費不足，也請不到好助理，更請不到案例文膽。所以，現在許多本土案例多是博士生寫的，品質良莠不齊。這也不能怪博士生，因為他們也來沒受過思辨訓練。

🍃 創新啟示

理解哈佛的涉入式教學法的脈絡後，我們可以學到三項啟發。

一、求精，不求多：先教學生如何提問題、分享有建設性的意見，是讓學習過程能涉入的前提。在正式上課之前，學校需要安排暖身課程，先說明如何預習與分析案例，示範如何在課堂中提問，並教授基本的歸納、推理以及思辨技巧。沒有這些基本功，討論品質就不佳，就算用好的案例上課效果也會受限。目前臺灣學生還是迷信修課愈多，學得愈多。必須讓學生領悟，也許修少一點課，專

心把一門課的案例好好消化，善用思辨技巧，學習成效才會好。

在案例教學結束時，老師最好先想好一個睿智的說法來總結，以免學生無所適從。老師不需給解答，但可以給解讀。所有的案例在中華文化累積的文獻中都有可呼應之處。善用中華古典文獻，以古鑑今來解讀案例，效果不會比哈佛模式差。

二、要設法讓老師合作：不是只要備課，老師還要先釐清個案的推理脈絡，像是該先問哪個問題，後問哪個問題，要事前布局。如果能夠鼓勵成立非正式學習社群，將幾位同科目或跨領域的老師組合起來，自發性地協同案例教學方式或合作撰寫個案，甚至跨校合作，都是不錯的方式。在上海，中歐國際工商學院有優質的案例師資，可以與臺灣交流。中國人民大學主辦全國的案例論壇，臺灣老師也可以參與。除了哈佛，美國達頓商學院（Darden）、瑞士IMD、法國INSEAD、新加坡國立大學與南洋理工學院也都有優秀案例師資。促成持續交流，而不是點綴性的經費補助，案例教學自然就會發芽、茁壯、深耕。

臺灣教授與學生關係大多很好，而且學校有許多產學合作，這是特色。我們應該思考如何將這些產學案結合到案例研究，如此一來，沒有案例文膽也沒關係。由EMBA或業界配合廠商提供案例，做好研究設計，由實習學生蒐集資料，自己來撰寫案例，既可以當作成果，又可以用在課堂上，之後再發展為期刊論文。新進老師應該先欣賞優質作品，並學習將個案撰寫與學術研究結合。這些想法現階段很難落實，因為老師的發表壓力很大。不過，如果新進老師要等到升等副教授再來做，可能就為時已晚。

三、評量標準回歸學術初衷：產學之所以不能整合，是因為官方對大學教授的研究指標有了不正確的認知。當代各大學過度著重發表產量，促成重視量化研究而輕視質性研究，更讓案例教學推動滯礙難行。不管基礎型或應用型，量化或質性，各種作品都應該要嚴謹。只要是優質，都應該受到同樣的尊敬。量化學者不一定要用個案教學法，而質性研究學者應該積極由案例來整合研究與教學。

如果政府能看見此脈絡，學術圈又能自省，共同面對難題，教育創新就會有契機。問題是：怎麼自省，又要從哪開始？我想起哈佛案例教學班的結業典禮上，威廉・克比（William Kirby）教授的一番話。他是社會科學學院院長，也跨界到商學院來兼課。他告訴我們一個連哈佛老師都不知道的「真相」。

克比說，哈佛創立於1636年，這是中華歷史上的明末時期。為了要成為頂尖大學，哈佛去參考英國大學教育做法。可是，當時英國的教育體制比起明末東林書院還簡陋，與中國精緻的儒學體制也差距甚遠。後來，哈佛又去參考德國學術體制。但比起清初的翰林院體系，歐洲大學尚待發展。後來，早期的哈佛是參酌中國的翰林院制度，建置出適合自己的教育體制。

百年之後，哈佛商學院為了成就頂尖學院，自法學院引進案例教學並自創一格。現在，哈佛商學院成為各大學臨摩的對象。有趣的是，三百多年後，兩岸倒是反過來向哈佛取經。兩岸華人學者在取經的同時，也都忘了自己的根本，忘了自己曾經擁有泱泱千年的精緻文化與教育體系。兩岸學者也幾乎都忘了，西方這套蘇格拉底式的辯證法，也是在兩千五百年前同時期的孔夫子在《論語》（記錄

孔子與弟子論證的言語）所用的方式。孔夫子所發展出來的辯證心
法，與因材施教的案例學習法，比起蘇夫子毫不遜色。此外，莊子
的案例（寓言）式教學法也是另一種很棒的教學方式。

　　哈佛提醒我們三件事。第一，案例提供脈絡，是為了讓學習更
貼近現實。用案例教學就是透過故事打開黑盒子，了解事件的演進
以解開謎題。好的案例可以啟發人心，透過故事帶出發人深省的巧
思，再由巧思產生明智的行動。

　　第二，一個案例，從來就不可能是一件單純的故事（a case of one
is never one）。一個故事背後一定隱藏更多的故事，每個故事中有更
多的情節，每個情節中又有更多脈絡。這些問題有些可以用數字分
析；有些問題，例如商業道德，學生與老師就必須共同涉入，對問
題的脈絡進行深度思辨，才能對問題有所體會。

　　第三，找尋根本的解套方法。從沒學過大提琴，去知名的茱莉
亞音樂學院兩週，就能馬上拉的像馬友友一樣好嗎？大家都想在兩
週速成學會大提琴，卻沒有人願意從指法與拉弓開始去練基本功。
學習個案教學法也是一樣，思考不深入，教學也就難涉入。個案教
學的背後是一套思辨邏輯，只了解教學方法而不修練思辨邏輯，是
緣木求魚。

　　這讓我想起派伯老教授的話：「（身為學者）你可以偶爾沒做
好你的工作（像忘了準時交成績單，或這週不能來上課）。但是，
你絕對不能忘了你身為教授的使命。」（原文：You can fail in tasks.
But you don't want to fail in your duty, as a professor.）教授的使命是什麼？
英文「professor」的原意為「開示者」。孔夫子則說是傳道、授業、

解惑。用哈佛式的案例教學法只是眾多開示方法之一，不是唯一的方法。只要能協助學生博學、審問、慎思、明辨，教授又何須拘泥於哈佛或史丹佛，牛津或劍橋，蘇格拉底或孔夫子？殊途同歸，教學方法存乎一心。任何方法都是可以悟道的，不是嗎？個案，不是重點，只是工具。透過案例培養思辯能力才是重點。

　　要成為「東方哈佛」並不如想像中容易，光是依樣照搬，只會落得邯鄲學步之譏。要學人家舞步的結果是，自己連路都不會走，鞋帶也不會綁了。要移植哈佛模式到東方，必須了解學生的習性、老師的慣性以及機構的惰性。要學會哈佛式教學法，要先「涉入」哈佛與臺灣教育體制的脈絡。別只想模仿別人的創新，要依據自身的脈絡，將創新融入自己的特色中。

Chapter 8

越淮為枳
維修技術的轉移挑戰

引進一項科技，代表導入一套
知識脈絡。

觀念：知識內嵌性

《晏子春秋》中有一則「越淮為枳」的寓言，頗為耐人尋味。齊國晏子出使楚國，楚王當著晏子質問一位竊賊來自何方（他故意安排的）；竊賊回答是齊人。楚王本希望藉此暗諷晏子。晏子卻委婉回答，橘樹生在淮河以南，長出的果實原本是甜的，多汁而爽口。但是橘樹移到淮河以北，長出的果實卻變酸了，稱之為「枳」（學名叫作 Citrus Trifoliata），果實乾癟而味澀。雖然南北兩處橘樹的樹幹與葉子都相似，但結出的果實味道卻完全不同。

為什麼換了土壤，種植出來的橘子就會變酸？同樣的橘子樹，長出兩極的味道。這個問題很顯然不能只研究橘子或橘子樹，還要研究滋潤橘子樹生長所需要的土壤。不了解兩地的土壤，就很難理解橘子是怎麼變酸的。

如何研究土壤？這必須先要理解一個理論：知識內嵌性（knowledge embeddedness）。內嵌這個觀念探討的是科技的內涵。例如，要想知道一個電子商務系統為何不被接受，我們要看科技內藏怎樣的社會結構[1]；要知道企業資源資訊系統為何受拒絕，要理解這套科技內含怎樣的工作實務[2]；要知道知識管理系統如何運作不良，要理解系統內藏的協作結構[3]；要知道生產系統由日本到英國為何變得格格不入，要理解系統內建的供應鏈運作結構[4]；要理解新研發的心臟導管手術系統為何無法導入醫院，要理解醫生與護士的集體手術模式[5]。

　　一套科技、一套創新商業模式、一套新服務或是一套新政策，都會內含某種社會結構知識。引進一套創新，就是將兩個社會體系撞擊在一起。考慮周詳時會融入，相安無事。欠缺考慮，不了解系統內的社會脈絡，就會相互排斥。這道理也與移植器官類似，人體複雜的生理結構會產生排斥新器官，來自另一個複雜的生理結構。

　　大約是在 2002 年，北京的張同學來找我。他是一位美商航太零件公司的高階主管，主要客戶是一家航空維修公司，公司座落在北京。張同學以前是那家航空維修公司的主管。他一直無法釋懷，為何舊東家與頂尖的德國航空技術公司合作十五年，引進維修工程技術，卻遲遲未能改善維修產能，雙方關係愈來愈緊張。

　　為了尊重個案公司隱私，我們先以「飛馬」來代表德方航太科技，「翔天」來代表中方航太科技[6]。我們的調查於 2003 年展開，當時翔天剛導入飛馬的飛機維修資訊系統，稱之為「優維」系統。還記得，那是在寒冷的一月初，我們去北京拜訪翔天，展開為期約一週半的訪問。這一週下來，發現問題比想像中複雜，回新加坡後又做了追蹤調查。

　　接下來，我們就來分析中、德兩方飛機維修脈絡（土壤）的差異，看看能不能揭開橘子變酸的原因。

航空維修的內嵌知識體系

　　新來的德方總經理是經濟學出身，因為我的歐洲求學背景，我們很快有了共同語言，聊得很愉快。他苦惱，不能理解為何中方員工不喜歡德國工程師，使得雙方衝突不斷。這家公司早先還請管理顧問公司做調查，得到的答案卻是：中德之間有文化差異。中德雙方對此調查都不滿意，花那麼多錢，卻只得到一個這麼簡單的答覆。德國總經理打算要親自上火線，拿著肥皂箱到工廠去對中國員工演講[7]，要以誠意感動中方員工。我很體諒他，但他顯然不了解華人的脈絡。

　　問題大概是這樣的。飛馬是家國際性飛機維修廠，提供飛機和引擎之維護、保養和大修等技術服務。翔天原隸屬於一家中國的航空公司，廠址設在北京機場。過去，翔天以維修蘇聯製飛機為主。中國開放後，航空維修業務的需求大增；但新增的飛機都是美系波音（Boeing）及歐系空中巴士（Airbus）系列，翔天航空原先的維修技術已經落伍。雖然翔天送工程師去不同飛機製造商受訓，但歐美機型維修工程體系龐大而複雜，短期的教育訓練對工程師沒太大的幫助。於是，翔天決定找飛馬技術轉移，學習德方維修工程技術。

　　飛馬也看到亞洲崛起所帶來的商機，更看到全球布局的重要性。1989年，飛馬與翔天合資成立維修公司。合資第一期是十五年（1989-2004），翔天持有60%股份，飛馬持有40%股份，註冊資本約兩億美元。飛馬派工程師到北京駐點，移轉維修技術給翔天。新組織中，各部門設德方與中方經理各一名。前八年，飛馬人員擔任主

管，翔天的人員擔任副主管。後七年，雙方職位互調，中方掌舵，德方擔任副手，繼續協助技術移轉，同時落實飛馬維修制度。這樣的安排，看起來很完美。

飛機維修工作可大分為兩類：定期維護與非定期維護。前者是週期性檢查，也稱為預防性維修，共分四等級：A、B、C、D級檢查。目前，只有少數機齡較久的飛機需要做B檢，多數飛機已經併到A檢與C檢中。以波音747-400型飛機的維修為例，飛行時數達六百小時必須要做A檢，主要是外觀檢查、保養和潤滑作業。飛行時數達六千小時則要做C檢，需花費一週。每六年要做一次D檢，需要做飛機結構的拆解維修，一次要花兩個月。非定期維修的工作內容和進場時機不確定，不易事前做安排，例如飛機臨時故障的修復。

飛機維修績效通常以「回航日」（維修時間的長短）與「維修品質」為主。要修的好、又修的快，除了工程師技術能力要強外，還要配合一套維修系統。飛馬除了傳授維修技術外，也要協助導入一套資訊系統，就是「優維」。這套維修管理系統是德方於1995年發展出來的。以D檢維修來看，翔天需要四十天才能完成，但飛馬用「優維」系統協助，二十四天就可以完成。這套「優維」系統是技術移轉的核心工作。

令中方不解的是，經過十五年的技術轉移後，中方執行D檢維修卻由四十天延誤到六十天，變得更長。翔天導入維修資訊系統，生產力卻下降，使雙方合作留下陰影。更令中方不悅的是，德方工程師認為這是因為中方員工常常偷懶，三點多就去喝下午茶，還時

常翹班。不過，中方工程師覺得委屈，因為遇到工程要加班時，德方工程師都溜光光，只有中方工程師留下加班到深夜。

飛機維修配合「優維」系統，分為三大核心工作：派工（job-dispatching）、採購（purchasing）及施工（maintaining）。派工包括定義維修工作範疇以及施工程序。採購包含零組件請購、採買和調度。施工包含指派維修任務給各部門工程師與技術員，讓現場人員根據派工單施工。這三大核心工作之中，內含著雙方的維修知識體系。德方（技術傳遞方）相對於中方（技術承受方），兩者之間的維修做法有什麼差異呢？我們依序來理解其中的脈絡。

派工脈絡：標準化對比計件模式

飛機進廠維修前要先做派工分析，有兩個主要程序：報價與規劃。當飛機進廠時，計畫工程師先與航空公司界定維修範疇與議價，並參考客戶提出的工包（work package）。工包中內含數百到數千張的工卡（job-cards），每張工卡至少列出五個工作項目。每家航空公司的維修方式不同，因此工卡內容也不盡相同。維修廠會依據工卡內容，估算所需工時來決定報價。簽約後，德方工程師會將工包輸入到「優維」，由系統建議最佳施工程序與人力配置，並列出所需維修設備。接著，維修廠就依此指令決定施工方式。

然後，計畫工程師決定施工時間、安排工作順序、聯繫施工單位。計畫工程師接著將電腦輸出的工卡與維修文件交給施工團隊。「優維」會依照不同飛機製造商、機型、維修類別，產生不同的維修

文件。波音的維修文件和空中巴士不同，波音737與747機型的維修文件也不同，A檢與D檢所需的維修文件更不同。客戶有時會提出特殊要求，像是更換起落架，或要求C檢或D檢一起進行。計畫工程師先安排核心工作，執行時再依現場狀況做調整。

▍德方：標準化派工

　　飛馬的派工作業有四項特色。第一，飛馬的客戶多簽訂長期合約。飛馬為每一位客戶、每一架飛機投入龐大資源，建立維修資料庫。當計畫工程師接到客戶工包時，可以查閱系統紀錄，馬上進行派工分析。「優維」系統中存有主維修紀錄書（Masterbook），記錄每一架飛機的技術資料、維修紀錄以及里程保養狀況。透過「優維」，計畫工程師輸入施工需求後，就可以製作新維修檔。這樣可以省去約一個月的前置時間。

　　一位德國工程師說明：「我們的顧客都是簽長期合約，一簽就是十年。所以我可以預算每一臺飛機什麼時候需要進場，做什麼等級的保養。我不需要每次都去估價、議價。當我收到一份維護指令，我會先透過優維系統搜尋客戶的工包，找到客戶檔案和飛機型號。然後，系統會依照預設模組製作一份工卡。跟著，我就去查維護手冊、調出維修要項、和現場技術員溝通、修訂工卡、再和客戶溝通，取得客戶的同意。這樣工作就完成了。」

　　第二，飛馬將每一個維修模組標準化，簡化複雜的工卡運算。飛馬有一組系統工程師，將維修流程拆解為八個主要的模組：飛機停廠、去除飛機表面噴漆、拆卸飛機內部零件、檢修並更換零件、

翻新座椅與零部件、噴漆、檢測飛機零件功能和引擎試車。飛馬客戶簽的合約多是同型號飛機。所以，將維修模組標準化比較容易。當新的維修需求進來，計畫工程師就比對系統中類似機型的模組來產生工卡，約一到三天即可完成，使規劃時間大幅降低。

第三，飛馬工程師可以精準管理工程進度，因為他們能預先規劃客戶未來十年的維修需求。透過標準化模組，德國工程師可以用「分鐘」為單位，算出施工時間。在德國，工程師和技術員習慣準時，做事也按部就班。德國工程師之間有很強的同儕壓力，會相互監督，嚴格執行工卡上的安排。完工後，工程師會有紀律地將問題與解決方法，詳細列入紀錄書中，以便日後查詢。

德國工程師能如此準時施工，歸功於背後一套完善的社會支援體系。例如，長期合約帶來穩定收入，飛馬可以預測成本，算出雇用人力。在飛馬，維修廠規模龐大，有足夠的人力相互支援。若需加班，有家室的工程師也不必擔心，因為公立幼稚園會協助看護小孩，費用多由企業或政府補助。此外，德國交通規劃良好，少有因為堵車而延誤上班或送貨時程。

第四，飛馬具有深度的維修技能。飛馬工程師維修的多是同一機型，將非標準化的維修案外包給合作夥伴，因此累積了單一機型的維修經驗，取得三十五個國家的認證。技能深入的結果，使飛馬成為少數可自主變更飛航設備的維修公司。

一名德方經理解釋：「像飛機引擎就有很多品牌，每一種發動機都需要不同的維修技術。我們（飛馬）的強項是修 GE（General Electrics）發動機，修多了就駕輕就熟，對這號機型的維修能力也就

愈來愈棒。如果我們收到別家的引擎，會就地外包給子公司或合作
夥伴。我們比較少做散客的生意。這樣下來也快二、三十年了，我
們已經將GE發動機的維修標準化了。我們維修一個引擎大約只要
三十天，維修完成後，我們還把引擎清理的乾乾淨淨，包裝的像禮
物一樣，在業界可是無人能比呢（按：產業標準是一百天）。」

▍中方：計件式派工

　　翔天派工所需時間約飛馬的三倍，相同工作要多花兩個月的時
間才能完成。雖然翔天執行相同的維修程序，但工作實務卻大不相
同，有四項差異。第一，翔天沒有長期客戶，大部分維修案都是臨
時性散客，或者是短期契約客戶。翔天很難為客戶建立完整的維修
資料，因為要為一個機型建置派工資料至少要花費數萬美金。另一
方面，許多中小型航空公司在成本考量下，都不願意被長期契約綁
住，因此翔天也多只能找到短期客戶。

　　第二，翔天多以計件方式來接維修案，很難預測哪一家航空公
司會在當月送修飛機，也不易預知哪一家航空公司會送修什麼型號
的飛機。每件維修案中，翔天工程師要花許多時間協調派工。「優
維」導入後，翔天工程師的負擔反而加重，因為系統所產出的優化
工卡都不能用，原因是翔天的規模與資源遠遠不及飛馬。

　　一位翔天維修工程師忿忿不平地說：「電腦系統產出的工卡很
快，沒錯。但是，這些工卡可以用在波音大型客機，但是沒法子用
來維修中小型飛機。系統排出的派工單也和我們現場作業很不同。
我們沒有飛馬那麼大的機棚，那麼多的設備。你看，這個工單說要

同時做這兩項維修工作，但是那需要兩座飛機支架，我們哪有那麼多錢啊。」

翔天的人力也常常不足。「優維」產出派工單後，計畫工程師不能照著做，必須要因地制宜。例如，兩架747客機同時進場後，維修排程可能類似，所以技術員同時要做兩份工作。這時候，計畫工程師就要重新排程，但這就得來回跑企劃室與維修廠，與技術員協調作業容量。一份派工單前前後後修改五、六次並不見怪。翔天的工程師與技術員很難專攻特定機型的維修技術。不熟悉機型時，維修人員只能依據「飛機維護手冊」（Aircraft Maintenance Manual, AMU）的規定去設計派工卡。

第三，翔天的工作進度不穩定，工卡制定後還是必須修改。譬如，北京的交通阻塞很嚴重，零組件運送會不時延遲，所以員工要自己彈性安排，先去做別的事。德國工程師卻因此誤會中國工程師蹺班。就算零組件準時送到，技術員的工作也常會被私人的事情打斷，像是員工必須先去接小孩，再回來加班。計畫工程師必須因地制宜，不斷修訂工卡。這也是為何「優維」產出的工卡不易反映實際工作進度。

一位中方機械工程師解釋他手上進行的工作：「我現在進行波音747的D檢，但我同時還必須維修起落架。這工卡上列了三項程序：拆下起落架，拆下飛機外殼，修理起落架。這個工作程序是沒錯，維修手冊上也是這樣寫的。但是如果我真的照這個順序去做那可就完了。因為拆下起落架後，飛機就只剩下合金支架撐著。拆下主要機殼後，機身就會不平衡，因為合金支架沒法子支撐波音747的

重量。」

　　遇到這種情況時，正規做法應該是：現場技術員向計畫工程師報告，要求他們修訂派工卡。但這至少需要一天才能改好，對現場技術員而言太久了，因為他們還有很多工作等著。所以，現場技術員會先不管工卡的施工順序，而自己想辦法解決。例如，在前面起落架的例子中，技術員會先拆下機殼，再讓機械工程師去拆起落架並進行維修。這樣花兩個小時就可以完成。

　　一位翔天技術員解釋，進行維修時要學會隨機應變：「系統產出的工卡不是錯誤，是不合用。如果每一個問題都要傳回給計畫工程師去修改，那我們肯定會虧錢。這些計畫工程師沒做過現場工作，都是大學畢業，懂理論，不過不了解現場實務。他們設計的工卡通常都太理論化，沒考慮現實上的問題。就算他們調過的工單還是不能用。每次我們一拿到工卡，都得要重新再規劃一次，絕不能照著派工單做。不然，維修進度一定會被拖到。」

　　第四，翔天工程師會標準性維修技能。但與飛馬相比，翔天規模較小，沒有足夠的人力為客戶量身訂做長程維修計畫。從1999年起，翔天工程師就接受各式航空器材維修訓練。但是，翔天只能在中低階的市場上做成本競爭。這也是為什麼翔天的維修案多來自中小型的散客。

為何會造成派工衝突？

　　飛馬有長期穩定的大型客戶，專注在維修固定的機型，可以預測未來業務。飛馬因此發展出標準化派工模式，將這套工程管理體

系內嵌於「優維」系統。但翔天面臨的是中小型的散客，維修是以計件派工模式來處理，派工單還必須依狀況修訂。將標準化派工原則，套用到計件式的派工模式上，因此衝突是可預期的。

　　一位翔天技術經理解釋為何中方工程師會排斥「優維」：「雖然我是資訊系統委員會的成員，而且還參與過訓練計畫，但我還是很少去用這套系統。如果使用系統來處理維修工作，我必須處理各部門間一堆的爭執，也要花很多時間去修改工卡。這套系統對財務及人力資源部可能有用，因為他們的作業比較穩定，但對於飛機維護是滿礙手礙腳的，因為我們的工作不是很穩定，常要改來改去。」

採購脈絡：成本中心制對比利潤中心制

　　零組件採購速度決定飛機維修效率。若零組件無法在維修前送達，所有工作都會停滯。這不僅增加人力成本，機棚被占用也會降低維修產能，造成營業損失。飛機晚一天修好，就多一天無法飛行，便少一天的收入，也會造成客戶的損失。飛機維修一般需事先安排，除非是遇到意外狀況，才會有臨時性維修需求。因此，準備足夠的零組件使現場不至待料停工，是採購部門的重要責任。

　　採購工程師會透過「優維」系統輸入採購單、追蹤採購狀況、查詢庫存、協調需求以及選擇供應商等。航材採購分為一般程序與AOG（Airplane on Ground）程序，或稱計畫性採購與非計畫性採購。計畫性採購由工程師依飛機定期維護需求，事先準備所需零件，等飛機一落地就可進行維修工作。非計畫性採購，也稱為AOG

採購，是工程師在現場臨時需要額外零件時所提的需求。AOG採購有急迫性，必須在最短時間內取得零件，不能按一般程序進行詢價、比價與議價。也因此，航材供應商所給的議價空間不大。為求效率，進行AOG採購時，工程師需透過專責單位—AOG Desk協調中心來下單。一間維修廠的生產進度要控制好，定時採購和及時採購是兩項重要工作。

德方：成本中心制

飛馬採取中央採購制度。技術員透過「優維」系統現場輸入採購單，然後由中央採購辦公室統一採購。以購買飛機門栓和螺絲為例，飛馬最低購買金額是一千美元。中央採購辦公室必須合併不同部門的採購需求，達到最低購買額度，也可以向供應商議到較優惠價格。採購工程師還可以透過「優維」系統檢查總庫存，以統籌訂單需求。

在飛馬，長期客戶的維修進度可預先規劃，一次就做五到十年的維修計畫。所以，「優維」系統能預測未來三年的採購需求，在兩天內可以處理完一張採購單。這不是因為德方採購人員工作效率特別高，而是系統內早就設定好採購進度，也早在一年前就與供應商議好價了，所以採購作業相對穩定。飛馬只要擔心臨時性採購即可。飛馬採購人員也被充分授權進行緊急採購，減少層層審批的時間，提升採購時效。

一位飛馬採購人員解釋：「我們購買零件時通常會找市場上第一級的供應商。例如，我們是跟美國一家領導廠商購買緊急飛航零

件。這並不是說這家供應商給的價錢比較便宜。相反地,它給的報價比原製造商還要高。但是我們要在最短時間拿到零件,所以找他們。這家供應商送貨的速度可是比製造商還快呢!」

飛馬採購人員可以用「優維」系統彙總採購需求、管理航材庫存、及時採購零件。從廠商歷史報價到議價資訊,採購人員都可以透過「優維」系統得到詳細資料。他們以維修速度為最高原則進行採購,不需考慮成本微幅之差異。飛馬的「集中式採購」造就高效率的採購運作。

中方:利潤中心制

翔天實施分散式採購,在各生產部門中設立採購單位。這是以部門為利潤中心的採購模式。各採購單位專職處理部門內的尋購事務,同時也接受他部門的採購需求。例如,飛機大修部門的採購單位負責處理電力系統,這是飛機維護手冊中的第24章。如果其他部門需要購買第24章中的零組件,他們必須透過飛機大修部門才能購買。同樣地,如果飛機大修部門要購買的飛機零件是歸屬於第51-57章中,則必須聯繫飛機維護部門的採購單位。分散式採購是以部門為主,嚴格控制採買成本,使部門利潤最大化,也可確保部門內的供貨時效。然而,這種分散模式卻會拉長跨部門採購時間。

一名飛機翻修部門的專案經理認為:「我們透過自己的採購單位發出訂單,這種下單時間不會很長,因為都是自己部門的人,喊一下就可以買料了。但是,我們控制不了其他部門的下單時間。如果我向大修部門下單,他們有空就會理我們,採購速度也會快一

點。不過，大部分時間，大家都很忙，各人自掃門前雪，其他部門才不會同情我們的需求急不急。反正，那是人家的地盤，我們也無能為力。」

為什麼遇到跨部門採購，大家就自掃門前雪？這是因為各部門承擔了很大的成本壓力。利潤中心制度驅使翔天的採購人員形成兩種行為。第一，採購單位會盡量迴避其他部門的採購要求。這是因為若採買了零件，下單部門卻突然不再需要該料件，那麼負責的採購單位就要自己負擔庫存成本。

第二，也因為如此，各部門會隱藏採購資訊，部門採購人員也就不會如實將庫存資訊輸入到「優維」系統中，以免被查到實際庫存量。所以，沒人能查到實際上有多少庫存零件，各部門重複下單的狀況也就愈嚴重。翔天規定庫存比率（單位庫存成本/總庫存成本）要維持在27%，這對採購人員是不小的壓力。為避免下單不領的風險，採購單位更會設法推卸跨部門的採購需求。利潤中心制也使AOG採購困難重重。在翔天的制度下，每項採購案都要上簽公文，經五個層級的主管批准始可放行。公文轉到每一層經理的手上，都要花三到四天才能轉送上一層主管。

一位採購經理解釋：「我要得到五個層級統統批准後才能跟供應商下單。這些長官們通常有許多事情要忙，所以我得耐心等。更糟糕的是，這個公文簽核有一定的順序，一定要前一個簽完，下一個才會簽。採購單核准後，我還要再到零件材料市場找，選擇兩到三家供應商。然後，我再整理供應商名單和產品資訊，讓直屬老闆做決策。這還沒完，我還要再打聽一下這幾家供應商有沒有與黑市

交易過，會不會出山寨貨給我們。很多黑市零件賣的是山寨貨，那可是不能拿來用做航空零件，會出人命的。」

┃ 採購作業為何被干擾？

「優維」系統是以「成本中心制」為設計原則，套用到以「利潤中心制」為運作原則的翔天採購作業中，幫助不但不大，更會干擾例常作業。雖然利潤中心制可強化部門內採購效率，控制部門成本，但對跨部門採購就很不利。從整體運作來看，採購績效不會因單一部門效率而提升，反而會因跨部門的冗長作業而拖累。

「優維」假設「中央採購」可以量制價，降低總成本，這是成本中心的運作原則。透過中央採購制度也可以統一庫存管理，透過「優維」將多餘的庫存分派到其他需要的部門。不過，「中央採購原則」與翔天所採用的「利潤中心原則」是相衝突的。「優維」假設員工都是可信任的，會自動自發為公司爭取最大利益，因此將核准作業授權給採購人員。但是，翔天卻以風險控管的原則，以官僚層級來管控風險，使跨部門作業更加複雜，採購作業自然會延宕。所以，「優維」不但不適用於翔天，還會影響整體採購效率，拖延維修作業時程。

◎ 施工脈絡：同步模式對比循序模式

派工規劃好，料件買進後，下一階段便是指派施工團隊按照工卡進行維修作業。一個維修案需要不同技術團隊配合，跨組合作施

工。跨團隊合作效率決定施工績效。維修飛機時，計畫部門必須依任務的難度，指派不同技術能力的工程師與技術員協同施工。理想上，員工的技術能力最好相近，遇到出缺或是臨時調班時才能相互支援。

德方：同步施工模式

　　飛馬有三個施工重點。首先，工程師以「優維」辨識最佳施工路徑。例如，發動機的拆解分成三個步驟：拆卸發動機外殼、關閉電力系統、吊起發動機。工卡會指派機械組和電子組來施工，先完成一般性的技術工作，像是清潔、拆卸；再進行專業知識的工作，像是電路檢查。另一個更複雜的維修工作是防蝕作業：拆卸天花板、拆卸電子線路、拆卸隔音板、清潔工作平臺、檢查飛機主體、修復主體、重新上漆、清潔主體以及噴上防蝕透明漆。「優維」系統可以由資料庫中找出最佳維修工序，讓工程師省去規劃時間。

　　其次，飛馬採取同步合作模式。像防蝕作業，技術員會先合作完成一般性工作，像是清潔工作平臺或拆下電器插座。但是，拆卸工作需要有認證的工程師才可以執行。所以，技術員先完成清潔和輔助拆除工作之後，再由工程師處理電子設備維修工作。這種跨組合作也是由「優維」系統安排，將工作任務局部重疊，以利同步作業。

　　一位飛馬技術經理提到：「我們的合作已經很系統化了。各組之間的配合像一個精準的機器，可以自我調整。比如，缺一個人，他的工作馬上會被另一個人補上，不需要向上彙報後再重新指派。

這樣，整個流程才不會被打亂。大家工作相互支援，可以把好幾件事一次完成。」

第三，飛馬能自主地相互協調，是因為背後有一套職能培育體系。為執行同步合作模式，飛馬強調培養員工的多職能維修能力。飛馬將維修能力依照工作難度分為5級。1-3級是指一般的能力，像是清潔地板、搬運一般零件以及卸裝螺絲，這些工作不需要技術認證。4-5級像是拆卸航太零件、電子系統檢查等工作，技術員需要獲得內部培訓認證。一旦通過各級技術認證，就成為經驗老道的維修高手。飛馬暱稱這些資深技術員為「老狐狸」（Old Fox）。

一位飛馬的「老狐狸」說明他的培訓過程：「我們的技師都先要具備1-3級的證照，然後才可以晉升4-5級的技術工作。我在飛馬的第一個工作是修理電路系統。一年後，我輪調到計畫部門去編寫工卡。之後，我被調去處理現場飛機測試。現在，我又被派到翔天交換五個月。回去之後，我就要調去當專案經理。」

飛馬的「老狐狸」是維持施工效率不可或缺的角色。準備工卡時，計畫工程師會先徵詢這些資深專家的意見，使工卡安排的更合理。經過「老狐狸」所修訂的工卡，又會加入到「優維」系統中。準備季度維修計畫時，專案經理也會諮詢他們，使計畫能反應實況上的限制。在制定企業策略時，資深經理更會聽取吸收老狐狸的建議，修訂營運目標。在施工時，老狐狸更是跨疆界合作的協調者。飛馬的同步施工模式是搭配著標準化維修作業、系統產出的優化工序以及多技能的培訓。

中方：循序施工模式

翔天分工較獨立，技術員習慣按表施工，只做好自己被指派的事。若是工卡上沒有規定明確要誰負責，現場往往會產生爭議。

一位翔天的經理回憶：「有一次，我們負責D檢任務，維修機身，工作包括客艙、清潔加噴漆、機械電子和金工。這工作一共有四個組參加。雖然有工卡，其實大家對分工都不怎麼了解，結果有些工作就沒人認領。像是機身檢修完畢後，地板部位需要擰上螺絲。正常情況是誰碰上了誰做。但實際情況是，做機械電子工作的人認為這是金工部門的活，而做金工的人卻沒想到那項工作會是自己的。分工不可能細緻到規定誰去擰螺絲，結果就是沒人去擰螺絲。當技術組長發現後，要安排其中一個部門的人去做，兩個部門的人還要爭論一下這到底該屬於誰的工作。結果大家都說：不是我的事，我不做。最後，組長只好自己去把螺絲鎖上。」

此外，翔天採取循序施工模式。計畫工程師在準備工卡時，很難規劃平行工作，必須依序安排。例如，拆解發動機時，機械技術員（第4級）先移除發動機外殼，完成後他們必須離開，讓清潔員（第1級）進場清潔工作平臺。之後，電子技術員（第3級）進場，關閉電路系統，再進行檢測工作，再出場。然後，清潔員再進場，整理工作平臺。等清潔員出場後，機械技術員再進場，吊起發動機開始檢查。最後，機械技術員出場，清潔員再進場打掃工作平臺和清理發動機。這才完成工卡指派任務。在循序合作模式中，不同組別的技術員必須依序進入工作平臺，交叉進行工作。

翔天之所以必須採取循序施工模式，是因為受限於單一職能

養成體系。翔天的技術員通常只培訓單一工作職能，因此在跨團隊合作時，不易銜接他人的工作。此外，技術員多不願意接額外的工作。這是因為翔天採取利潤中心制，為控制成本，部門不願支付額外工時，所以技術員幫公司留下來超時工作，也拿不到加班費。

　　一位翔天的專案經理提到：「當施工上需要跨部門合作的時候，情況就會變得比較複雜。……首先是工卡問題。翔天實行利潤中心制，每個部門對成本控制的很嚴。一項工作如果有好幾個部門參與，那就需要在工卡上安排多項成本。像拆防翼面這項工作，工卡上的成本單位只記錄客艙這個部門，但這項工作需要許多單位參加。但是沒有安排工時，其他部門也就沒利潤。所以各單位就經常扯皮，像是系統部門的人不願意幫客艙部門的人把防翼面上的管路拆掉，工作就擱在那，動不了。」

　　所以，在派工階段，計畫工程師就要仔細籌備，確認各組的成本都有加入到工卡中。但是，這也不容易做到，因為計畫工程師輪調頻繁，離職率也高，許多規劃工卡的經驗無法傳承。這也使翔天很難導入同步施工模式。

　　如果翔天要學飛馬改為多工職能體制，還會衍生別的問題。一方面翔天規模太小，培訓體系建立不易，另一方面中方員工會誤解自己的工作權受到威脅，以為公司要裁員，所以就去跟黨祕書抱怨，主管也可能會因此下臺。在以黨為主導的組織治理體系中，管理階層備受壓力，執行力也被制約。

為何引發施工失序？

「優維」系統內嵌的是同步施工模式，與翔天的循序施工模式格格不入，也干擾了翔天的作業效率[8]。翔天用「優維」系統產出工卡，反而會造成任務分配不周延，延誤施工效率。同步與循序模式的差異還牽涉到組織體制問題。在飛馬的體制中，員工將授權視為責任與榮譽。但是，在翔天的體制中，授權代表責任加重，失敗時要承擔更多風險。避免風險的方法就是「做有限的事、承擔有限的風險」及「請長官背書」，讓許多人共同分攤責任。

一位飛機大修部經理就指出：「如果缺人手，飛馬的技術員會自動替補。可是，在翔天技術員一定要主管指派才會去做，被指派的人還會找各種理由推拖，能不要負責就不要負責。」

要注意，這種行為不能簡化為中國員工都好逸惡勞。這只是翔天的體制所引導出的工作行為。另外，飛馬與客戶簽長期合約，技術員只需維修特定機型，這使得技術員能很快累積經驗，加快維修速度。飛馬有多職能協作機制，施工時減少許多等候時間。反觀，翔天的技術員要處理繁雜的機型，各機型的維修皆懂一些，卻都不深入。不同組別的技術員合作時，結果常是「樣樣通、樣樣鬆」。遇到責任歸屬時，翔天更會產生內部衝突，解決過程需要花更高的協作成本。雖然「優維」系統可以產出優化的工卡，當遇到實地狀況，優化工卡反而惡化進度。這是「優維」系統導入後，績效反而變差的關鍵。

表8-1將飛馬與翔天在派工、採購、施工三大組織作為做一整理，我們可以由對比中看到創新（優維系統內含的組織作為）對組

表8-1：比較飛馬與翔天的維修知識體系（組織作為）

流程		核心工作	知識體系	
				運作模式
派工	飛馬	1. 維護與查詢記錄書 2. 拆解客戶工卡 3. 預測工作時間 4. 專注特定機型維修	飛馬	1. 累積長期客戶知識 2. 統合工卡為標準化模組 3. 維持規律的時間管理 4. 深化維修技能
	翔天	1. 紀錄客戶一般資料 2. 處理散客臨時性工卡 3. 員工因私人事務中斷工作 4. 維修多型號、廠牌的飛機	翔天	1. 應付散客的合約 2. 修訂工卡以配合維修 3. 忙於重製散客的工卡 4. 培訓各種機型的維修技能
採購	飛馬	1. 集體採購 2. 預測總體零組件需求 3. 採購人員獨立作業	飛馬	1. 整合採購提高議價優勢 2. 為客戶規劃長期採購需求 3. 授權中央採購辦公室
	翔天	1. 各部門自行採購 2. 依據維修手冊劃分權責 3. 採購需經層層審批	翔天	1. 部門獨立，採購需求分散 2. 進場多為散客，需求難預測 3. 採購人員需控制部門成本
施工	飛馬	1. 以系統找出最佳施工途徑 2. 以跨團隊同步施工 3. 培養跨職能的「老狐狸」	飛馬	1. 優化最佳維修施工路徑 2. 跨部門協同施工 3. 多職能員工自主性協作
	翔天	1. 工程師需彈性安排施工 2. 施工需依序分組進行 3. 單一職能訓練體系	翔天	1. 按表施工、爭取利潤 2. 循序施工、解決合作衝突 3. 有認證的員工需到處支援

組織運作原則		科技導入對組織的影響
飛馬	標準化模組	優維資訊系統產生的工卡是根據標準化模組設計，但是翔天的工卡多是客製化，派工計畫因此需要經常重新修訂，延宕維修進度。翔天多接散客，訂單收到的維修機型是少量多樣，耗費工程師的規劃時間。這些散客所製作出的工單也很難累積維修經驗，傳承給不同組的技術人員。
翔天	計件式模組	
飛馬	成本中心制	中央採購辦公室為飛馬的成本中心，統籌各部門採購，以降低總成本為原則。翔天採利潤中心制，由部門整合跨單位採購。優維系統的統籌庫存功能在翔天用不上。庫存資訊沒維護好，資料錯誤，更拖長搜尋時間。優維系統假設員工都是可信任的。但是，基於風險控管考量，翔天的官僚層級簽審制度，使「優維」系統派不上用場。
翔天	利潤中心制	
飛馬	同步施工模式	因為施工協作方式不同，優維系統規劃出的最佳路徑，在飛馬創造高效率，卻使翔天作業一團亂。這是因為翔天的組織體制不支援同步施工。雖然翔天工程師熟悉維修不同的機型，但是技術能力無法專精，施工時自然要摸索，也因此延長維修進度。
翔天	循序施工模式	

織產生的干擾[9]。

🍃 創新啟示

越淮為枳的寓言告訴我們，移植樹木時要考慮生長環境上的差異，若沒有考量在地狀況去改良土壤，最終仍然不免結出酸橘子（枳）。若將橘子樹比喻為科技，土壤就像「在地脈絡」。分析科技中的在地脈絡，就像分析橘子樹所植種的水土條件，可以讓我們理解科技是如何形成、背後的知識體系為何，以及背後的運作原則。

採用一項科技（或任何創新），不只是運用科技的功能，更是一個「知識轉移」的過程。當我們檢視科技內嵌的知識體系，對比於接受方現行的運作體系，便能了解科技是否會干擾原先的組織作為，也就是現行的組織脈絡。組織與科技內的知識體系是否契合，是創新採納成功的關鍵。這是兩套知識體系之間的衝突。

潛藏於「優維」系統內的是飛馬的後勤運籌體系。例如，「派工作業」背後隱含的是大規模、標準化的運作原則，凸顯德方經營長期客戶的企圖。「採購作業」隱含的是成本中心的運作原則，凸顯德方中央尋購的後勤模式。「施工作業」隱含的是德方多職能的訓練機制，使得工程師能同步施工。

翔天的「派工」模式比較偏臨機應變的做法，因為中方維修廠多接交易型客戶，這也暴露出中方的後勤規模要比德方小很多。而且，中方後勤體系未臻規模，也不易由大客戶手上拿到長期合約。從「採購」來看，翔天在歷史背景的驅動下採利潤中心制，背後隱

含的卻是對風險的管控。由「施工」分析，翔天工程師多具備單一技能，裡面所牽涉的不只是訓練方式，更是龐大的工程教育體系，以及共產制度下的企業控管模式。

怎麼辦？理解兩種不同組織作為後，翔天可以策略性地更動營運模式。以往中方企業多疲於交易型客戶，沒有機會找到穩定客戶。大型客戶又不會常來中型機棚維修。翔天較可能的出路是去尋找中小型的短期穩定客戶。這種客戶做A、C檢的機率可能較頻繁，但是送修地點並不固定，往往會依航線順道送修。所以，如果翔天可以調查出往來北京頻率較高的航空公司，整理出這些航空公司繞經北京的飛機型號，統計出最常見機型，如波音747或空中巴士A300，並分析這些機型內用的是哪一家的飛機引擎與關鍵零件，例如中型飛機用的引擎可能多為勞斯萊思（Rolls Royce）。翔天或許就可能找到解決之道。

這個案例給我們三個創新的啟示。第一，採納科技就是轉移組織作為，也就是一套知識脈絡。科技內隱含一套知識體系，體現於外的是工作模式與運行原則，鑲嵌於內的是社會體制（像是完善的幼稚園制度）、環境制約（像是穩定的運輸時間）、文化價值觀（德國人對努力工作的定義）等。對承受方而言，修訂科技的功能容易，但是改變組織長期以來建立知識體系就不容易了。我們要避免修補科技局部功能來配合組織；也不應該削足適履，硬要改造運作方式來套入科技之中。

第二，檢視科技內嵌的知識體系，再對比組織現行的運作體系，便能了解科技會互補於或是干擾到現行的組織運作。現行組織

作為與科技內的知識體系是否契合，是創新採納能否成功的關鍵。企業若不理解科技內嵌的知識體系，依照自身的狀況去調整導入方法，是不易有成效的。引進一套知識體系，代表企業必須要花時間去培養運作這套新知識所需具備的能力。德方的能力是將維修工作精煉為全球標準化的流程，這能力是中方一下子學不來的。但是，中方卻可以學習德方預先維修排程的做法，以及統籌採購的觀念（但不是全盤改造利潤中心制，因為那樣的安排是有歷史原因的）。培養融合創新內嵌的組織作為，是轉移的成功關鍵。

第三，了解創新內嵌的運作原則，就可以思考契合的方式。採用科技時，不只需要引進技術功能，更需要巧妙轉移科技內嵌的運作原則。要讓科技與組織內的知識體系契合，需要臨摹的功夫，而不是一味地複製。例如，中方不應該只是複製「優維」系統的功能，而是要依據中小型維修廠的規模來修訂「優維」；將散客分類，使「優維」可以根據常用四到六類機型調性來設計工卡。如此，科技才能發揮預期的功效。這個道理可用於採納科技、導入創新、轉移技術，更可以用於實施新政策。

複製的結果，往往落為東施效顰。採納科技，就是在移轉一套組織運作的知識體系。若不知科技中的知識脈絡，企業可能就會遇到「越淮為枳」的困境。先了解脈絡，才不會在引進創新時讓橘子又變酸了。

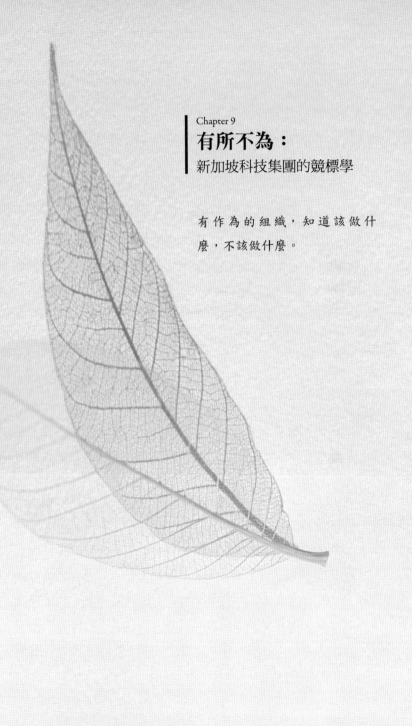

Chapter 9

有所不為：
新加坡科技集團的競標學

有作為的組織，知道該做什麼，不該做什麼。

觀念：組織作為

這一章起，我們要介紹組織脈絡對創新的影響。一個績優企業的運作背後通常會有一套組織制度，是該企業經過特定的發展過程所淬煉出的一套做法，是一套組織作為（organizing）[1]。例如，IBM 公司會有「The IBM Way」；蘋果電腦公司擅長於整合性創新，也會有「The Apple Way」。IBM 之道，或是 Apple 之道，就是該企業所發展出的一套做法，很可能其他企業很難學會。「組織」的名詞是 Organization；換成動作就是 Organize；變成「作為」就是 Organizing。

有句諺語「有所為，有所不為」，正點出組織作為的意涵。作為比行為更宏觀，比行動更具策略意義；要有所作為，就知道在哪些地方有所不為，其中隱含對某種原則的堅持，或孕育某種策略思考的形成。「作為」可以讓我們由行動中找到工作的準則，可用來描述某企業的經營之「道」。

當一家公司說它有某種「創新之道」，代表該公司具備某種「組織作為」（way of organizing）。學理上來說，組織作為至少包括兩項行動元素。第一，組織作為會呈現於員工每日的工作實務中[2]。這些工作實務不是一般行政工作，而是有意義的行動組合。有所作為的工作實務會隱含某種規範，使工作運行的特別有效率，或產出特別優質的產品（或服務）。這些特定的做法、規範、程序有的記錄在作業手冊中，但更多是靠經驗傳承，而其中有些原則更是隱藏於每日工作之中。

　　組織作為就是一套特定的工作實務，一套獨門功夫。這些
實務會發展成某種例規，指導員工該做什麼，不該做什麼。這
些例規會幫助公司以特定的方式重組資源、執行任務、協調分
工，達到某種成效，像是不斷開發出得獎產品。或者，組織作
為是一套特定的知識體系，目標不只在完成某項工作，更要在
工作中累積某種能力。

　　1999 年至 2005 年在新加坡，剛好是網路經濟興起的時代，
所以很多研究案都是與電子商務、電子市集有關。一開始，我
接觸到的是自由市集（Freemarket）公司，現在已經消失了。當
時，這家顧問公司可是紅透半邊天，許多畢業生都競相爭取在
這家公司任職。各類型企業紛紛導入電子市集相關軟體，而電
子競標系統（也有人稱之為電子尋購）是最受矚目的，因為傳
言這套系統可以幫企業省下龐大的採購費用。

　　那時，我參加過的一系列研討會，都是在歌頌電子競標。
可是，沒多久，多數企業導入不到一年半就放棄了。花那麼多
錢導入，結果沒省到錢，還得罪供應商，導致供應鏈不穩定。
突然，媒體開始抨擊電子市集的缺點。約 2000 年，我很慶幸
遇到吳木源，他是新加坡科技工程集團（Singapore Technologies
Engineering，以下簡稱新科）集團副總裁兼武器事業部採購長。
新科竟能持續七年都讓這套系統發揮重大績效，還造成採購部
門大轉型，令人驚奇。

　　我邀請吳木源到學校（新加坡國立大學）來分享，但總覺
得他很多重要的脈絡都沒說清楚。後來，得到他的同意，組成

一個研究小組去分析新科的運作模式³。我們漸漸理解新科的創新做法，那是一套精心設計的組織作為。新科運用電子競標系統的背後有什麼組織作為，可以為該公司大幅節省成本呢？本案例將揭露新科的「省錢之道」。有「作為」的組織，知道該做什麼，不應該做什麼，所以不會浪費時間做沒效率的事或散漫地執行任務。但是，如何才能看得到新科的「組織作為」呢？

新加坡的省錢之道

「如果政府給個人或企業壟斷的權利，那與進行祕密交易一樣的不妥。如此，市場將出現存貨不足，需求也不能得到充分的供給，壟斷者可以用遠高於『自然的價格』出售他們的商品；他們的利潤也自然遠遠超過合理的範圍。」《國富論》，亞當・史密斯（Adam Smith），蘇格蘭經濟學家。

一如往常，在四季如夏的新加坡，午後的陽光射入了忙碌的辦公室中。這是新科位於紅毛橋的辦公總部。辦公室中有三組人，眼睛全盯著牆上的大螢幕。第一組人是來自電子事業部與武器製造部的內部買方，共兩位代表。第二組人是負責此次電子競價的採購部門承辦人，一位負責招呼內部買方，另一位則透過電話和供應商保持聯繫。第三組人是由採購部林經理領軍，監看標案的進行。林經理神情自若看著螢幕上競標價格一點點地落下。當兩位內部買方代表驚訝地說不出話時，林經理只是微微一笑。

　　競標已停止了，共花了四十五分鐘。電子事業部的採購經理很驚喜：「真是不可思議，零售價要2800多元（新幣）的筆記型電腦，竟然可以用1055元買到，這可是省下了62%的費用呢。」

　　武器製造部的採購經理也驚嘆：「以前我們和廠商殺價殺了好幾回，也不過降了一成，現在讓廠商自己去競價，才不到一小時，就省了六成經費。原來這就是鷸蚌相爭，漁翁得利啊！」

　　吳木源也覺得很開心。他帶領的採購部門原來只是生產事業部裡的一個作業單位，現在直屬執行長轄下，肩負起供應鏈策略的責任。在一般企業裡，採購部門不可能這麼風光。傳統的採購人員在公司的地位通常不高，被視為「買辦」的角色。2000年，新科引進電子競標系統；2003年至2007年間，新科總共舉行約一百五十多次的電子尋購案件，平均每年約舉行三十多次。五年來，新科經由電子競標的總採購金額約二億三千萬新幣，所節省的採購成本達二千二百萬新幣，每年平均節流比率高達30%以上。

　　新科是績優企業的代表，在新加坡、美國、英國、澳洲、香港、中國、臺灣等國，25個城市設有分公司，擁有一萬二千多名員工。新科旗下共分為四大事業群，分別為：航太、電子、武器（陸上裝備）以及海洋事業，其「新科宇航」是最大的第三方飛機整體檢修公司之一。「新科海事」則是亞太地區首屈一指的造船廠設計公司，提供船舶製造、維修和改建服務。2008年，新科集團總收入為五十三億五千萬坡元（約新臺幣一千二百二十三億元），淨利潤約為五億新幣（約新臺幣一百零九億元）。

　　新科的銷貨成本（COGS：Cost of Goods Sold）維持在65%-85%

之間。這也意味每一百元售價中，有六十五至八十五元是成本。採購自然就成了新科供應鏈的管理焦點，因為採購省下的成本會直接反映到利潤上。省得愈多，就賺得愈多，競爭力也就愈強。

採購約分兩類：直接採購以及間接採購。生產過程所需的物料叫作「直接採購」；公司行政所需的商品則叫作間接採購，例如文具、辦公設備。傳統採購流程往往曠日費時，也內藏許多弊病。例如，採購部門多方比價，向一家供應商購買後，才發現市場上有更低的價格，讓採購人員吃了悶虧。比價的程序冗長也耽誤了生產時程。

新科需要生產規格繁複的電子零件，技術變化又快速，採購人員很難在短時間內得知每一項零件的「自然價格」（按：相對市場上同品質的產品，供應商所能給出最合理的價格）。再者，部分採購人員可能與供應商勾結，進行暗盤交易。這些因素都導致公司成本無法下降。新科在2000年導入電子尋購系統，希望縮短採購流程，藉此降低採購時效與成本。執行同步電子競標約只有三十到五十分鐘，傳統採購流程則可能拖到三個月。此外，新科可以透過電子競標更新供應商資料庫。

吳木源訂了一個很具挑戰性的目標，要求全公司貫徹。他解釋：「我希望用科技建構一個高效率的採購網路，讓各事業群得以有效地分享採購資訊與最佳採購實務。最終，我們要將平均採購成本降到30%。」

新科的省錢之道是一套市集交易機制，可以歸納為三階段，由七項作為串連起來，緊密地扣住每一項採購作業（參見表9-1）。

作為一：用的少，用的巧

進行電子競標前，新科提出的第一個問題是：「這項商品真的適用電子競標嗎？」這是一個簡單又困難的問題。企業多以為把所有商品都放上電子競標就會省更多錢。新科卻刻意迴避「用的愈多、省的愈多」的心態。新科採「前後夾攻」的方式來運用電子競標。

首先，新科要求整個集團要貫徹「首選政策」（First Choice Policy），除非事業部主管能舉證該採購案不適用，不然所有採購作業一律採用電子競標。採用電子競標前，採購部門卻開始進行嚴選作業。到最後，真正執行的電子競標案不及兩成，約八成的採購案最後被評估為不適用。

新科如何評估電子競標的必要性？採購部門透露，那需要分析「科技槓桿效益」。新科將採購分為四大類：重點施力（Leverage）、策略聯盟（Partner）、迅速集成（Commodity）以及風險控管（Managing Risks）。一位採購經理解釋：「運用電子競標前，我們會仔細地過濾近八成的採購案，這樣才可以降低流標率，使企業資源不會空耗。」

「重點施力」是分析具集購潛力的商品，包括五項特質：能明確訂出採購規格、有足夠的採購量、在市場上有多家供應商、含有降價空間以及不會受到供應商壟斷價格。舉凡一般性機械零件、衛浴設備、電纜線、筆記型電腦、保全人員外包等項目，都可以成立電子競標案。更重要的是，這些具集購潛力的商品必須為新科帶來高價值的節流，而且也不會對供應商的利潤帶來太大衝擊。

表9-1：新科的尋購組織作為

尋購流程	尋購作為	目的
事前準備	用的少，才能用的巧	避免錯用科技
	精準，就少後悔	降低重置成本
	看到，所以不必用到	找出不必要的支出浪費
事中議價	以老避險，以新制舊	讓新舊供應商間產生勢均力敵的態勢
	有紀律，便可少憂慮	約束買賣雙方，預防違規、違約與背信
事後評估	有效率，市集就會有活力	加速競標案處理速度，刺激供應商參與市集的積極度
	明天，不一定還健康	降低未來履約風險

主要檢核點	新科的省錢之道
這項商品真的適用電子競標嗎？	善用科技槓桿效益：以電子競標發揮槓桿效益。雖然電子競標只處理20%的商品，卻可以發揮80%的節流效益。
我們是否明確了解商品的規格？	精算採購規格：使用電子競標前，新科以領域知識精算需求規格，巨細靡遺地分析商品知識、採購風險、跨部門需求，避免「失之毫釐，差之千里」的採購風險。
若改變支出方式，是否可以不用電子競標？	強化支出能見度：新科分析支出透明度找出浪費，再次檢核電子競標之必要性，並思考以簡易的方式進行採購。
如何降低使用電子競標後所帶來的供應風險？	優惠配額策略：讓新供應商加入以喚醒老戰友的鬥志。新科的配額策略帶動新供應商的競爭行為，也促使舊供應商克服慣性，又可借助老戰友規避風險。不喜新厭舊，風險就會少很多。
如何確保公平的電子競標機制？	守護競標規則：新科以五項競標守則立信。買賣雙方要遵守線上交易的「價格」與「規格」；要杜絕場外交易才會有「品格」；若買賣不成，雙方要有「風格」來處理交易糾紛。
如何讓供應商能積極地參與市集交易？	以效率激發市集活力：新科以份額規劃提升競標效率。競標後新科及時告知贏者簽約，並立即讓輸者了解原因。規則熟悉後，市集也隨之活絡。
供應商是否還保持在最佳狀況？	監管供貨能力：現在健康的供應商，不見得明天還會持續健康，所以新科對供應商進行定期健康檢查。唯有供應商維持品質與運籌能力，電子競標才會有意義。

「策略聯盟」是指，若新科與策略夥伴一同開發商品，就不需使用電子競標。此時，如果買方背棄合作夥伴而另尋其他廠商，不僅會傷害信譽，更可能涉及侵權爭議。「迅速集成」則是新科對大眾化採購商品，例如文具、辦公器材、標準化零件，採取直接議價採購。這些貨品規格較單純，供應商不少，毛利已被壓的很低，所以即使集購後降價空間亦不大。

第四類採購是「風險控管」。新科認為工業軟體、客戶服務、特殊生產設備、通訊建設與大型機具屬於風險性商品。這些商品內含智慧財產權與售後服務等衍生價值，因此議價空間並不高。這類商品與公司的日常營運密切相關，一旦零件出現問題，可能使整條供應鏈中斷，劇增營運風險，也不適合以電子競標進行。

新科的省錢之道在善用科技槓桿效益，這是「用的少，才能用的巧」的原則。「首選政策」落實公司治理機制，讓採購人員遵循廉潔程序。另一方面，新科也確保電子競標在公司的合法性，凸顯高階主管對實施電子競標的決心。不過，雖然九成採購都納入，但經過嚴謹評估後，真正適合電子競標的商品只占兩成。

許多人會質疑，如果才用到兩成，為何還要引進電子競標呢？一位採購經理解釋：「雖然平均下來我們只有節流約18%，但如果挑出關鍵採購案，像採購筆記型電腦，我們就有50%以上的節流成效。」畢竟，每次舉辦電子競標案，新科都要支付顧問費、系統等成本。若供應商的獲利原本就很低，新科還要求降價，就會引起反彈。新科以電子競標發揮槓桿效益，雖然電子競標只處理兩成的商品，總體節流效益卻可以達八成。

▍作為二：精準，就少後悔

新科提出的第二個問題是：「我們是否明確了解商品的規格？」在進行競標前，採購部門會更仔細地分析採購品項、內容、規格、規範（例如必須通過ISO 9000認證）、前置時間、品質標準、尺寸大小誤差率、地區採購需求、運輸條件以及服務條款（如保固期間）等因素。

新科擔心的是，採購規格定義的不清楚，就會影響協商品質。一旦採購的商品和實際規格有所出入，就必須花費更多成本重新議價、訂約。但是，定義採購需求並非易事。每項商品都隱含許多領域知識。例如，有些商品有採購的淡旺季，有些商品價格則會隨著期貨市場波動，有些採購又會因地域政府保護政策而受限。因此，將領域知識融入採購需求，採購規格才能清楚地定義出來。

為有效融入領域知識，新科採購長親自主持一個競標委員會，將各事業群採購主管、專案工程師、領域技術專家列為當然委員。每一個採購案會任命一個任務小組，由委員組成，負責籌備集購、協調跨部門溝通特殊需求。在每一個標案進行前，任務小組必須彙整各事業群採購資訊，計算總採購額度，以判定是否值得舉行電子競標。任務小組也會協調內部買方（即各事業部門）以確認規格沒有遺漏、重複與誤解。最後技術專家再做檢核，提出特殊採購需求。

例如，在一項辦公室建置案中，競標任務小組會先定義三項共同性需求：供應材料、組裝工作以及測試外包。各採購主管會先統計各事業群是否有類似辦公室家具採購需求；專案經理接著將細節列出，例如材料品牌、貨量與標準尺寸（例如：用美規，還是歐

規）。技術專家接著評估廠商的供貨能力、提議增加門禁刷卡系統以及提醒鋁門價格的波動範圍。最後，任務小組再整合共同規格與特殊需求，提交電子競標的執行。

一位採購部經理特別提醒：「沒有跨部門合作，我們一定會遺漏某些採購細節。只有當你了解自己真正要什麼，不要什麼，供應商才會知道該給你什麼，不該給你什麼。電子競標的成敗都在這些細節中。」

對賣方而言，新科的需求規劃作業也給了他們信心。一位供應商便指出：「我們和新科做生意很少因為規格吵架。他們的採購規格做的比我們還細，連當地政府法規、價格波動、淡旺季都調查的一清二楚。很多買家常常隨便開了個規格，然後等電子競標完成後，才又要求改規格。可是，改了規格，價格就不會再一樣。那麼競標不就沒意義了嗎？」

新科的第二個省錢之道便是：精準，所以少後悔。新科採購的商品，不僅僅是零件，更涉及整體製程與系統相容性問題。若採購部門粗心，買到規格不對的零件，就會影響到供應鏈的運作。對商品一知半解，訂出似是而非的採購規格，最後引發買賣雙方衝突，增加重置成本，這是缺乏領域知識的代價。新科看來好像花太多時間在定義需求，但這也是新科的省錢智慧：不厭其繁、以後才不用煩。

作為三：看到，所以不必用到

光有明確的採購規格還不夠，如果公司不知道過去的經費運用

狀況，就貿然進行電子競標，科技還是會用之不當。結果，該省的省不到，能省的又沒省到。新科提出的第三個問題是：「若改變支出方式，是否可以不用電子競標？」

運用電子競標前，新科會先分析「支出能見度」（spend visibility），評估現行支出狀況，了解節流的可能性。採購部門會先清理支出資料，彙整目錄、品項與統一採購代碼，讓採購項目一清二楚。接著，採購部門清理供應商資料，將重複與錯誤供應商名稱刪除，找出不合理花費，並據此進行四種談判策略。

第一，避免高附加價值服務（premium service）來爭取議價空間。例如，原來供應商每次運送十個關鍵零組件必須於一天內送達，但新科必須負擔四十三萬新幣。若新科可以換成正常運籌作業，於一週內到貨即可，那麼總支出就只要二十萬新幣。

第二，新科可以強制履行合約（contract compliance）。通常各事業部門在採購時都會找熟悉廠商，而忽略該貨品早已由集團商議好價格。因此常發生兩種問題：事業部門找的廠商不在簽約廠商名單中，所以買貴了；事業部門向簽約廠商採購，卻未依照優惠價格採購，還是買貴了。這種狀況下，採購部門會提醒各事業單位只與簽約廠商採購，並要求供應商依合約規定之優惠價格進貨。例如，新科發現某一部門向二十五家供應商採購印刷電路板，其中十家均為非簽約廠商。重整供應商後，該事業部門只向十五家廠商採購，每年馬上省下約二十四萬新幣。

第三，優化供應商（supplier optimization）以降低採購成本。例如，新科有六個工廠原本向四十七家供應商採購墊圈，經過優化之

後，將供應商數目縮為十家，讓能力較好的廠商勝出，也藉此讓每家供應商收到更多訂單，因此有更多議價空間。如此，每年可以省下十五萬新幣。

第四，落實一致價格（price conformance）。新科部門之間常存在資訊落差。採購部門原先談定的價格，常常未能落實到各事業部，造成不必要的支出。例如，新科發現旗下事業部門以市場價格向一家當地供應商買鋼管；但這家供應商的集團母公司已經與新科採購部門早先簽訂了優惠價合約，只是該事業部主管並不知情，這是因為供應商的公司名稱與母公司不同。經過落實一致價格後，該事業部省下十二萬新幣。

一位採購部經理認為，這些議價策略都是重要的先導工作，必須在舉行電子競標前就先做好。他談到：「很多公司往往一頭熱，急著去用電子競標，以為電子競標辦得愈多，就可以節省愈多錢，但其實不然。還沒舉行電子競標前，如果能先知道自己支出的盲點，那麼不用電子競標也可以省下很多錢。重點是要知道自己花了多少？花在哪裡？」

分析支出能見度的做法中隱含著新科的第三個省錢之道：看到，所以不必用到。新科尋購前會將採購支出透明化。如此，新科能追蹤每筆支出，了解什麼錢該省，什麼時候可以省。新科藉支出透明度找出浪費點，如此不需使用電子競標也能發揮節流效果。

作為四：以老避險，以新制舊

在正式舉行電子競標時，新科會問：「如何降低使用電子競標

後所帶來的供應風險？」多數電子競標案會流標的原因是因為供應商，或是「老戰友」（incumbent suppliers）的抵制。電子競標對老戰友帶來威脅，也會大幅削弱他們的利潤空間。新科的因應做法是採用優惠配額策略（favorable lot strategy）。

電子競標導入初期，新科必定先為原有供應商預留保障訂單。例如，一件航空零件競標案中，新科會先預留50%訂單配額給法國的供應商，只要求該廠商按合理範圍降價。另外一半的訂單則是讓此「老戰友」與來自中國、印度與臺灣等新興國家的「新戰友」一起競標。結果，法國老戰友慘敗，來自臺灣的新供應商得標。法國供應商痛定思痛後，決心重整供應鏈，優化經營體質，後來反而贏得更多標案。在相同價格下，新科會讓老戰友優先得標。

採購長吳木源點出：「有時候我們會用1/3對2/3的策略，把更多訂單給老戰友與新供應商去競爭。新供應商要是出了問題，交不了貨，你還可以馬上回頭找老戰友幫忙。要知道，訂單在人情在，千萬別把事情做絕了。否則風險一來，你會毫無招架能力。老戰友也會以為你有了新人忘舊人。這樣只會打壞自己的名聲。」

優惠配額策略背後也隱含新科的省錢之道：以老避險，以新制舊。新科的優惠配額策略意圖在以分配資源來分散風險。透過採購配額，新科一則可以維繫長期往來供應商的關係，二則可以降低履約風險。配額策略不但帶動新供應商之間的競爭，也促使舊供應商克服慣性。此外，新科又可以借助老戰友建立一道安全閥門，預留退路，也規避風險。更深一層，新科的優惠配額策略是為了維持新舊供應商間勢均力敵的態勢，並刺激供應鏈總動員。

作為五:有紀律,便可少憂慮

電子競標正式展開後,新科關心的問題是:「如何確保公平的電子競標機制?」市集營運的成敗決定於交易機制是否完善,而交易的基礎是信任。買方若無誠信,拿了貨不付錢,賣方(供應商)便失去參與交易的動機。若賣方存詐欺之心,拿到錢後不給貨,或者交貨品質出問題,那買方也會退出市集,另闢貨源。市集營運者若不能扮演好中立的第三方角色,讓買賣雙方在透明公正的平臺上交易,市集亦很難活絡起來。

新科是如何建立與供應商之間的信任呢?首次參與電子競標時,供應商必須參加先導講習,並遵守電子交易的「行為準則」(code of conduct)。新科之所以稱它為「行為準則」而非「行動規範」,是因為這些要求必須是自我約束,難以用法規來限制。若不遵守這些準則,新科輕則施以暫緩投標處分,例如一段時間不邀請違規的供應商;重則將違紀供應商列入拒絕往來名單,並公告集團各子公司。

為建立信任,新科的採購部門(扮演市集營運者)嚴格執行五項競標守則:杜絕場外交易;依能力競價;恪遵採購規格;遵守線上投標價格;遵守最低價訂約原則。買方不可有偏頗之心,要讓最低價廠商有機會取得合約。另一方面,供應商亦需了解,雖原則上是由低價取標,但仍可能有例外管理,例如買方發現供應商的品質不符、供貨時間過長等因素,便可能與價格次低者締約。

這五項市場守則也隱含了新科的省錢之道。自由不是散漫,自由的市場必須建立在嚴格紀律的基礎上。賣方不可將電子競標當成

賭場，逞匹夫之勇而遞出不合理的價格後，再回頭後悔。新科與供應商約法三章，也規範內部買方（事業部）遵守市場交易紀律，以取得供應商信任。一位供應商便指出：「有些買家在電子競標後，還會再回過頭去跟標供應商議價。這種做法就會讓電子競標失去公信力。按理說，電子競標結束後，買賣雙方只能就合約條款討論細節。」

　　新科建立的五項守則是奠定於「無信不立」的原則，可以用「四格」來歸納。買賣雙方要確實遵守線上交易的「價格」與「規格」；買方要不受誘惑，杜絕場外交易，才會有「品格」；如果因意外而買賣不成，仁義也應猶在，雙方應該要有「風格」地處理交易糾紛。以這「四格」來設計電子市集營運方式，市集才能健全運行，這是新科的先見之明。

作為六：有效率，市集就有活力

　　交易有效率，讓賣方能興奮地參與，市集運作才會活絡。因此，在電子競標舉行中，新科關心的是：「如何讓供應商能積極地參與市集交易？」要讓運作效率良好，市集營運者必須分輕重緩急來分配資源。新科認為有高度運作效率，賣方才會積極參與，市集也才會活絡。

　　在新科，電子尋購案分為兩類。第一類採購案通常是策略性大型工程，以專案管理方式（project-based item）進行；這類採購的金額需大於五十萬美元（約一億五千萬元新臺幣），例如捷運工程、國家型交通號誌系統以及智慧型建築系統等標案，又稱為高價標案

（High Value Actions）。這種系統型標案不適用優惠配額策略，因為所採購的零件是與工程系統配套，很難切割。

第二類電子競標處理標準化貨品，採購金額在五十萬美元以下，新科又稱為低價標案（Low Value Actions）。這種標案通常邀請市場上熟悉的供應商參與，採用標準化標書，只要將標案參數配合當年市場行情修訂即可。例如，筆記型電腦規格非常標準化，市場上的供應商也就只有幾家大廠，如惠普、東芝、戴爾、IBM等。這類採購案就很適合用套裝式的電子競標。這類低額標案只要由成立任務小組，一週內即可完成。

但是，有些「低價標案」對一般中小型公司來說，就幾乎是一年的營業額。新科為避免供應商消化不了訂單，也會將這些「低價標案」再細分幾個更小的配額，在每一配額中安排不同組廠商競標。

一位採購部經理解釋：「有利可圖的市集才會熱絡！我們劃分配額時有兩個考量：第一，標額一定要夠大，廠商為了大餅競標時才會使出渾身解數；第二，我們每個標案都會邀請一、兩家市場上較沒聽過的新廠商，這些『黑馬』會刺激原本穩坐江山的廠商，逼他們使出壓箱寶。」

新科還想出一套讓市集「亢奮」的好點子：讓供應商立刻擁抱勝利。許多企業舉辦完電子競標後，簽約作業往往會一拖再拖，更有公司拖欠一久就忘了，使廠商氣餒不已。對於低額採購案，新科規定採購部門必須在四十八小時內，以書面通知得標廠商，隨之立刻簽約。至於高額採購案，新科規定在一到三週內要通知廠商締約。由於新科簽約爽快、付款準時，所以只要一有標案，廠商都會

爭先恐後參加。

　　一位臺灣的供應商主管就指出：「新科的採購案大，又能很快簽約，對我們來說可以降低供貨的不確定性，這樣我們就可以預先規劃生產以及出貨時程。」

　　新科之所以如此受歡迎，更是因為結案時的謹慎態度。標案結束後，新科除了立刻致函恭喜贏家外，也會詳實地把不採用其他賣家的原因以書面回覆，由採購長親自簽字，向供應商說明原委。這使沒得標的廠商不但不怨恨新科，反而感激新科讓他們知道未來的改善空間。

　　集團採購長吳木源微笑地說：「這樣你才能在市場上獲得好名聲。每次一有標案，各家供應商的老總就會馬上打電話到我辦公室。不管他們過去是贏家還是輸家，都是很興奮的。贏家是為了更多的訂單，輸家則是充滿求勝意志，再來拼一場。」

　　新科的另一個省錢之道是：以效率活絡市集。新科藉由區分高低價值標案以增加市集效率，並以即時締約提升動機。控制採購份額大小會影響作業「時效」；大的標案必須經過內部較多的審核程序，會需要較「慎重」的確認。時效與慎重讓供應商有信心。迅速處理「成敗」也是一種心理戰。競標後馬上通知贏者簽約，並立刻讓輸者了解未能得標的原因，這會讓勝負雙方減少猜忌，也同時會建立供應商的信心。「贏了馬上知道，知道後馬上簽約」，這是一個很簡單的遊戲規則。遊戲規則簡單就會使供應商產生熟悉感，熟悉感則容易醞釀出信任。無論得標與否，供應商也不會有無謂的揣測。如此，供應商投標時會更盡力，市集也隨之有活力。

作為七：續航力檢查

競標完成後，新科還問了最後一個問題：「供應商是否還保持在最佳狀況？」一般公司在舉行競標案後通常只會驗收貨品，然後就結案。新科採購部還會與品管部門協同評估供應商的運籌能力、退貨率與服務水準。運籌能力是依供應商送貨準時率來評分。

新科將遲交或提早交貨的供應商分五個等級（100、80、50、30、0），分別給分。新科很重視交貨時效，因為會影響到生產進度，衝擊到供應鏈運作。新科採購部門設有品質驗證組，計算每單位的配額退貨率（lot rejection）。交貨品質若超過容忍範圍或者不穩定，供應商都將會被列入觀察名單中。新科品質驗證組主管說明：「我們除了依交貨時間進行評估外，每一季至少都會親自走訪主要供應商，實地訪查工廠；除了解出貨狀況外，還要打探市場最新動態與新產品的口碑。」

新科也根據籌備標書的反應時間、回覆確認時間、推薦替代供應商與及時供貨彈性四項標準來檢驗供應商的服務水準。一位新科採購部門主管解釋：「市集要運作的好，我們需要好手。但要找出真正的好手，一定要很仔細地評估，而且要常常評估。供貨時效、供貨品質、反應能力都很重要。今天很強的供應商，明天不一定還會這麼強，說不定還會成為你的風險。所以我們會定期到供應商那裡查核，也會不定期臨檢，看看供應商體質是否還保持健康狀態，並且藉這個機會掌握當地法規的最新動態。」

現在健康的供應商，明天不見得不會生病。電子競標要持續有效運行，新科必須留住狀況最佳的供應商。評估交貨時間是為了解

供應商的運籌能力；評估退貨率看的是供應商的品管能力；評估供貨彈性與售後服務水準看的是供應商的支援能力。供應商的能力不一定會與時俱進。透過持續性的「體檢」，新科可以追蹤供應商的能力，也避免供貨期間可能出現的疏失。

創新啟示

電子競標為新科帶來嶄新的採購模式，也為新科達成策略採購目標。例如，2001 年至 2007 年，新科四個事業部共同舉辦三百三十二件電子競標案，總值約三億六千萬新幣，平均總共省下四千二百多萬新幣，約節流 18%（由 15% 到 53% 之節省比率不等，故以高價標案計算，平均節流應該是 30% 以上）。相較之下，傳統採購做法平均只能省 5%，採購效率又不彰。

新科的案例可以給我們三項創新啟示。

第一，每一種科技創新，像是資訊系統，都隱含某種組織作為。這種組織作為決定科技功能，規範使用者的工作方式。了解科技中的組織作為，就能理解科技背後的知識體系。導入科技卻沒有轉移背後的知識體系，科技的效用將會受限。以本案例來看，企業要向新科學的是這七項組織作為。

其一，新科以首選政策來過濾八成以上的採購案。更深一層，我們看到採購部門的轉型，不再只是執行庶務，而是變成了尋購顧問。採購人員由「買東西」變成「經營市集」（market-making）。其二，新科發展一套尋購知識體系，採購人員要配合不同貨品與地域

相關法令，明確定義出採購需求。相對地，大多數企業定需求時常常是「差不多」就好，因而惹來不必要的交易糾紛。其三，新科會先「清理門戶」，分析支出能見度，找出不必要的浪費。支出能見度變高，新科也就不需霧裡看花，而能準確地挑出最有節流潛力的採購案。其四，新科以優惠配額方法對「老戰友」實施懷柔策略，又技巧性地逼迫他們降價。利用「優惠配額」維繫新舊供應商的微妙關係，而不是莽撞地將老戰友都得罪了。屆時，反而要花更多時間去收拾殘局。其五，新科致力於建立市集信任機制，嚴守交易準則。不像多數企業為了占小便宜，出爾反爾，進行場外交易。其六，新科分高低額採購，讓複雜的採購案客製化，簡單的採購案標準化，大大提高競標效率。標案辦的有效率，付款又爽快，交易就熱絡。最後，新科不斷確保供應商的運籌能力、反應時間與服務水準都維持在最佳狀態。監控供應商的體質，新科便能確保供應鏈有效運作。

第二，競標系統背後是一套市集管理脈絡。每一項作為牽涉到買方與賣方的交易原則：善用科技槓桿效益、精算採購規格、強化支出能見度、優惠配額策略、守護競標規則、以效率激發市集活力、監管供貨能力。這套脈絡才是新科運用電子競標系統的省錢之道（表9-1）。科技，只是支援這些創新作為的工具。

第三，企業要轉移的創新不是系統功能，而是內含的組織作為。知道何處有所為，何處有所不為，創新轉移才會成功。

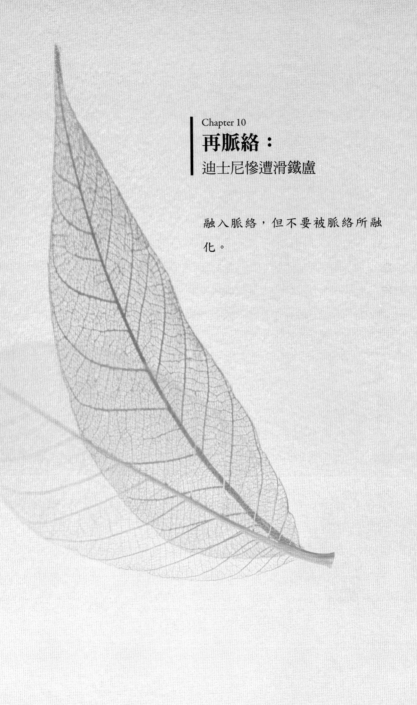

Chapter 10

再脈絡：
迪士尼慘遭滑鐵盧

融入脈絡，但不要被脈絡所融化。

觀念：再脈絡

本章要介紹「再脈絡」（recontextualization）的觀念。一項創新的形成通常開始於一家公司發展出一套技術、一項產品或是一個商業模式，在市場上取得成功優勢。其他競爭者為了跟上創新者，便見賢思齊，仿效他們的做法。所以，這套做法必須先被「去脈絡化」（decontextualization）[1]，也就跳出公司具體的做法，變成一套原則、公式、流程以便容易傳播，像是在1993年至1997年廣受歡迎的企業流程改造（Business Process Reengineering）。這套企業流程改造模式是由麻省理工學院教授麥克·翰莫（Michael Hammer）發展出來的，他分析許多家公司的改革成功祕訣，整理出一套企業改造的做法，讓許多大企業紛紛競相導入[2]。

但是，要將這套創新引進企業，必須經過再脈絡化，也就是將一套創新模式配合公司的現實狀況套進去。這不只是修改企業內部來配合模式，也設法修訂模式不合理的地方，找出企業原有的優勢去調整模式。這個轉移過程就像電器由英國來到臺灣，需要一個「變電」的過程，把220伏特轉換為110伏特的電力輸出。雖然「變電」看似簡單，背後卻是一國電力基礎設施的相容性問題。

我因緣際會認識在法國INSEAD任教的洋子·布蓮恩（Mary Yoko Brannen）教授。她是「再脈絡化」專家，在美國、法國教學，是日法混血，旅居美國。她因緣際會認識迪士尼的

主管，於是展開一場華麗的研究旅程。她分析為何在東京導入迪士尼樂園時（看似文化差異大）本應該困難重重的，卻大獲全勝；而引進巴黎時（看似文化很相近）本應該一氣呵成的，卻反而諸事不順[3]。

布蓮恩認為，要了解迪士尼樂園在日本的成功與巴黎的失敗，就必須先理解創新再脈絡過程。分析的主角有兩位，一個是創新的傳遞者，另外一個是創新的接受者。創新轉移過程就像不同國家的人在溝通一樣，因為語言不通以及價值觀不容，常常會導致雞同鴨講的窘境。溝通過程中，雙方必須要處理語言的意義、符號的印象、文化物件的意義、工作實務、意識型態等。傳遞者必須要試著了解接受者的在地做法，不能將創新硬套進去；而接受者則是要徹底了解傳遞者的創新內涵，結合自身優勢，將創新融會貫通，逐步引進組織內。傳遞者要有雅量接受自身的創新對在地不一定是最好；接受者也要謙虛地體會到，透過外來創新，自己原本的做法還是有改善的空間。

溝通關鍵是，雙方各要「聽懂」對方創新中內隱的文化脈絡。如何才能聽懂「文化」？迪士尼的經驗提供一個最佳的案例。接下來，我們就從再脈絡的角度來探討迪士尼在日本與法國的轉移挑戰，探索迪士尼在日本為何能大獲全勝，而在法國為何又慘遭滑鐵盧。

迪士尼樂園：東京與巴黎

　　迪士尼的第一個主題園區是於1955年建立在美國加州的亞納翰（Anaheim），占地160英畝。1971年迪士尼在佛羅里達的奧蘭多（Orlando）建立了第二座園區，略小於第一座園區，約107英畝[4]。除了主題公園此外，園區中還有各式的雲霄飛車、嘉年華遊行、展覽以及遊船等活動。迪士尼樂園所提供的不僅是遊樂園區、餐廳、旅館、紀念品店，更提供了一個幻想的世界，許多遊客到了園區一住就是好幾天。在園區中，最受歡迎的遊樂設施往往要等一、兩小時。許多美國家長從小就熟悉迪士尼卡通人物，會帶著小孩子一同到園區來重溫兒時記憶[5]。

　　至2007年，亞納翰園區的造訪到達一千四百九十萬人次，而奧蘭多園區則高達一千七百一十萬人次。同年營業額共十億六千萬美元，淨利一億七千萬美元。蓋遊樂園區看起來真是個好生意，難怪迪士尼在1983年4月在東京找到合資公司，蓋起第一座海外的主題園區。東京迪士尼占地114英畝，比第一座園區小，比第二座園區略大一點，約多了四個足球場的空間。接著，1992年4月迪士尼又在巴黎蓋了一座歐洲迪士尼（後來更名為巴黎迪士尼），占地138英畝，又比東京園區大（因為加上了迪士尼影城）。

　　那東京與巴黎園區表現如何？東京在2007年來客達到二千五百八十萬人次（大於美國園區1.5倍），同年巴黎估計則為九百萬人次。法國迪士尼的經營更是一路坎坷，在1994年面臨破產危機，在2001年才有點小獲利。在2002年到2003年，雖然加了一

個迪士尼影城，可是票房並沒有好轉。到2004年12月，巴黎迪士尼二度宣告破產，一直到2008年損失達到約五千九百三十萬美元。還好，2010年官方統計數字訪客人數回到一千五百萬人次，2012年則達到一千六百萬人次。

　　轉移一項創新到異國是要付出代價的，其中包括具體交通運輸、跨組織協調、時間的掌控以及人生地不熟的成本。如果在相對開放的國家，進入異國也是一項機會，例如將創新帶進文化相近的國家（例如美國與英國，或法國與加拿大），按理說成功的機會應該是很高的。某種程度上，美國與法國應該可以算是鄉親，例如美國的自由女神像便是從法國帶進去的，睡美人故事中那座城堡也是法國的，更何況迪士尼卡通漫畫在法國的銷量也是相當的高。在迪士尼主題公園成立之前，米老鼠、唐老鴨、高飛狗、白雪公主、美人魚、灰姑娘等的角色都是全球觀眾耳熟能詳的。

　　既然文化相近，為什麼當美國創新移到法國後卻格格不入[6]？為什麼迪士尼主題園區在法國受到排斥，卻在日本大受歡迎呢？我們可以從五個不同的面向來看迪士尼主題園區所傳達的文化意涵：米奇伉儷、西部牛仔、紀念品、服務管理、園區設計（見表10-1）。

▌米老鼠伉儷

　　大部分15歲以下的日本年輕人都在電視上看過米老鼠影集，連電視主題曲改編成日文版的。米老鼠在日本幾乎被同化為日本可愛教主行列，與Hello Kitty、皮卡丘（神奇寶貝）、Kero Kerroppi、Kiroro軍曹等並列於可愛神廟之中。這些可愛吉祥物在日本大受歡

表 10-1：迪士尼的再脈絡：一成一敗

元素	美國的原地脈絡	東京的再脈絡	巴黎的再脈絡
建置時間	加州 1955 年 佛羅里達 1971 年開幕	東京 1983 年開幕	巴黎 1992 年開幕，1994 年破產一次，2004 年又破產一次
園區面積	加州：160 英畝 佛羅里達：107 英畝	114 英畝	138 英畝
來客數 （2007 年）	加州：一千四百九十萬人次 佛羅里達：一千七百一十萬人次	二千五百八十萬人次	一千二百萬人次
米老鼠伉儷	典型的好男孩、好女孩	與 Hello Kitty 一樣可愛天真的卡通人物	聰明狡詐的偵探
西部牛仔	拓荒精神	團隊合作，一起唱歌	迷糊牛仔，接受度高
紀念品	伴手禮	伴手禮、土產（需印東京迪士尼字樣）	浪費錢、消費主義的負面印象
服務品質	遵守紀律、以客為尊	服務紀律被發揚光大、以客為尊	訓練鬆散、認為公司法規侵犯個人自由
園區設計	童話美好世界、園區不可外食	表演日文發音、推出遊園券、遇見世界動畫、跨年晚會、遊客野餐區等	白雪公主講德文、睡美人講法文、小木偶講義大利文、不可喝酒
對迪士尼的觀感	將童話、魔術世界變為真實，連結歐洲的文化底蘊	東京的異國旅遊勝地，是乾淨舒適的主題樂園	童話被商業化、文化入侵，不健康的消費主義傾銷到法國

迎，你可以在各式園遊會、傳統祭典上看到商家兜售米老鼠面具、米老鼠紅豆餅、米老鼠冰淇淋、米老鼠塌塌米。在日本，米奇跟米妮被認為是最佳伉儷，是日本文化中希望傳播的一種正面形象。對日本人來說，這類吉祥物所帶來的印象是無憂無慮的童真，是安全信賴的感覺，更是幸福的滋味。米奇跟米妮很能融入日本的文化脈絡。

在法國，米奇的形象卻截然不同，多數小孩對於米老鼠的印象是來自米奇日記，是偵探系列漫畫。米奇是一個聰明但狡猾的角色，但不是可愛型的。對許多法國人來說，米奇的造型變簡單、乾淨，反而一點都不有趣。米妮的造型則是紅磨坊的女歌手，穿著亮片的華麗服裝與吊襪，反而比米奇更加具有知名度。之後，迪士尼頻道傳入法國，也許會改變法國人對米老鼠的印象。但是，當時米老鼠一點也不「可愛」。

▎西部牛仔

除了米老鼠，美國牛仔是迪士尼樂園另外一個特色。美國牛仔代表的是美國的拓荒精神。在日本常常可見美國西部影集，像是《神鞭牛仔》（Rawhide，是克林伊斯威特成名作），或是《牧野英豪》（Bonanza）、《血戰蛇江》（The Man from Laramie）。對日本男人來說，牛仔所代表的意義是對自我工作的驕傲，每個人其實都像牛仔一樣，必須要到「西部」去拓展屬於自己的一片荒野。另外，牛仔代表一種團隊合作的精神，就像他們晚上會聚集在營火旁邊，一起唱歌，相互撫慰受挫的心靈，共同面對問題，思考解決之道。這種

團隊合作的形象很符合日本職場文化。日本人常常會把牛仔圍繞在營火旁共同歌唱，比喻為現代的KTV，日本上班族常在下班後去高歌一曲，紓解一天來的壓力。

牛仔在法國也是受歡迎的角色。但是，在法國大家所熟悉的是連載漫畫中的《好運路克》（Lucky Luke）。路克是一個瘦巴巴的牛仔，有點糊塗，也常不聽長官的話，在逮捕壞人時更是狀況百出。結局通常是那隻聰明的馬救了他。比起迪士尼的其他角色，法國人對於牛仔的接受程度是比較高的。由此也可以看出，法國人（甚至歐洲人）對英雄這樣的角色，有不同的定義與喜好。

▋ 紀念品

對美國人來說，去一個地方玩是必買點紀念品的。除了可以當作伴手禮之外，還可以與親友分享在迪士尼的歡樂時光。在美國迪士尼主題樂園，遊客可以在主要街道上購買到各式的商品。這點很符合日本的送禮文化。在日本，提伴手禮回去是一種盛行的禮節。不過，日本人希望將購物區集中，而且在商品上印有「東京迪士尼」的字樣，有點類似購買土產的概念。

東京迪士尼也注意到，有許多遊客可能只想到樂園走一走，不需要去玩遊樂設施。所以，東京迪士尼特別開放一種遊園券，讓遊客可以只在園區裡逛。園區還有特別設置的公園，可以讓遊客全家人一起用餐，共享媽媽準備的餐盒。外食，在美國迪士尼是不允許的，但東京迪士尼允許。其實，這些只是來觀光的遊客反而是紀念品的主力客戶，為東京迪士尼帶來不少營收。

　　法國人就比較沒有伴手禮的文化，所以購買紀念品也就不那麼受歡迎。在巴黎迪士尼幾乎是全球紀念品銷售金額最低的園區。法國父母親都覺得這些紀念品又笨重，而且又浪費錢，不但不環保，而且還是法國人所反對的消費主義。

服務管理

　　美國迪士尼樂園被稱為「快樂工廠」，員工要參加為期四十天的迪士尼大學訓練課程，以確保提供無瑕疵的服務。這些微笑服務是希望遊客在迪士尼樂園中能夠享受夢幻的氣氛，讓虛幻變成真實，使遊客暫時忘卻生活與工作上的煩惱。也因此，迪士尼樂園對服務管理有一套嚴謹的規範，以提供乾淨、安全、有次序的遊樂環境，以及親切友善的服務。

　　在東京迪士尼樂園，接受這些規範對日本員工完全沒有任何困難。其實，日本的服務某些程度上早就超過歐美的標準。永遠保持笑容、親切的接待、整齊的制服、無微不至的流程，這些早已成為日本的服務文化。像是東京計程車司機就會穿著制服，帶着白手套開車，車內也會打掃得一塵不染。到餐廳，服務生也會主動奉茶，冬天提供熱茶，夏天就提供涼茶。在百貨公司買禮物，店員會自動將禮物包裝的盡善盡美。這些無微不至的服務在日本早就融入各行各業，所以當美國派人來東京迪士尼展開訓練，員工不但沒有任何抗拒，還將公司的服務精神發揮到極致，變成全球迪士尼樂園的典範。

　　迪士尼的服務規則在巴黎卻很難推動。法國員工重視個人自

由，也不太願意受到約束，服務更無法做到像美國要求的程度。迪士尼的人事政策中，對員工的穿著、髮型、指甲都有嚴格的規定。這些規定對法國員工而言覺得是侵犯個人自由。在法國，服務生有時候還會建議客戶不要點某些餐點，這樣指正客戶的點餐選擇在日本是不禮貌的，可是法國員工卻覺得這是專業。

媒體上不斷出現嘲諷巴黎迪士尼服務的報導。一位英國記者便表示，在巴黎迪士尼樂園的服務人員只會一直用法文說：「Bonjour（你好）！」但一問到有關園區的資訊，他們卻無言以對，顯現訓練不到位。媒體訪問一位美國遊客玩過巴黎迪士尼後有何感想。她表示有一種非常複雜的感覺，不知道自己是到一個美國的主題樂園，還是在法國的主題樂園。巴黎迪士尼樂園讓美國遊客有一種「四不像」的感覺。另一位是英國遊客，在廣告業當主管，也表示：「如果有人問我，我有沒有到過法國，我會傾向於說，沒去過。」

一開幕，巴黎迪士尼園區不准賣酒，就受到許多歐洲旅客的抱怨，一直到1993年才開放。美國人自稱是歐洲鄉親，竟然連他們晚餐必然配酒的習俗都不知。當時，園區食物除美式漢堡外，也只有法國香腸。這讓英國、德國、義大利的旅客感覺到沮喪。英國人要Fish-and-Chip（炸魚配薯條）。德國人會說：「你那算什麼香腸啊，要賣就賣德國香腸！」義大利人會說：「我要義大利麵，要加青醬那種。」

巴黎迪士尼還發生數起法律訴訟案件，形成媒體負面報導。1995年1月，巴黎迪士尼被控告違反法國勞基法，原因是強迫將美國服裝規定施加於法國員工身上。

　　巴黎迪士尼的法國員工為何生氣？美方規定女性員工必須要穿著合適的服裝，像是透明的絲襪，上面不可有其他顏色或者是設計，裙子必須要高於膝蓋四公分，指甲不可以比指尖長，以及頭髮不可以染色。男性員工規定鬍子必須刮乾淨，必須要留短髮，不可以穿耳洞。還有，員工被「建議」要每天洗澡，讓自己容光煥發。洗澡對日本人大概沒有問題，日本人喜好泡湯的程度與臺灣人不相上下。但是，要法國人每天洗澡，這我就不太清楚了。我記得在英國時，我的法國室友有時兩三天內才會洗一次澡。迪士尼認為，要呈現完美的美國形象，所有員工都必須要扮演好健康快樂的角色，服裝儀容自然成為要求重點。

　　法國員工比較隨興的工作態度也使園區內無法達成規定的整潔標準，像是洗手間常沒打掃乾淨，門壞掉很久沒人修，垃圾滿地沒人撿，雖然清潔工就在附近。巴黎迪士尼員工不時會遲到，對客戶也沒有經常保持微笑，還不時與客戶發生口角。雪上加霜的是在2010年5月6日，巴黎迪士尼一位主廚自殺，他留下的遺言是（據他岳父對媒體說）：「我不要再為米奇工作了！」報導說，他是因為受到最近的裁員壓力以及公司要他將新鮮食材改用冷凍食材，使得他精神上無法承受。迪士尼則否認有此一說。

▍園區設計

　　美國迪士尼的經營宗旨是希望「打造地球上最快樂的地方」，所以童話故事到了迪士尼都會「快樂」地轉型。例如，在丹麥原版故事中，美人魚必須面對一項兩難抉擇：自殺或是殺掉她心愛的王

子的。但是，到了迪士尼的版本，美人魚最後跟王子有情人終成眷屬。

日本人對這樣的安排沒有任何意見，還把這樣的再脈絡化推到另一個象限。東京迪士尼不禁服務人員用日文招呼遊客，還把原來的故事做局部改變。在表演中，不僅使用日文演出，而且聰明的角色用東京日語發音，比較憨厚的角色會用南方日語口音來做區隔。所有的反派角色也是用日文發音，用外國人的音調來講日文。

其他部分園區就完全依照美國的設計，目的是讓日本人進到園區後感覺好像到國外度假，充滿異國風情。但當美國總部建議來做忍者村或是桃太郎主題樂園的時候，日本經營方斷然拒絕。雖然拒絕做桃太郎，但日本卻將《遇見林肯先生》（Great Moments Mr. Lincoln）的展區改裝成《遇見世界》（Meet the World），以影片與動畫讓遊客回顧日本的歷史，用生動的方式讓觀眾理解日本如何由世界學習各項創新，並且邁向富強的日本。此外，東京迪士尼還安排跨年晚會。這與日本傳統過年有些不同，是許多東京年輕人喜歡的節慶活動。在1991年，跨年晚會吸引約十四萬人來參加。

法國人比日本人更了解迪士尼每一個故事的緣由，所以在設計上想盡量忠於原始的故事。因此，白雪公主就講著道地的德文，睡美人在法式城堡講著優雅的法文，說謊的小木偶當然就講著可愛的義大利文。不過這樣的再脈絡並不討喜，反而那些牛仔秀以及雲霄飛車、洛杉磯酒吧以及美式烤肉，最受歐洲遊客的歡迎。

從意識型態來看，美國當時成立迪士尼樂園是為了將他們的歐洲血緣夢幻化。在日本，引進迪士尼樂園是為了讓日本人體驗異

國風情。可是，法國人卻覺得迪士尼樂園只不過把經典的童話故事
庸俗化，像是個被遣返的政治犯。法國人也不喜歡進入園區只能吃
速食，還要坐被鐵釘固定住的長板凳。法國人可能感覺處處受到制
約，好像被美國人教訓該吃什麼，該如何生活。歐洲人不是很喜歡
這種自以為是態度。雖然法國與美國間有濃郁的鄉親關係，但這樣
的遊樂園卻讓法國人感到文化侵略。法國知識分子認為，迪士尼樂
園是在輸入一種文化帝國主義，進口一種病態的美國消費主義。

創新啟示

　　幸好後來巴黎迪士尼做了調整，使得業績漸漸地回轉。但這個
案例卻讓我們留下許多省思。文化是當地居民長久以來所形成的習
慣，所發展出來的行為模式及價值觀。這樣的文化價值觀會影響使
用者對一項創新的接受或者是排斥。在導入一項創新的時候，千萬
不可忽視文化脈絡的影響力。忽略美國與法國文化間的差異，使得
法國迪士尼在建置過程中遇到重重的困難。

　　東京迪士尼成功的關鍵，是因為有充分自主權，能發揮在地優
勢。相對地，美國團隊在經營巴黎迪士尼的時候，看似注意到在地
脈絡，卻失之毫釐、差之千里。法國與歐洲遊客並不關心白雪公主
講的是德文或英文，也不喜歡童話人物被「醜化」為大量生產的商
品，更不喜歡美國的速食。美國過度相信法國的歷史血緣關係，卻
忽略法國人對米老鼠投射的感情與美國人大為不同。

　　透過再脈絡的分析來看，美國迪士尼在經營巴黎迪士尼樂園時

犯了三大錯誤。

第一，你的解藥，可能是我的毒藥。接受方不一定對傳輸方文化象徵投射同樣的感情。法國人對米老鼠的美式「可愛」並不買帳。可愛，無法吸引法國遊客。如果美國人喜歡米老鼠，全世界的人應該都會喜歡米老鼠，這樣的文化自信放到創新時就會產生盲點。同理，若是在香港，年輕人對花車遊行不感興趣，但辦個萬聖節趴（Halloween Party），就可能會應景來參加。此外，中國旅客對米老鼠可能沒有多大情感，但他們的小孩絕對比較熟悉喜羊羊與灰太郎（按：《喜羊羊與灰太郎》是大陸很熱門的卡通影集）。

美國迪士尼在法國的敗局，是因為自己的文化盲點。很多企業總部在轉移一項政策到各國子公司時，也常常產生這種文化盲點而不自知[7]。

第二，過度傲慢，忽視在地制約。文化是人們的習慣做法。日本社會本來就井然有序，要導入一套法規，只要是合理的，可能很快就可以全面貫徹。日本人習慣整齊、紀律、合作，所以管理園區做得比美國好，一點都不用驚訝。

不過，法國人生性浪漫，不喜歡受法規的限制，光是導入一堆法規來管法國人是於事無補的。有沒有辦法把這一項弱點轉變為巴黎迪士尼的優點呢？例如，巴黎還有許多移民願意遵從法規工作，或許他們可以承擔執行面的工作。能否讓法國員工發揮他們的創意天分，融入各種表演之中？甚至，美國迪士尼總部若能心胸開放一點，與法國員工做好事前溝通，也許可以讓在例行節目之外，設計各種法國特色表演，讓園區注入更多的法國風情。此外，法國餐讓

人有浪漫的投射，歐洲人很家庭生活。有沒有可能搭配情人專用區與家庭享用區，推出高貴不貴的法國餐？能否讓歐洲人來規劃一系列園區活動，讓迪士尼變得更加知性，而不會讓歐洲人認為是膚淺的消費文化？

根據2010年的統計，來園區最多的國外遊客是英國（12%）、西班牙（9%）、比利時（6%）、荷蘭（6%）。這個數據點出兩個機會。其一，英國一向是巴黎迪士尼的大戶，如何設計更多針對英國人的行程？其二，以前德國、義大利、北歐四小國有很多遊客來巴黎迪士尼，但為何2009年以後就大量減少了？如果更加了解這些遊客來訪的「文化」動機，應該有助於設計更多貼近歐洲人脈絡的園區活動。

第三，文化有些可變，有些不可變。進行再脈絡化的過程中，要體驗到什麼是可以變的，什麼是不用（或不能）變的。在東京，日本人憧憬異國文化，這部分照搬進來，微調去展現異國風情，便可完成再脈絡化的工作。結合日本的服務專長，讓東京迪士尼的服務更上一層樓。日本人大多無法以英文來溝通，所以安排用不同口音的日文演出，節目可以大受歡迎。日本人將土產的觀念帶進了紀念品的販賣機中，結合逛園區門票，促進紀念品的銷售。如此只要做妥善的調整，便可以將迪士尼創新成功地再脈絡化。

至此，我不禁回想起1853年7月8日，美國佩理將軍帶領四艘冒著黑煙大船，由東京灣橫須賀進入日本，以武力威脅日本天皇開啟通商門戶。日本不但沒有武力反抗，反而是雙臂歡迎美國入關。那時，日本人積極學習佩理將軍所帶來的望遠鏡、電報機、蒸汽機火

車、大砲等科技。近一步，日本人向美國與歐洲轉移工業革命的創新成果，終於成為軍事與經濟強國。

迪士尼美國總部忽視歐洲的在地脈絡。讓白雪公主講德文，讓美人魚講法文，讓小木偶講義大利文，並不是一項貼切的再脈絡化。這反而讓歐洲人覺得童話人物受到美國的「政治迫害」。歐洲人到巴黎迪士尼想要看的就是美國，而不是被美國化的歐洲。法國知識分子也不喜歡被消費主義洗腦，被文化帝國主義統治。如果我們不能理解這樣的意識型態，就不容易進行有效的創新再脈絡。

總結來說，當一項創新轉移到另一個國家時，一定要理解雙方不同的文化脈絡。要善用再脈絡化的技巧，順著原地脈絡去調整創新的外型、功能與結構，並且融入使用者的價值體系，而不是莽撞地去「融化」對方的價值體系。這樣才能夠讓東京迪士尼的成功再現，而避免巴黎迪士尼的敗局。

Chapter 11

臺下十年功：

臺大無線奈米生醫跨領域團隊

臺上一分鐘完美的演出不是偶
然，是臺下那十年的苦功。

觀念：組織例規

倫敦有一齣紀念流行音樂明星麥可・傑克森（Michael Jackson）的音樂劇。這齣劇一演再演，深受歡迎。裡面蒐集他的經典音樂，更可以回顧他的太空漫步、反重力、Thriller 等經典舞步。每一種舞步都是原創，也不是一般人可以學會的。不禁令人思索，麥可到底是如何想出，又練成這些舞步，他的舞團又是受過怎樣的訓練，能展現如此精采的表演。

看了太陽劇團的表演後，對於雜耍與藝術竟然可如此完美結合，更是驚為天人，名符其實的頂尖劇團，已經超越馬戲團的概念。真應了「臺上一分鐘，臺下十年功」。要理解一個頂尖團隊如何能做出臺上一分鐘的精采表演，必須要理解組織例規（organizational routine）的觀念[1]。組織例規與我們所理解的常規不同，常規是指每天都會做的慣例，不一定具有深刻的意義。例如，有人每天習慣起來先運動再吃早餐，有人習慣邊聽音樂、邊唸書，有人習慣每天走同一條路上班。這是一般性例規，不具有特定的「意義」。組織例規也不是行政例規，像是學校申請程序、生產標準程序，或是政府公文收程序。這些事務性的工作，具有行政意義，但是缺乏策略性。

武師、廚師、工程師都必須靠不斷的修煉才能成為高手，晉身達人。要修煉好功夫，達人要持續地於實境中學習，發展出某種獨特的例規，超越一般人願意付出的努力而實踐。組織中，這樣的例規更要協調眾人的活動。「臺下十年功」的祕密，

就在找出這些可重複、有規律的團隊協作樣貌[2]。

本案例要探討如何形成頂尖研究團隊。一方面理解在組織層面如何形成一套例規；另一方面分析這套例規如何回應制約。得知這個案例是源自一個邂逅[3]。我當時只知道大家都說那是個「頂尖研究團隊」。後來，在團隊主持人李世光老師的支持中，展開田野調查，才發現另一片秀麗風景。

頂尖，是很多人、很多企業努力的目標。從小，長輩期盼我們成為頂尖人才；公司說要成為頂尖企業，學校要成為頂尖大學。好像，只要用喊的，而且喊很大聲；每個人、每個企業、每個大學就可以變「頂尖」。但是，大家似乎忘了，頂尖是要付出代價的。如果每所大學都能複製一套「頂尖」的做法，不就大家很快都能成為世界頂尖的機構嗎？當然不可能。轉移一項創新之前，必須知道這套組織例規的內涵，看組織例規如何發展出來。

這個科研團隊是如何進行臺下的十年功，才會有臺上一分鐘的科研成果呢？我們開始了解到三件事。第一，把很多聰明的人放在一起，不一定會產出頂尖研究。第二，每個成功研究者背後，都有一套刻意栽培模式，不易理解；而且就算理解也不一定能做到。第三，臺下十年功背後必須發展出一套精緻的組織例規，以淬煉出頂尖的行為。

我們先由三個教授（主持人）的研究生涯來看看成為「頂尖」科學家的過程，再了解他們如何組建這個研究團隊。最後，探索於種種制約下，這個頂尖團隊如何練出「臺下十年

功」。

🍃 立志成為頂尖團隊

我們先來看看無線奈米生醫團隊的驚人表現。2009年7月21
日,「無線奈米生醫團隊」舉辦「病毒崩」成果發表,被記者團團
圍住。這次,科學家比政治人物更受到大眾矚目。臺灣大學李世光
教授,是計畫總主持人,向記者說明手上的噴劑。「病毒崩」可以
對抗腸病毒、金黃色葡萄球菌以及最重要的H1N1流感病毒。這瓶
小小噴劑的技術轉移金額是新臺幣一千五百萬元,對製藥公司來說
只是一筆小金額,但比起臺灣大專院校的技轉金卻高出三十倍。

從2003年成立以來,無線奈米生醫團隊幾乎每兩個月就產出一
個專利,每個月就發表四篇優質國際學術論文。2003年的「抗煞一
號」(對抗SARS病毒之外用噴劑)與2009年的「病毒崩」更是這個
團隊的旗艦型成果。另外,治療下背痛的電刺激晶片、倒車雷達、
紙喇叭等創新成果,統統是這個團隊交出的成績單。

研發速度快、專利技轉金額高、論文發表影響力大、研究經
費充裕,是無線奈米生醫團隊的四大特色。在研發速度上,一般研
究型大學多重視純理論研究,大多是漸進式的技術改良,研究少有
「速度」可言。無線奈米生醫團隊卻一再以突破性創新凸顯這個實驗
室質量兼具的研發實力。

2003年所推出的「抗煞一號」便舉世震驚,從研發到技轉只

有短短二十一天。2009年的「病毒崩」更是超前國外科研機構完成研發成果產業化。在技轉金額上，國內大專院校每年平均只有五十萬到一百萬元的技轉金。無線奈米生醫團隊每年的技轉金額約三百萬元，有些單一研究案如「抗煞一號」的技轉金就突破千萬。在專利論文發表上，短短六年期間，無線奈米生醫團隊申請六十四個專利，發表三百篇以上的優質學術論文，讓國外一流大學也望塵莫及。2003年，第二位主角臺灣大學電子所呂學士教授的論文發表在「國際固態電子電路學術會議」，使他一夜成名。2005年，「抗煞一號」藥劑也成為國際頂尖期刊《細胞微生物》（ *Cellular Microbiology* ）的封面故事。

　　在臺灣，一般學者每年最多只能有兩個國科會（行政院國家科學委員會之簡稱，現改為科技部）研究案。但是，這個研發團隊每位計畫主持人每年都有五個以上的新增國科會或產學研究計畫。呂學士與第三位主角，臺灣大學電機工程系林啟萬教授還曾經在單一年度各新增十一個研究計畫。「重質又重量」的研發實力使這個團隊超凡出眾。

　　起初，這個頂尖團隊是由三個臺灣大學的科研實驗室所組成。這三個實驗室包括：林啟萬教授主持的「醫用微感測器系統實驗室」，呂學士教授主持的「射頻積體電路實驗室」，以及李世光教授所主持的「無線奈米機電實驗室」。這三個實驗室是「無線奈米生醫團隊」成軍的主體。許多人揣測，這個團隊之所以如此頂尖，是因為這三位教授都是留美優異學者，研究人員都是臺灣大學的高材生。然而，難道有優秀的科研人員就可以「自然地」產出頂尖研究

嗎？

　　令更多人好奇的是，為何這些教授在限制頗多的臺灣科研環境下，仍能做出媲美國外實驗室的研發成果？這些實驗室有哪些特殊的運作機制，來栽培優異的科研人員？怎麼讓研究計畫運行順暢，又讓複雜的研究持續不墜？頂尖團隊究竟是如何打造而成的？這些問題被許多人問起，連李世光教授與團隊核心成員自己也想知道答案。不過，要探索這些問題前，我們得先追溯這三位教授的留學生涯。

康乃爾次微米實驗室

　　「那是一個量產諾貝爾獎的創意工廠！」這是呂學士對美國康乃爾大學的第一印象。1985年9月，剛由臺灣大學電機研究所碩士畢業，呂學士滿懷壯志，也來到康乃爾大學。座落於紐約州中部小鎮愛沙卡（Ithaca），康乃爾大學和這個風光明媚的小鎮連為一體，四萬多名居民中有一半是大學的師生或員工。

　　不過，在康乃爾大學的「次微米實驗室」裡做研究，可就一點都浪漫不起來。伊斯曼教授（L. F. Eastman）是美國的WASP（White Anglo-Saxon Protestant，意指白人、盎格魯薩克遜的新教徒，是美國社會的貴族）。在他主持的次微米實驗室裡，有白人、華人、印度人與越南人，會自然形成分組對抗賽，不眠不休地挑戰「摩爾定律」，要讓電晶體變得更小更快。

　　剛開始，呂學士總以為把變數釐清，逐一進行實驗，就能找到

電晶體變小變快的方法。但是，他卻觀察到研究人員不常踏入無塵
室做實驗，卻花很多時間在思考電晶體的基本理論，學習如何「詮
釋」研究問題。例如，一個影響電路放大倍率的問題，可能的變因
有數十個。如何抽絲剝繭，快速找到關鍵原因，則需要純熟掌握電
路基礎理論。呂學士恍然大悟，原來到國外求學並不是追求最新的
科學知識，而是在學習如何詮釋基礎理論，探索問題癥結。

　　在這個研究室裡，只有幾位核心博士生可以與伊斯曼教授面
對面討論，一般碩士生不容易見到他。在次微米實驗室，伊斯曼教
授設有專屬的無塵室，可以隨時拿著設計圖去壓片製作，不用與其
他研究室學生一樣，要排隊等著公用無塵室。在日常運作中，有行
政人員負責設備採購與報帳事宜，研究人員不需要額外負擔行政工
作。伊斯曼教授希望行政工作不要瓜分掉研究生的實驗時間。他給
博士生每年五萬美元的獎學金，讓他們能專心拼研究，不用為生活
到餐館裡兼差洗盤子。

　　伊斯曼教授為了維持實驗室運作，透支研究經費，只好向學校
預支計畫款項。然而1986年底，實驗室周轉不靈。隔年1月，實驗
室被斷水斷電，宣告倒閉。措手不及的三十多位研究生，有的爭取
到樓下的公用實驗室持續進行研究，有的另尋指導老師。呂學士幸
運地遇到一位日本來訪學者。這位日本學者提供呂學士每月一千美
元的津貼，幫忙他進行電子量測，因而得以順利完成碩士學位。

　　正當呂學士準備學成返國之際，遇到一位學長正準備去新學校
任教。由於呂學士在次微米實驗室表現突出，學長建議他繼續到明
尼蘇達大學深造。當時剛好有一位從IBM退休的科學家馬樹・納森

（Marshall Nathan）前往明尼蘇達大學任教。納森教授是IBM半導體雷射發明人，當時需要懂晶片製作的研究生。呂學士與納森教授一拍即合，取得獎學金，前往明尼蘇達進修博士學位。

相較於伊士曼教授的名仕作風，納森這位猶太籍教授比較務實。即使遇到考試，納森教授還是要求呂學士每天必須到實驗室報到。一次研究工作中，呂學士聽不懂低溫實驗材料「styrofoam」（這是一種類似咖啡杯的保麗龍材質）的意思。納森教授冷冷地告訴呂學士，研究生有問題要自己想辦法解決，不是一直製造問題。

呂學士苦笑著回憶：「當然，我從此就一切靠自己。以後到老師那裡的成果，一切都是好消息。後來，我老師還狐疑地問我，怎麼很久都沒來煩他。我苦笑跟他說，當然一切沒問題囉，因為所有困難我都自己悄悄克服了啊。」

呂學士也要帶學弟妹做研究。這個實驗室沒有壁壘分明的科學競技，更像是個研究家庭。除呂學士外，另外五位不同國籍的博士生各有特色。巴西學生娶了位美國太太，作風美式，喜歡陪納森教授看棒球賽，但研究缺乏特色。美國學生誠實而認真，但反應遲鈍了點。另一位是大陸學生，需要幫助時她很謙遜，不需要時就傲慢，典型的勢利眼。另外還有韓國學生和馬來西亞學生，總是默默工作。

在這「家庭式」實驗室中，納森教授與研究生互動密切，指導頻繁。在博士畢業前一個暑假，納森教授安排呂學士前往IBM最大的華生研究中心（Watson Research Laboratory）實習，體驗頂尖研發團隊的工作，並勤練英文。兩年半後，呂學士順利畢業。

　　1991年，呂學士再度回到母校臺灣大學，有了不一樣的視野。績優的研究成果使他很快升上教授。呂學士教授心中燃起一個「創新工廠」的念頭，於是創立「射頻積體電路實驗室」。他評估，臺灣的產業就屬積體電路晶片製造最能和全世界競爭。

　　可是，2002年時，國際固態電路會議（ISSCC[4]，該會議素有晶片設計奧林匹克之譽）宣布臺灣獲選的論文數在全球排名敬陪末座。國外媒體戲稱臺灣「被ISSCC三振出局」。這個消息震撼了呂學士。他警覺到，臺灣有全球最優異的積體電路設計環境，怎麼會被國際科學社群出局。需要封裝時，可以尋求日月光、矽品支援；要製作積體電路時，有臺積電、聯電幫忙。政府也挹注了大量資源在晶片研發上。

　　1993年1月，新竹科學園區設立「晶片設計製作中心」（CIC, Chip Implementation Center；在1997年7月改名為「國家晶片系統設計中心」），提供積體電路晶片設計的軟體服務，也讓學校免費測試晶片，成為臺灣學術界的競爭優勢。臺灣筆記型電腦在全球市占率已達八成。除了產業面有豐富資源外，更有政府政策面支持。然而，這個臺灣電子業的創新引擎，在最重要的學術戰場上竟然表現不佳。

　　呂學士猛然驚覺，創新的螺絲釘鬆了。這群一路被呵護長大的研究生，有創新思維卻沒有行動力。沒有行動力，就沒有優質研究。呂學士決定祭出鐵腕政策，以高紀律重新啟動創新引擎。要落實研發紀律並不容易。身為所長，呂學士先進行思想教育，試著改變研究生率性而為的習性。每一位電子所新生在開學第一天，會收

到《MIT創意工廠》這本書。書中描述麻省理工學院高紀律的學習歷程。呂學士要學生知道，創新絕不是放蕩不羈。他還在電子所外不斷播放臺灣在ISSCC的論文排名紀錄，激勵研究生。

　　每兩個月，他寄出一封電子「家書」給學生，宣示挑戰世界第一的企圖。他以2008年在北京奧林匹克八面金牌得主菲爾・普斯的名言「征服世界」來激勵學生；他又以1630年美國拓荒英雄威廉・布洛德佛（William Bradford）的名言「勇者無懼」，鼓勵學生勇於開創。他更以愛因斯坦的座右銘，「以思考為樂趣」，鼓勵學生樂於思考研究問題。

　　接著，呂學士教授展開「新生活運動」。他要求門下研究生到實驗室開會不准遲到。開會遲到一次，若沒有事前通知或無特殊事由，就取消當月獎助學金。呂學士規定研究生於每場演講必須準備五個問題。學生可以依演講主題決定發問場次。主動提問的前兩名學生，可以獲得三百元圖書禮券。專題演講進行中，學生不准帶手機、不准開電腦。

　　呂學士認真地說：「要讓同學學會如何一起招待遠來的客人，專心聆聽演講，這是身為科學家最基本的禮貌。專心，才能問好問題。沒有問題，就不會思辨。這些都是基本功。」

　　這些讓人聞之生懼的規定，卻在無形中累積學生的實力。準時上課、舉手發言，讓研究生學會動口整理思緒。每週開會、追蹤進度，讓研究生學會自己掌握進度。天天到實驗室報到，讓做實驗變成反射動作。這些研究例規，日復一日地讓研究生學會動手、動口又動腦，態度由被動轉為主動，由厭煩變為樂在其中。在2009年，

電子所讓臺灣在ISSCC的論文數一下子爬升到全球第三名。

參加ISSCC論文發表時，各國頂尖高手不但要寫出論文，更要拿出晶片設計的半成品，一較高下。在此之前，若未能早一步申請專利保護，智慧財產恐會無端流失。因此，除了論文發表之外，呂學士還要求研究生學習撰寫專利說明書，將實際研究成果轉化為商品專利。在2009年，他開發一套國際專利檢索系統，協助學生與高科技業者布局全球專利地圖。

在論文與專利之外，呂學士還積極將研發成果商品化。他鼓勵學生自己籌組團隊，參加每年由臺灣工銀舉辦的創業競賽，以及旺宏金矽獎等活動。「東市買駿馬，西市買鞍韉，南市買轡頭，北市買長鞭。」呂學士笑著說，這樣學生才能學會自主解決問題，將課堂上的理論落實為商品。除了將研發成果應用在電腦、手機外，呂學士更將晶片設計帶往生醫檢測市場。當昂貴的生醫檢測可以用半導體來實現時，這意味著「生醫電子平民化」的時代已經來臨。

2009年11月，呂學士與林啟萬共同推出的電刺激晶片，是一項結合生醫與半導體的劃時代解決方案。從此以後，高居健保給付第四位，讓病人苦惱不已的下背痛問題，不再需要定期開刀。醫生用十元硬幣大小的植入式晶片，以體外傳電器，如iPod、手機等隨身電子用品的感應，就能啟動體內的止痛晶片。

凱斯神經實驗室

從成功大學到陽明大學，一路苦讀出身的林啟萬來到美國俄亥

俄州的第一學府，凱斯西儲大學（Case Western Reserve University）。凱斯西儲大學以醫學工程和生命科學聞名，地處美國五大湖之一的伊利湖南畔，位在俄亥俄州克里夫蘭市（Cleveland），知名的心臟移植權威，克里夫蘭醫院，就是凱斯西儲大學的鄰居。凱斯西儲更是神經醫學領域的頂尖大學，產出多位諾貝爾獎得主。

隻身來到凱斯西儲大學的第一個學期，林啟萬就用罄三分之二的經費，開始自費研究。指導教授要求他先通過博士班資格考試，並參與後續的感測器技術研發。這使生醫背景出身的林啟萬有了工程實務經驗。後來，他的指導教授自行創業，林啟萬因緣際會轉往凱斯西儲大學知名的「神經實驗室」（Neuron Lab），展開為期二年的跨領域學習。

凱斯神經實驗室採師徒制培育方式。研究核心是由生化角度來分析中風時神經細胞的變化，是前瞻性研究。這個實驗室有八位計畫主持人、十位研究助理，團隊中結合內外科神經專家，並兼顧基礎科學與臨床醫學研究。這個實驗室採取開放式布置（Open Lab），不用隔間，提供寬敞的研究空間，讓各具專長的研究生隨時進行跨領域交流。指導教授與研究生的溝通非常密切。研究生每天來做實驗，師生經常在走廊上或咖啡廳裡談起研究進度。這種緊密交流讓林啟萬得以掌握最新的神經科學專業。內外科的跨域學習，讓林啟萬深入了解人體內的神經系統。

凱斯神經實驗室是神經細胞領域的權威，獲得美國國家衛生研究院的長期經費支持。鄰近的克里夫蘭醫院提供田野，讓研究生能將理論與實務結合。上有國家級研究機構的經費挹注，下有完備的

醫療體系支援，凱斯神經實驗室成為美國在醫學工程與生命科學的頂尖研究中心。當林啟萬收拾行囊返臺後，臺灣大學正好成立醫學工程研究中心。這個中心成為林啟萬發揮長才的第一個舞臺。

1993年剛返國時，林啟萬擔任臺灣大學醫學院「醫學工程研究中心」的研究員。當時，這個研究中心定位不明，「研究員」在學校的教學體制也不清楚，研究資源也匱乏。中心只有兩位研究員共用一個八坪大的實驗室。艱苦熬過六個年頭，臺灣大學醫學工程學研究所在1999年正式成立。升等教授後，林啟萬的研究範疇也由神經科學量測，推展到遠端醫療照護領域。他藉此契機成立「醫用微感測器系統實驗室」，約三十位碩博士研究生加入。林啟萬培育研究生的方式就是：時時見面談研究。

他風趣地說：「我要求學生每天都要來實驗室報到，這樣才能常常交換研究心得。有問題馬上問，研究才能推的動。我的辦公室與研究生就隔一面牆，他們可以不時跑過來聊。想到點子時，我也會馬上過去告訴他們我的想法。經常性的知識交換就可以縮小研究落差。我和學生聊研究時，也會從他們回答問題的方式、接納不同觀點的態度，評估他們到底懂了沒有。」

林啟萬也要求學生走出實驗室，到醫院吸取臨床經驗。例如，新光醫院麻醉科主治醫師溫永銳會協助指導學生神經傳導系統的臨床研究，中興醫院疼痛中心主任醫師林木鍊則協助指導學生下背痛電刺激的治療。這群醫工所的研究生由此吸取了實務經驗。林啟萬還鼓勵研究生完成博士學程後，到國外實驗室進行博士後研究，吸收國際經驗。

在研究外，林啟萬也重視學生的團隊合作能力。他面試時特別會看研究生的「運動履歷」。例如，學生若長期打籃球，可能代表他有一定的耐力，在研究過程中受挫時比較能堅持。每週五傍晚，林啟萬會邀請實驗室成員一起到籃球場上競技，藉此機會觀察研究生的潛質。

不過，林啟萬最苦惱的是科研後勤體系。行政人員每兩年就會流動，新進人員晉用時，薪資要拖很久才會下來，然後要再花數月重新了解行政流程。另外，機器設備採購受到政府採購法令限制，大小案都需要尋找數家廠商比價。大規模採購案又必須公開招標，往往影響到研究進度。有些儀器設備還必須透過國內代理商才能購買，諮商協調的程序漫長，若能在一個月拿到設備就算快的。

在臺灣，生醫工程屬於高風險的科學研究，投資者意願多不大。除了國科會的經費外，要取得業界資源並不容易。林啟萬為規劃長程研究主軸，必須混搭各種研究資源。例如，林啟萬引入新光醫院、中興醫院的臨床研究資源，結合呂學士在無線傳輸的科研專長，開啟「電刺激晶片」的研究。林啟萬還想辦法引進國外的醫療儀器檢驗標準，架構專屬實驗室，加速感測器的檢驗時間。從爭取研究經費、建立策略合作、採購儀器設備、加速發表，這些工作都是科學家在學術研究外，必須額外費心完成的事。

IBM 艾瑪登研發中心

李世光在臺大土木系畢業後，就前往美國康乃爾大學進修碩博

士學位。在此之前，李世光在臺灣就已經發表十多篇國際論文。一來到康乃爾，中國留學生的圈子裡就流傳著「有一位天才來了」。這位天才在康乃爾短短三年又八個月的時間裡，一口氣唸完碩博士學程。第一年，他以優異成績取得康乃爾的全額獎學金。第二年，他領IBM獎學金。當時，IBM贊助全美三百個優秀學生每個月一千美元的獎學金，不需負擔任何義務，同時捐給該系所五萬美元的管理經費。

在康乃爾，李世光卻躲在實驗室牆角裡研究壓電材料，分析人造衛星的運作原理。由於研究主題過於冷門，李世光很難參與團隊討論。有一次，指導教授在研討會裡提出一個解不出的問題。李世光突然想起光學量測方法，那是他冷門研究的心得。兩天後，他畫了一個實驗藍圖給指導教授。指導教授頓時眼睛一亮，認定這個量測法也許可解開該領域的曠世難題，於是要李世光完成這個研究。李世光先瀟灑地回臺灣完成終身大事。一個多月後，他回到康乃爾實驗室，找來一堆奇怪的設備，拼拼湊湊做起實驗。兩個月後，他完成了一個混沌運動研究，論文一投稿，幾天後立即被期刊登出。

李世光馬上又回頭去研究冷門的人造衛星結構震動。三年後，實驗室邀請當時知名動力學專家前來康乃爾演講。這位專家在參觀實驗室時，發現這位躲在角落的年輕人，竟然可以在三十秒內解答人造衛星運動裡最複雜的量測問題。李世光回憶說著：「我後來發現，任何重要的議題，只要三十秒內說不清楚的，就不重要。」

畢業後，李世光前往IBM位在加州聖荷西的艾瑪登研發中心（Almaden Research Center）擔任研究員。那是IBM全球規模第二大

的研發中心。該中心在八〇年代研發出關聯性資料庫的概念，更在2007年6月設立雲端運算中心。這個研究中心在電腦科技、物理材料等領域都有驚人成就。在IBM任職時期，李世光每年有專利發明產出，每月加薪幅度是1%，成就驚人。

李世光微笑地說著：「IBM艾瑪登研發中心的競爭壓力很大。所有研究人員每年都會被排名，從第一名排到第三千名。這樣的排名會讓你清楚知道自己的位置在哪裡。如果你沒有訂出研究主軸，無法主動和別人合作，是不可能排在前五十名。如果研究員不能自己找出獨特又有用的研究問題，很快就會被淘汰出局。」

1995年，李世光受邀回到臺灣大學應用力學研究所任教，他與張培仁（同所教授）一起合組微機電系統實驗室。當時，臺灣的科研環境尚不鼓勵研究團隊，因為這會讓人質疑科學家獨立研究的能力。不過，李世光與張培仁早已察覺國際科研版圖正快速變動，工程領域已經跨足到醫學領域。前瞻性的創新都必須靠跨域整合，單兵作戰無法與國際級的研發團隊競爭。

李世光決定籌組跨域團隊，以IBM為標竿，立下團隊使命：對學術沒有影響力，不做；對臺灣沒有貢獻，不做。1999年，有微奈米機電系統背景的臺灣大學教授黃榮山加入團隊，林啟萬與呂學士也相繼加入，於是形成「無線奈米生醫團隊」的雛型。李世光認為，科學創新有兩大基礎，一是將實務問題轉化為理論議題，另一個是將理論轉成為可用的系統。

他要求門下弟子要學會直接向國外設備商採購儀器。他認為，學會採購儀器，就學會制定儀器規格，也就學會重新組裝設備的能

力。這樣，學生便可以自己調整儀器，進行任何高難度實驗。李世光語重心長地說：「我們是做系統的人，如果連儀器設備規格都不懂，如何成為做系統的科學家？你必須自己查資料、開規格、直接和國際設備大廠下單，去學殺價、學採購。這樣你才會知道系統設備的成本在哪裡，順便可以練習一下英文。」

李世光不要學生多唸書，或是修一大堆學分，而是要學生認真練「基本功」，學習將實務問題重新定義為理論問題。在指導過程中，李世光常用淺顯的例子幫學生鍛鍊基本功。他常以「倒車雷達」舉例。工程人員會研究倒車雷達的定位問題，量測車身距離（1.5公尺或2.5公尺）。李世光教授卻要學生從科學原理出發重新定義問題。

倒車雷達有一個壓電片，以汽車電子機端傳出超音波，讓壓電片產生瞬間震動，阻力要愈小愈好，才容易把超音波傳導出去。但是，接收回來的超音波，阻力卻要愈大愈好，才能測量汽車與牆壁之間的距離。透過這番討論，李世光要學生由基礎力學的角度，由超音波傳導原理，思考一個上億產值的工程問題。然後，他再要求研究生分拆系統元件，將原理落實為應用。

另一個培訓重點是跨實驗室交流。李世光和無線奈米團隊的幾位主持人達成共識，讓績優學生到對方實驗室去學習儀器操作。他會派研究生學習不同實驗室的專業語言，形成對話基礎，設法將醫院裡的大型量測儀器，縮小為五十元硬幣大小的感測傳輸晶片。例如，理學院研究生對量測體內發炎指數的「電化學反應」，就與醫學與工程背景對氧化還原的「電化學反應」有不同的解讀。

這種跨域合作背後有一個隱性動機，李世光解釋：「一開始，

雙方會各自表述、雞同鴨講一陣子，有時還會長達半年以上對不上話，影響到晶片製作進度。但是，透過跨實驗室的合作，學生會學著走出自己的知識領域，跟不同科學背景的人溝通，發展出相互交流的語言。這樣一來，他們以後合作時就會比較有默契。研究生也會理解不同專業設備的設計原理，甚至學會怎麼樣拆解對方的儀器。這種跨域交流沒有魔法，只有想辦法。」

李世光也要求研究生持續參與國際學術社群，而且必須投稿第一級的學術會議。他自籌經費，支持研究生到國際學術會議發表。在出國前，研究生要經過特訓。他要求學生在月會上，一再預演發表內容以及回應問題。他規定學生在出國前規劃好要參與的發表議程，以及向國際學者請益的題目。

李世光幽默地說：「最好的培訓方式就是把學生丟下海，讓他自己去學游泳。等到他快淹死之前，再拉他一把。國際學術圈是很挑剔的，你問題問的不好，回答的方式不佳，人家就會說，我們這個團隊退步了，而且消息傳得很快。我要研究生知道，我們這個團隊在國際上是很有名的，學生出國發表這件事很重要，絕對不能丟團隊的臉。所以，你一定要比別人更認真一點。」

有效運作研究團隊必須佐以後勤支援。李世光設置四位行政祕書，安排會議行程與負責行政報帳庶務，她們更管理專案執行，逐一檢視計畫書裡的工作項目。計畫結束時，她們協助完成年度進度與結案報告，完全不用研究人員操心。

李世光也集合碩士生組成「生活倫理委員會」，設置經理八位，由碩士班一年級的學生擔任，每個月定期開會，為期一年，於

隔年交接給下一屆學弟妹。這個委員會負責採購作業、零件管理、財務出納、人事甄選等事宜。李世光教授要學生在第一年親身體驗如何管理實驗室。實驗室約有六十名以上的碩博士研究人員。要進來團隊不容易，新進研究生必須由所有實驗室成員票選，依得票決定錄取與否。

李世光說明其背後的原因：「我們實驗室就像一家人，新進成員要進來，當然需要全家人同意。這樣，新人進來後也才能取得多數人的認同。也因此，我們在徵選新學生時，經常出現十多個研究生搶一個名額的盛況。」

李世光還有一個實驗室管理祕訣，那就是「並行研發」作業。許多實驗室都了解將發明轉化為專利很重要。但多數實驗室都是等研發完成後，才開始找專利工程師幫忙申請。這樣的做法不但曠日廢時，而且往往研究成果出來後，才知道誤踩專利地雷，不得以只好再花時間進行專利迴避設計。

李世光本身擁有八十多個專利，熟稔國際專利布局。他設立「知識工程師」一職，並親自培養。在研發進行之前，知識工程師需做好專利分析。研發案啟動前就可以避免侵犯專利，也可以找到影響力大的研究領域。研究案一展開，知識工程師就同步進行專利地圖分析，啟動專利申請程序。2003 年「抗煞一號」從研發到商品化，短短二十一天內完成技轉，便是知識工程師的功勞。李世光半開玩笑說：「因為你稍一不小心，IP（Intellectual Property，智慧財產權）就被別人註冊了。再多一點『不小心』，我們的下一代就要到泰國去當臺勞了。」

　　李世光特別重視三件事：設定獨特研究主題、儲備研究資源以及栽培研究人才。為設定獨特研究主題，團隊核心成員要參與國際學術社群，追蹤前瞻性的國際科研議題。研究主題設的好不好，也牽動研究資源的爭取。例如，2002年團隊便抓住政府推動遠端醫療照護的契機，為團隊爭取到六年期高達一億五千萬元的研究經費。

　　頂尖人才也要有頂尖的福利，研究人員才會安心做研究。一般大學裡的助理教授，一個月扣掉勞健保費用，所剩無幾。若拿去繳房貸、保險費、小孩保母費用與各項生活開銷後，助理教授每個月就只能當個「月光族」。一位助理教授即使申請到七十萬元的國科會專案，也只能以低薪養活研究生與支付實驗室的日常開銷。許多助理教授在前三年，就不得從事與自己研究主軸不相關的計畫，或是兼差賺取外快。不務正業的結果，助理教授離自己的研究主題愈來愈遠。到後來，不但難有好的學術發表，沒有專利產出，更沒有充裕的研究資源，薪水收入更是無法改善。

　　在李世光的研究團隊裡，資深教授會帶領助理教授做研究。助理教授沒儀器，可以借資深教授的設備。助理教授不必煩惱研究經費不足，因為團隊可以提供協助。助理教授也不必憂慮升等問題，因為專心做研究，論文發表能量自然源源不絕。在這個團隊裡，每個計畫主持人一年新增的研究案至少五件以上，還有來自產業委託的研究案。這部分資金可彈性用於採購昂貴儀器與補助出國經費。團隊成員間的計畫可以彼此支援，更讓資金整體運用。例如，無線奈米生醫團隊和臺懋創投合作的電刺激感測晶片，和福華電子合作的動物檢疫，與百奧生物科技合作的肝硬化先期檢測系統，都為團

隊帶來研究資源。

　　助理教授除了大學基本薪資、研究計畫主持費，還有產學合作與專利智財收入。比起單打獨鬥的學術新兵，團隊內助理教授的生活相對寬裕，而且充滿自信。一位團隊的年輕助理教授幽默地說：「以前逢年過節，親友都會笑我對臺灣的GDP貢獻度太低，覺得我辛辛苦苦讀到博士，收入卻比電子工廠的工程師還低，讓我聽了很不是滋味。現在他們都不會再笑我是個窮書生了。我現在的收入不會比美國實驗室的科學家低。」

創新啟示

　　一個平凡的研究團隊與超凡的研究團隊差在哪裡？這個問題有時代性意義。臺灣這些年來推動頂尖大學計畫，一心想要各大學一夜之間變頂尖，要每位教授的研究在短時間突然變成卓越。一年多來，我們近身觀察這幾個卓越科學家後，心中感慨甚多。要成為頂尖學者到底有多麼不容易？這個案例提供我們三項創新啟示（參見表11-1）。

　　第一，頂尖就是不要盲目追求無意義的「頂尖」，像是發表數量，而要建立學術識別。在國際間，頂尖的研究是獨到的研究，是唯一，不是第一。研究員不是業務員，不能用最終績效指標來衡量成果。頂尖研究是探索未知，不是重複生產已知的知識；是追求原創的作品，不是仿冒的山寨產品。頂尖團隊不會用學術發表量做為績效考核，而是以優質發表建立學術識別，長期孕育研究員對問題

表11-1：臺大頂尖團隊的臺下十年功（組織例規）

主持人	背景	養成過程	建立之組織例規
呂學士	康乃爾次微米實驗室、明尼蘇達大學、IBM華生實驗室	一直跑實驗室沒用，也需要掌握基礎理論；學習自己解決問題	時時激勵研究生；以紀律養成提問與待人接物；論文產出目標第一級國際會議
林啟萬	凱斯西儲大學神經實驗室	密切溝通，開放的分享文化	以運動培養學生耐挫力；時時報到、即刻分享、常常交流；跨領域學習不同工程專業與溝通方式
李世光	康乃爾大學、IBM艾瑪登研究中心	找看似冷門卻深具基礎研究深度的研究主題；三十秒說清楚研究主題；研究要獨特，也要有用	行政分工、採買設備、推理練習、團隊設備共享、專利並行作業（知識工程師）、國際發表、組合式學術發表、多元收入機制

的敏銳度。

　　第二，頂尖團隊需要完善的支援基礎架構。經驗老到的行政助理、熟稔的專案經理、動作快的知識工程師都是支援體系中不可或缺的配角，使研究人員能專心投入研發創新。這三個實驗室都建構了一套支援基礎架構（supporting infrastructure）[5]。外行人會認為，只要給研究人員一筆經費，創新自然會產生。但是，給錢不一定會成就頂尖研究。要產生優質研究，研究人員要能專心一志，所以要有人處理行政，要有人在旁邊打氣，要有人去找經費。這道理不難理解，就像建了一組高速列車，但鐵軌鋪的歪歪斜斜，火車跑起來

自然顛簸難行。這也像是買一座漂亮電燈，卻找不到插座；或找到了插座，但卻沒電。

鐵軌、插座、電力系統，就是支援基礎架構，是讓創新活動得以順利進行的機制。這些支援體系存在的時候不易察覺，但沒有的時候就會感受不便。例如，你申請到一個研究案，錢也撥下來了，但要等三個月才能用這筆錢。你派助理去蒐集資料，來回車資需要三百元新臺幣。助理申請代墊款，會計室說也要三個月才會下來，於是你只好自己先掏腰包給助理。但你自己的代墊款已經快累積十萬元，帳都亂了；而且項目太多，已經弄不清楚到底墊出多少錢。然後研究助理告訴你，下次不幫你出差了，除非先拿到錢。

又例如，你需要趕研究進度，有部儀器非買不可，但是學校規定要先招標、議價，填一堆表格，等三個月後才可以買。你乾脆向學長借，打電話找人，花了兩天。找到了人，學長卻說儀器送修中，下週就可以好。你耐心等了一週，搭一小時的公車到學長的實驗室，終於用到儀器了。但是，這時你已經忘了原來的研究構想。這就是沒有支援基礎架構的結果。

本案中三個實驗室，都很注重有長期的行政助理分擔工作。長期就有經驗，有經驗就能累積與傳承知識。有豐富的行政知識，運作起來就會有效率，研究人員要什麼有什麼，也不用凡事都要等上「三個月」。更為前瞻者像李世光，還培育知識工程師幫研究員處理專利申請工作。偉大的科學家，背後一定有一組默默耕耘的支援團隊。

第三，好的研究來自好的研究者。優質的研究者必須要靠刻意

的長期栽培，約一萬小時的基本功磨練。頂尖團隊要將基本功融入組織例規，讓研究人員不斷地練習歸納與推理的能力，逐漸地深入某一個專業，養成敏銳的思辨，對不疑處有疑，可以將實務現象轉化為研究問題。這種組織作為只能培養，無法複製。

這三個實驗室都提供了「刻意栽培」的組織作為，使創新者能夠有鍛鍊基本功的機會，持續地磨練出研究實力。這三位主持人看的不是一、兩年的培訓，而是長期栽培。讓有潛力的學生啟動十年刻意練習的基礎，那是一萬小時的磨練，是成為頂尖學者的必經過程。要成就頂尖團隊，必須要有教練教你用對的方法去「刻意練習」。這是美國記者柯文（Geoff Colvin）總結前人研究的結論[6]。柯文歸納，在各行各業中，出類拔萃的人才都是靠著刻意練習基本功，而不是傻傻地練招式。頂尖人才一開始都不頂尖，但他們透過刻意練習，一點一滴地建構自己的知識體系。簡單的事情，徹底地做；徹底的事情，不斷地做。

呂學士、林啟萬、李世光三位教授各有一套獨到門規來培育研究生。這些門規也與他們在美國所受的訓練息息相關。呂學士做事嚴謹、實事求是。他的門規森嚴，日日要求學生提問，時時要求學生紀律。他更安排學生參與大小戰役，為的是培訓出一支學術御林軍，常常思辨，時時作戰。學生的研究實力自然不同凡響。

林啟萬由凱斯神經實驗室體會到開放的重要。他要求學生每日來練功，並不時在走廊上切磋起來。研究生每天被問、每天犯錯、每天重做實驗，能力自然會日益增強。比起與教授每三個月才見一次面，見面談不到十五分鐘的研究生，幾年下來林啟萬的學生實力

自然有天壤之別。

　　李世光出自IBM實驗室，那是媒體敬稱為「獵犬」的研究中心（按：獵犬嗅覺敏銳，聞血找出獵物）。他帶回臺灣的是IBM的專業管理模式。他要學生去國外鍛鍊，要學生學買儀器，要學生去修理機臺。幾年下來的結果是，學生每個人都會動手修機器，到國際會議上可侃侃而談，知道哪些人是科學社群中的佼佼者而見賢思齊。這樣培育出的學者，創新的能量自然可以厚積而薄發於研究之中。

　　計畫要能持久，人才要能留的住，研究才能頂尖。你不可能要聰明人努力地為研究奉獻，卻沒法養活家人。在臺灣，學術界的薪資偏低，獎勵分配制度也無法反映真正研究實力。有研究實力的人只好跳槽到業界。如此，他們都去做應用型研究，就沒人做基礎性研究。早晚，科研體系會空洞化，應用型研究也會遇到瓶頸。這樣的制度會孕育出頂尖的研究嗎？這個問題值得深思。

　　成就頂尖，道理其實不難了解，只是我們總是看不到問題的脈絡。我們忘記，臺上那完美一分鐘的演出絕不是偶然，而是臺下那十年的苦功。當我們理解如何修煉「臺下十年功」的脈絡，就可以知道如何成就頂尖的團隊。

參部曲

洞察機構脈絡

Chapter 12

策略回應：

愛迪生的燈泡謀略

弱勢者沒有權利談判,也沒有
時間怨嘆,只能以謀略回應。

觀念：策略回應

我們在推動創新時，常忽略使用者與組織的背後是被某種無形的「老大哥」（Big Brother）所控制，也就是「機構」（Institution）。機構的箝制力量隱性而複雜，是創新者真正的頭號天敵。機構存在的好處是穩定社會的運行。如果運作得當，機構就可以形成優質文化，維繫社會次序，像是日本的「達人」文化，使工匠、職人都希望將技藝修煉到淋漓盡致。不過，如果機構運作不得當，也會有壞處。例如，有些國家便會將人民推向軍國主義，侵略其他民族。有些國家則透過機構來宰制、剝削人民。當機構力量過於強大時，人民也會遵循某種規範、受制某種習俗、形成某種認知而不自覺。一旦行為和思維都被控制了，人民也就漸漸失去反思的能力。

社會學家保羅·帝曼基歐（Paul DiMaggio）便傳神地點出，機構其實是一道無形的鐵幕，當人深陷其中時，大多難以察覺機構的存在，但所作、所為、所思都是機構的囚犯[1]。機構可存在於國家，存在於企業，存在於家庭，存在於團隊，也可能化身為風俗文化。機構，是無所不在的。機構代表的是一股穩定的力量，而創新者所扮演的是革命軍般顛覆的力量。當創新推出時（可能是一個新產品、一項新服務、一套新系統，或新政策、新制度、新想法），若觸犯機構所訂下的規矩，創新者可能很快就被鎮壓。

就算機構不出手，使用者也多會因為其創新物太過新穎，

或內涵觀念太過複雜，而拒絕採納創新。因此，創新的設計不僅必須融入使用者的價值觀，更不能使現有機構覺得是離經叛道的亂源，而又同時要凸顯與現有競爭者的不同。創新者除了克服此兩難之外，更要有力量在使用者接受創新設計後，進而改變使用者的習慣，甚至於改造社會體制。例如，蘋果電腦iMac推出之後，改變使用者對電腦的操作習慣及期望；電腦不再是硬梆梆的機器，而是具美感的現代藝術品，更改變了整個資訊產業的軟體與硬體設計及生產方式；後來如視窗式介面和電腦滑鼠等設計都被微軟及各電腦周邊廠商所採用。由設計中的硬體視覺，到抽象的心靈感受，背後可以說是一場創新者面對機構的戰爭。

所以，創新必須施展一連串的策略回應。就如下棋一般，大多棋士其實並不是靠套好的策略在下棋，而必須靠當時的狀況與對手的特質，隨時調整自己棋招。厲害的創新者，使設計能觸發使用者的新鮮感，但又不會新鮮到讓使用者難以接受。

強勢者握有資源，又操有生殺大權。弱勢者要圖存，必須回應強勢者賦予的制約，而且要有策略地回應，以免遭滅頂之災。弱勢者大約有四種回應方式：臣服、抗爭、權謀、謀略[2]。

第一種策略回應是臣服。弱勢者順從市場領導者所制定的遊戲規則，或妥協機構所訂定的標準，是常見的自保之道。例如，模仿市場領先者的新產品，或採納產業最佳實務，較容易取得正當性。或者，子公司主動向母公司提供在地情報或配合推動全球政策，展示積極性，以順利增取預算；或在不景氣時

避免首當其衝被裁撤。臣服雖然可以增取創新時間，但略嫌被動。

第二種策略回應是抗爭，對強勢者奮予回擊，是弱勢者另一種突圍之道。子公司可能違背母公司命令，採行「將在外，君命有所不授」的策略，等贏得勝利後再取得母公司認同。例如，Datakom 的瑞士子公司決定另闢商業模式，不銷售母公司的電腦產品，反而轉向銷售對手的產品，並將維修合約委託給競爭者[3]。這項舉動背離總部政策，卻成功地改變子公司於在地供應鏈的定位，由硬體銷售轉型為加值服務。這場抗爭獲得總部注意，也為子公司爭取到更多資源。不過，雖然抗爭可取得主動權，但「先斬後奏」也可能激怒強勢者，對弱勢者採取報復行動，在未來埋下縮編、整併或裁員的後果。

如果不想直接衝突，弱勢者也可以採取第三種策略：以權謀悄悄影響強勢者。這是一種迂迴轉進方式。例如，聯合利華的巴西子公司就刻意地推薦八十三名巴西籍主管進入總部。這個做法目的在安排內應，縮短與母公司間的資訊落差，穩定強勢者的權力關係。另外，弱勢者也可以結盟弱勢夥伴，以集體力量向強勢總部爭取有利條件。不過，強勢者若發現這些權謀，可能會對弱勢者產生不信任而加以防範，如此未必能長治久安。東窗事發時應如何回應？

第四種是以謀略引進資源，改變劣勢，以策略巧妙化解強勢者的攻擊，並不時來個「回馬槍」讓強勢者措手不及[4]。弱勢者必須掌握每次攻擊的脈絡，思考側面回應的方式，關鍵不是

不自量力的反攻，而是以智取勝，在資源不足的狀況下，運用
「四兩撥千金」的手法，化阻力為助力。

愛迪生的案例正好可以讓我們理解這種策略回應的過程。
分析愛迪生如何將電燈帶入美國社會，進而影響全球，以克服
消費者對瓦斯發電系統與白熾燈泡的依賴，可以幫助我們了解
如何施展策略回應。

🍃 愛迪生的燈泡謀略

安卓・哈格登（Andrew Hargadon）是加州大學戴維斯分校的教
授。他研究愛迪生電燈泡的創新史時意外發現，原來愛迪生不只是
位發明家，更是一位策略家[5]。愛迪生所面臨的「機構」，是當時的
既得利益者：煤氣燈產業。在十七世紀的美國，人們已經習慣使用
煤氣來做為照明能源。用電來發光雖然更節能環保，但這項新科技
卻遠遠超越民眾的認知範圍。所以，在這種情境下要推廣電燈泡的
普及，可謂是天不逢時、地不得利、人不謀和。

早在電燈問世之前，瓦斯燈產業早就主導美國社會約半個世
紀，取代蠟燭及油燈，成為燈照產業的主流。瓦斯燈是在1816年
出現於紐約街頭。不久之後，因為威脅到蠟燭製造商而被禁。1825
年，瓦斯終於取代蠟燭，瓦斯管線遍布城市，將瓦斯燈送到各家各
戶。當瓦斯產業興起之後，隨之形成各種利益團體，政客在國會制
定瓦斯燈相關法令，投資者相繼興起，供應商也紛紛投入。瓦斯照

明不僅形成一個產業，更形成一整套「機構」。

　　煤氣燈業者的投資高達十五億美元，他們自然不容許電力照明產業坐大。所以，煤氣燈業者必須鎮壓愛迪生的公司，以免搶奪既得利益。煤氣燈產業多年來和政府勾結，以鞏固其權勢。官商利益盤根錯節，煤氣燈產業取得壟斷。愛迪生要在這樣的環境下推出電力照明，如同是在老虎嘴上拔毛，是不可能的任務。

　　1878年，電力發展初期，煤氣燈產業派出科學家與政客，聲明用電力來產生照明是不可能的。英國國會在1878年的結論是：商業生產白熾燈光是不可能的，愛迪生顯然對電力與動力學基本定律是一無所知的。美國的科學家串連，也表達相同的信念。新建立的弧形燈投資者與製造商同樣公開地攻擊愛迪生的電燈泡計畫是荒謬的，欠缺對電路與電力機器運作的知識。

　　愛迪生沒有正面回應，去解釋科學理論。相對地，他卻顧左右而言他，在紐約太陽報發表他發現如何用電力替代昂貴的瓦斯照明，並指出不只是照明，電力還可以用於電梯、裁縫機與其他機械的裝置。電力產生熱力，更可烹煮食物。報導中指出，目前除了電報機之外，各種器材都可以使用電力。科學期刊少人看，新聞報紙多人看，愛迪生的「轉移焦點」謀略反而讓大眾因此理解電力的用途。

　　瓦斯照明業者有特許執照，享壟斷的高利潤。沒有人想要投資愛迪生，也因此研發資金短缺。愛迪生去找當時煤氣燈產業股票的最大持有者威廉・范德畢（William Vanderbilt），讓他了解電力照明未來的前景，說服范德畢投資電力照明系統，以便在享有既得利益

（煤氣燈產業）的同時，還能同時培育下一隻金雞母（電力照明系統），發揮趨避風險的作用。對愛迪生來說，這等於是幫助他拿到進入照明市場的門票。之後，他利用「狐假虎威」的妙計，以范德畢的名聲去吸引其他投資者。

1880年，愛迪生正待全面擴充、將電力照明推廣出去之時，又遇上了另一個制約──技術人員的短缺。當時的美國職校體制並沒有教導學生如何配電、接線、安裝電燈等技術。所以愛迪生空有燈泡與電力，但缺乏技術員配合施工。當時布電線的技術必須將地板拉起來，在出入口蜿蜒伸展電線。欠缺合格技術員，就算電燈泡能夠普及美國家庭，愛迪生也缺乏人力去施工。

推廣計畫一夕受阻。愛迪生心生一計，不找職校生，反而找了安裝警報器的工人來進行配電訓練。這些工人所受的訓練是將警鈴線埋至牆壁中，這樣的背景最適合來學習配電施工。待這群技師訓練完畢後，愛迪生再去找高職院校，提供培訓、獎學金與保證就業等利多誘因，使得更多學生投入電力照明的行列，為電力照明帶來了充沛的人力。愛迪生因勢利導，施展「未雨綢繆」的計謀，又成功克服機構的制約。

同年，當愛迪生準備開挖道路、埋管線以配送電力到住宅。煤氣燈業者與市政府勾結，透過市議會立法限制，只讓煤氣燈業者擁有道路挖掘執照。縱然愛迪生有燈泡技術、有人力，但限於沒有挖掘執照，只好坐困愁城。不過，愛迪生又想出一招「偷天換日」之計。他直接成立一間煤氣公司，並學習自來水管線、電話管線、煤氣管線與弧形燈管線（煤氣燈照明管線）等埋管技術。當時的法令

並沒有規定煤氣公司在管道內一定要裝設煤氣線路。愛迪生取得道路開挖的執照後，遵循程序開挖道路、埋管線，但是將煤氣管線內換成電線，並隨著道路開挖的路徑，將電線普及紐約市區。

解決了技術人員、管線鋪設的問題後，愛迪生還面臨另一個機構阻力：使用者。美國市民多年被媒體的負面報導所影響，對電力照明本就不具好感。煤氣照明系統已經使用多年，使用者都很熟悉煤氣燈的收費方式與管線配置邏輯。愛迪生若要全面更換住宅內的煤氣燈管線與收費表，勢必會遭到市民的反對。

愛迪生將計就計，沿用原有煤氣燈的配線方式與開關設計，讓使用者不覺得裝設電燈需要重大的改變。愛迪生還將電燈的亮度降低一點，讓使用者以為這是「比較好的煤氣燈」。愛迪生還裝設了一個仿製煤氣燈計費表外型的電表，祭出使用者可免費享有六個月的電力服務方案。其實，這個電表根本沒有在運轉，只是虛有其表，因為當時愛迪生還沒找出電費要如何計價。這一招「瞞天過海」之計，讓習慣煤氣燈的客戶不知不覺中採納了電力照明，讓建商願意採用電燈以做為銷售誘因。愛迪生後來也順利研發出電費的計價方式。

愛迪生的努力開始見效，電力照明也逐漸普及。然而，煤氣燈業者也不甘示弱，聯合政府力量反擊愛迪生。一方面，紐約市政府拒絕發給愛迪生電力公司營業執照；另一方面，透過議會立法，市政府要愛迪生支付每英里一千美元的鋪線費，還要另抽百分之三的營收所得。面對政府與壟斷業者的種種壓力，愛迪生找來另一名有力的投資者——Dexel, Morgan & Company幫忙，向紐約市政府遊說、施壓。最後，由「大哥」出面，營業執照終於發了下來，不

合理的鋪線費用降到每英里52.8美元，並且由「大哥」補助。這招「與狼共舞」的計策，讓愛迪生的電力照明業務得以全力推展，我們現在也才能享受電燈所帶來的便利。

1882年，電燈泡開始普及，但由於絕緣不佳，常發生民眾被電死的悲劇，電力照明的發展史也蒙上了死亡的陰影。颶風來臨時，消防隊員就得跑到街上進行預防觸電宣導。煤氣燈業者便動用媒體大肆抨擊電燈是「殺人的工具」。媒體報導，與電相關的弧形照明、交流電與直流電等，是「電力謀殺」。紐約市要求拆卸這種危險的線纜。雖然電力照明有好處，但危險性也高。愛迪生再次「借力使力」，策劃一個商業展覽。他租用曼哈頓金融區的辦公室，向世界展示第一座商業化電力應用。能見度高，距離紐約新聞中心也僅數街之遙。金融與媒體反而都成為愛迪生的支持者。

巴斯卡的疫苗謀略

我曾在倫敦政經學院聽過法國社會學家拉圖（Bruno Latour）的一門課。課中他提到巴斯卡疫苗創新擴散研究。他追蹤當時著名的巴斯卡醫生如何以一套巧妙的策略，讓散居法國各地的畜牧農場主人了解接種疫苗的概念，並使法國科學界的死硬派人士無形中接受了「細菌」的觀念。在當時法國社會，一個人如果生病了，大多醫生採用的是外科性做法（例如開刀），很少人會想到細菌或微生物的威脅。巴斯卡是先驅，他理解到細菌的存在與對健康的威脅，並發展出「疫苗」的觀念，讓人體預先產生抗體，用以毒攻毒的方法

進行治療。

　　但是，以注射疫苗來殺死細菌這種觀念，在當時不只駭人聽聞，更是危言聳聽。對當代的科學家與醫生也可能是「天理難容」。巴斯卡很早就了解到這個問題，所以他選擇不與市場當面衝突，故意延遲發表這項創世之舉，以免沒成英雄卻先成了烈士。他選擇到附近畜牧農場進行田野實驗。農夫們看到科學家來到窮鄉僻壤，當然覺得很新鮮，於是當地幾位為首的農夫就不時跑去巴斯卡工作的地方串門子。

　　當農夫問及巴斯卡到底一天到晚在玩什麼怪玩意？巴斯卡便藉機在閒談之際，教育農夫如何使牛羊健康的新概念，他不談細菌、不說疫苗，他只說如何可以促進牛羊的產乳量，並提升牛羊乳的鮮度與常保牛羊少生病。不用說，這些小道消息經過這些意見領袖傳開時，疫苗的概念也漸漸形成。巴斯卡用農夫聽的懂的話去傳輸疫苗的知識。當一個地區的宣導工作完成時，巴斯卡便轉到下一個農村，如法炮製他的田野教育課程。

　　拉圖教授把巴斯卡的旅程整理出來，讓人一目了然巴斯卡的高明策略，使疫苗的觀念在法國普及開來[6]。當巴斯卡在媒體正式發表疫苗概念時，法國農夫不但沒有恐慌，反而成為他的助選員，因為他們早知道這種觀念。由於農夫和巴斯卡已有私交，當然也樂見其成，並驕傲自己有這麼一位名人朋友。

　　在最難搞定的科學界中，巴斯卡也有一套策略回應的策略。首先，他在各種學術場合中隱約透露他的田野調查，但絕口不談細菌與疫苗，只用當時生物學可以接受的觀念與學者溝通。巴斯卡並

刻意地分享研究過程中所遭遇的問題，並邀請部分學界領袖共襄盛舉，一起發表他在田野所蒐集到的資料。唯不爭，故能取天下。巴斯卡把辛苦的研究成果策略性地與當時科學家分享，不僅促進他對疫苗的研究，也為他未來推出創新時，鋪下康莊大道。巴斯卡最後沒有黯然下臺，而是飽受推崇，讓創新順理成章地改善世人對健康與治療的觀念。

🌿 創新啟示

　　這個案例起，我們要介紹機構的角色以及回應機構的方式。推動創新時不能不警覺隱形的機構。機構布下天羅地網，監視反叛者。推動創新若是無視於機構的存在，將會被鎮壓而功虧一簣。愛迪生的案例提供三項創新啟示（參見表12-1）。

　　第一，機構的角色。機構無所不在，人類形成組織，組織形成機構，穩定社會的發展，也箝制創新的發芽。創新必須要和現有的環境相契合，不能夠同流合汙，也不能太過離經叛道，讓使用者無法理解，或讓機構過早提防。當創新遇到機構時會產生兩種社會力量碰撞，一是社會穩定力量，另一方面是創新改變的力量。要讓創新存活於機構之中，我們必須學習柔軟的策略回應。

　　想要翻轉劣勢，而不成為「烈士」，必須要知道機構的力量。回應機構的制約，必須要柔軟。誠如老子所言（道德經第七十六章）：堅強處下，柔弱處上。天下柔弱莫過於水，而攻堅；強莫之能先。故弱勝強，柔勝剛，天下莫能知，莫能行。」柔弱是可以勝

表12-1：策略回應，學習運用計謀

策略回應	強勢者的制約	謀略	弱勢者回應方式
聲東擊西	電力照明不可行，抹黑愛迪生是無知的科學家	迴避鋒芒	愛迪生在媒體發表一系列電力的用途
狐假虎威	瓦斯燈產業壟斷，切斷投資來源	因勢利導	找領袖解釋規避風險的手法
未雨綢繆	欠缺合格技術員	保證就業	以建教合作之名，將職校變成訓練基地
偷天換日	法規管制，不准開挖道路埋設管線	瓦斯管裡藏電線	申請瓦斯燈公司執照取得合法性，將電線埋入瓦斯管內
瞞天過海	市民不理解電力，建商不願意配合	模仿開關設計與計費器	只是比較亮一點的「煤氣燈」，一年免費試用
與狼共舞	以高額鋪線費阻遏電燈擴張營業	形成利益共生體	說服投資人，若是現在就埋電線，未來商機無限。
借力使力	電力是「殺人」兇器	化險為吉	租用曼哈頓辦公室，策展各種電力應用方式

過剛強。柔弱並不是懦弱，而是一種力量，蘊含著韌性與持續力，後勁無比。亦柔亦剛的中庸之道，剛中有柔，柔中有剛，剛柔並濟，才是最策略回應的理想狀態。

第二，策略回應，就是善用計謀。愛迪生有言：「天才是一分的天分，加上九十九分的努力。」可是那一分的天才並不只是工程上的設計能力，更是在謀略上的設局與算計。沒有這一分，其他九十九分的努力都是白費的。愛迪生必須克服消費者對瓦斯發電系統的依賴，並同時增進他們對白熾電燈泡的信賴，怎麼辦？必須要

施展巧計。面對機構時，我們必須思考弱勢者與強勢者之間的回應方式。

　　弱勢者必須避開強者的鋒芒，改變遊戲規則以翻轉局勢。弱勢者審查局勢，因地制宜地迴避與強勢者的正面衝突，另闢蹊徑去找出解套的方案，而不是解決方案。強勢者攻擊電線會殺人致死，弱勢者卻避重就輕地策展電力系統對民生的用途。強勢者不准挖電力管線，弱勢者卻瞞天過海在煤氣管內安裝輸配電線。大環境沒有配線員，弱勢者找警報技術員並以誘因讓職業學校配合培養未來人才。遇見機構，不可以硬闖，以免出師未捷身先死。學會策略回應，以柔弱找到生存的契機。

　　第三，可智取，不強奪。這部電力照明演進史，似乎就是愛迪生的策略回應全集。愛迪生不只是一位技術創新者，更是一位策略大師。愛迪生深諳面對機構時只能智取、不可強奪的原則，根據當時局勢與狼共舞、因勢利導、偷天換日、瞞天過海與借力使力等計謀，用以柔克剛的原理巧妙地迴避機構的制約。理解機構的脈絡，弱勢者才能找到四兩撥千斤的切入點，將創新悄悄運送進入社會，移風易俗，讓社會得以進展。

　　當創新者遇上「機構」如此強大的對手，就算產品設計的再好、再精良，也都將徒勞無功，因為機構可以輕易地鎮壓創新者。當創新者遇上機構時千萬不能硬來，必須以柔軟的計謀來因應。創新者要先「設計」機構，再因地制宜的設計產品或服務。一項產品會擁有什麼功能，長得什麼樣貌、搭配什麼服務，背後可能都有一套不為人知的回應策略等待我們去發掘。

Chapter 13

在地脈絡：

小七的創作魂

回溯原地脈絡、留意在地脈
絡，才能看見問題的全貌。

觀念：在地脈絡

人類學家克里夫・格茲（Cliff Geertz）說：「真正的創新往往不是來自主流大眾，而是來自販夫走卒的地方知識（local knowledge）。」[1] 往往，要找到創新之源，我們要去拜訪那些「販夫走卒」，去了解他們不為人知的不傳祕訣、獨門偏方、當地知識。找當地人，理解在地事，說本地話，吃道地食物，會很快讓我們掌握「在地脈絡」。

有個美國案例，主角我們就暫且稱之瑪莉吧。瑪莉是非裔美國人，在衛生署當差。她奉美國衛生署之命，要為聖地牙歌黑人女性宣導乳癌防治，因為統計發現這個族群的女性懷了第一胎後，似乎罹患乳癌機率很高。但是她們很忙，要打理家庭、小孩，沒有時間去醫院檢查。瑪莉的責任就是設法去提醒她們。她決定找神父幫忙，因為認識很多神父，所以很快就能去教堂宣導。這些目標媽媽大多是教徒，所以瑪莉認為週末是接近她們最好的時間。

但是，去一陣子後馬上發現效果不彰。知道衛生署的人要來，大家都遲到早退，避之唯恐不及。教堂雖然是黑人女性在假日集會的地方，卻不適合宣導乳癌防治這樣敏感的話題。瑪莉與幾位當地媽媽聊過後發現，這些女性大多穿著時髦，常常在髮廊待上三、四個多小時，因為黑人的頭髮要變直，需要離子燙，需要很久。瑪麗發現，這段時間，她們最親近的朋友就是設計師。拜訪後發現，設計師在這三、四小時中必須一邊聊

天，一邊維繫關係；要找很多話題，才不會在聊天中冷掉，也讓關係冷掉；維持好關係，客戶也才不會跑掉。

　　瑪麗於是由教堂轉戰到髮廊。她不再自己宣導，而是找髮型設計師來宣傳；提供獎勵金與宣導道具，訓練套裝話術。設計師能言善道，還會自我發揮，讓她們擔任宣導大使，反而事半功倍。這就是理解在地脈絡的好處。

　　本案例要探討如何借助在地脈絡化來創新產品。主角是統一超商，該公司加入日本7-ELEVEN連鎖後，必須引進一系列新產品[2]。在臺灣，許多人都管7-ELEVEN叫「小七」，是生活不可或缺的朋友。臺灣小七不管由營業額（2015年營收新臺幣二千零四億元）或總店數（約五千家）來看，都是便利商店產業的領導者。小七的業務範圍很廣，為了聚焦，我們鎖定主力「食品」，來做為分析重點。我們先來回顧一下小七的成長過程，再分別依照鮮食、零食、輕食三大類來看小七如何找出在地脈絡，展開精采的創新旅程。

7-ELEVEN，小七的臺灣崛起

　　7-ELEVEN是由美國南方公司（The Southland Corporation）所創立，該公司於1927年在美國德州達拉斯成立，原本銷售冰塊，主要業務是冰品、牛奶、雞蛋零售。在1946年，美國的便利商店、超市多在下午就關門，讓顧客很不方便。南方公司於是想到推出

一種早上7點開門，直至晚上11點才關門的便利商店，所以就叫作「7-ELEVEN」。這種新型態的店在當時是一項創舉，解決早起晚歸居民的購物需求[3]。

在美國7-ELEVEN只是小超商，經營也沒特色。7-ELEVEN之所以會成為全球便利商店連鎖事業，必須歸功於日本。1973年，鈴木敏文在伊藤華洋行堂工作，在美國考察途中，這家小超商引起他的興趣。當時，7-ELEVEN在美國已有四千家店。鈴木敏文代表公司與南方公司談授權，並引進日本。1991年，鈴木敏文成為執行長，買下南方公司，並在2005年將美國及日本的7-ELEVEN與伊藤華洋行堂合併，發展為四萬六千家門市店，分布於日本、美國、加拿大、香港、中國、澳門、臺灣、新加坡、泰國、馬來西亞、菲律賓、韓國等地。日本、美國、臺灣成為連鎖體系前三名。

1978年，統一企業集資成立統一超商，將7-ELEVEN引進臺灣。1980年正式營運，7-ELEVEN成為臺灣第一家國際連鎖便利商店，雜貨店漸漸消失。初期，小七的目標是家庭主婦，門市多設在住宅區，營業時間為十六小時（早上七點到晚上十一點）。可是，當時市場尚無法接受這種便利商店，加上南方公司所建議的經營方式無法全盤適合臺灣市場，小七一直虧損。不得已，1982年將小七併入統一企業，成為超商事業部門。

1983年起，小七選定十家門市實驗，發現夜間的業績還不錯，就正式將營業時間延長至二十四小時。但是，夜間門市成效不彰，於是改回每天十六小時營業。小七開始調整商品，將目標市場設定成18至35歲的上班族與學生，並選在幹道線或三角窗開店。1985

年，小七進入速食產業，推出速簡與微波食品這些深夜食物，例如肉粽、漢堡，另外也推出現煮研磨咖啡與關東煮，也就是現在City Café的前身。

1986年，小七的開店數達到經濟規模，開始轉虧為盈，此時的營業額已達到新臺幣七億五千萬元，並開設了第一百間店。1987年，小七再度獨立，成為統一超商股份有限公司，任命徐重仁為總經理。1988年，小七的第兩百間門市開幕，這表示兩年內增開了一百間店。1989年，小七發展標準化流程，以增加運營效率，並針對各地區做產品或服務的差異化，像是推出大亨堡（熱狗麵包）這類長青商品。

1990年，第五百間店開幕，小七與日本三菱集團合作成立專業物流公司，也就是捷盟行銷股份有限公司。捷盟針對不同商品特性及物流規模，規劃最適化的物流服務。此時，小七的營業額達到新臺幣一百零八億元，首次超越遠東百貨，成為臺灣零售業霸主。1991年，因為各處的需求增加，小七開始加速設置加盟店，加盟店超過一百間，展店數也超過六百店。這年，小七推出了大燒包，每年銷售超過三千萬粒包子。1995年，小七開第一千家店，第五百家加盟店也開幕。1997年，小七展店數達到一千五百間，並進入花東地區，完成全島布局。1998年，加盟店比例達65%，也推出新服務，像是代收中華電信帳單與手續費。2000年，小七以物流優勢以及兩千五百間店面，推出取貨付款的新服務。這樣的服務增加消費者對小七的依賴程度。

2005年，小七第四千家店「奮起湖門市」開幕。2007年，City

Café鋪機突破一千店，成為全國最大連鎖咖啡通路。接著，小七進駐高鐵六站。2010年，小七與露天拍賣合作推出「交貨便」服務，成為網拍交貨中心。2011年推出「ibon量販便利購」，利用ibon平臺、7net網購機制，開啟販售新平臺。2012年，小七成為交通票務平臺，九成國內機票可在ibon訂位付款刷卡。2013年，小七推出新農業的概念，建置「7-ELEVEN光合農場」，以溫室菜園提供優質食品。

　　小七的成功關鍵是食品，因為它占總銷貨收入的26.6%，近三成。小七善於引進日本的商品，加以再脈絡化，而推出不同的創新。接下來，我們就鮮食、零食、輕食這三類主力食品，來了解小七的再脈絡策略。

鮮食的在地脈絡

　　鮮食是指即食性食品，依溫層與販售狀況分為五類。第一類是18℃的商品，像是便當、飯糰、手卷、壽司、三明治、調理麵包以及水果等。第二類是4℃商品，例如涼麵、熱麵（牛肉麵）、微波速食類（焗烤）、甜點、沙拉、水果、燴飯、米粥、披薩、炒麵、炒飯以及炒米粉等。第三類是常溫食品，如麵包、吐司、蛋糕、點心、甜麵包及鹹麵包。第四類是自助機臺，譬如蒸包機、關東煮、茶葉蛋、熱狗機、粽鍋、杯湯機、思樂冰、重量杯及咖啡機等。第五類是冷凍調理食品，包括便當、御飯糰以及關東煮等。這些鮮食品項是從日本7-ELEVEN引進臺灣，雖然消費者也都能接受，但臺灣

食用習慣還是不盡相同。

國民便當變熱呼呼

我們先來談談便當。日本人習慣吃冷便當，臺灣人卻習慣吃熱便當。江戶時代，民眾是在欣賞歌舞伎時吃便當（幕の内弁当），或是在宴會時奉予客人的簡單會席料理（如，松花堂弁当）。事先大量製作便當，送到客人手上時必定會涼掉。所以，日本人絞盡腦汁地去製作「涼了也好吃」的便當，擺飾也設計的賞心悅目。以前沒有保溫技術，吃冷便當是理所當然的。雖然技術改良了，日本人還是推出冷便當，而不是熱便當。

日本人已習慣吃冷便當。日本地理位置在中國大陸東北偏北，緯度較高，溫度低食物就不容易壞掉。大家都習慣吃冷便當，日本7-ELEVEN賣便當相對容易多了，因為便當不需要微波，不用怕微波後塑膠盒會釋放毒素，也不用擔心蔬菜會黃掉。

冷便當對臺灣胃沒有太大的吸引力。而且，臺灣天氣熱，便當放久容易滋生細菌。臺灣街頭巷尾也充斥著自助餐店、快餐店及小吃攤販，提供熱呼呼的便當。臺灣人習慣又熱又新鮮的便當，日本的冷便當在此行不通。

日本和臺灣消費者對便當主餐的喜好不同。日本便當主餐多為炸蝦、壽司、無骨雞腿排；臺灣則偏愛排骨飯、雞腿飯。日本人很貼心，會將雞排的骨頭先挑掉；臺灣人卻喜愛帶骨的咬勁。日本人炸雞排時溫度控制在95度；臺灣人炸的溫度要控制在90度，雞排的咬感才是最佳。鮮食部部長梁文源開玩笑地說著：「日式無骨雞腿

排看似精緻，但臺灣人就是偏愛啃骨頭的豪邁。」

日本7-ELEVEN製作冷便當相對面臨的挑戰較小，鮮食在店面大都不需要微波，串聯上游供應鏈以及食品工廠較容易。上游便當工廠也容易配合研發新產品。臺灣消費者習慣吃熱便當，不喜歡微波食品，因為蔬菜會變黃、炸類食品微波後會變軟，不再酥脆。這使得上下游串聯較困難。小七面臨的挑戰是：如何讓鮮食低溫冷藏，當顧客微波後，還能保持原本的味道？

日本從1978年（昭和五十三年）開始推動和風速食，累積便當和飯糰的製作與研發經驗。市面上可以看到飯糰加幾根鹹菜的簡單便當，也有以魚子醬、生魚片等高級材料做成的便當，菜色變化上比臺灣更豐富。便當最便宜只要二百三十日元（約新臺幣七十七元），最貴的便當要價一萬多日元（約新臺幣三千七百元）。臺灣的便當及飯糰多是手工製造，現代化食品技術尚未引進，短期要跟上日本不容易。

九〇年代起，臺灣的外食族開始大量增加。根據行政院主計處的家庭外食支出比例，1991年為17.7%，到2000年提升為29.02%。臺灣人的生活型態不再像是以往的朝九晚五，媽媽在家煮飯等兒子、丈夫回家用餐。臺灣工研院食品研究局的統計指出，臺灣人中午外食比例高達46%；週末外食人口更達87%。根據POS系統的分析，小七的鮮食部發現，來客時間最多的為「早上七點到九點」，以及「傍晚五點到七點」。這與日本7-ELEVEN發現不同，他們的來店最頻繁時段是在中餐與晚餐。徐重仁發現：「我們發現中午時段尚未被滿足。外食族增加，我們要思考如何滿足這份需求來提高中

午的來客率。中午時段最需要購買的就是正餐，因此我們決定開發
便利商店的鮮食產業。」

在沒有食品工廠以及便當工廠願意合作的情況下，小七引進日
本的鮮食類商品以及生產技術，取得製造餐盒的經驗，也獲取開發
新商品的知識。但小七並沒有照單全收，而是將鮮食商品與在地食
材結合。

米飯一直是臺灣人的主食，但很少人會想到可以把米飯變成
一種速食。小七的研發人員展開調查，包括淡水知名的「黑店排
骨」、臺北東區巷子內的「浙江武昌排骨大王」、西門町武昌街的
「金園排骨」、臺中「大三元便當」、基隆廟口「黃記排骨飯」、高
雄「金百鈴便當」以及廣受歡迎的「池上便當」、「福隆便當」等。
在試吃過程中，除了記錄便當的菜色，研發小組也拆解炸排骨、滷
排骨、配菜的食材以及醬料的做法。小七發現，排骨飯、雞腿飯是
最熱門。過去臺灣養豬技術提升，豬肉加工食品變便宜，成為臺灣
普遍食材，也是農村的記憶。於是，排骨飯與雞腿成為速食便當的
主打商品。

當時正好碰到不景氣，2001年經濟成長率出現五十年來第一
次負成長，臺灣股市從九千多點滑落四千多點，失業率從2%升到
5%。小七觀察到，消費者對價格更敏感，期望的是物超所值的商
品。之前，小七推出的便當價位都在六十五元左右。但消費者可以
接受的便當價為五十元。小七不斷地努力降低生產成本。當時擔任
鮮食部部長的蘇嘉麒記得，他終於達成將五十元售價目標時，興奮
地拿著九種菜色給徐重仁試吃。可是徐重仁卻說：「口味應該是可

以了，但五十元沒有什麼感覺，是一般市售便當的價錢，我們試試看四十元的便當吧！」

研發人員不斷地篩選菜色、壓低成本，最後終於推出七種傳統菜色的超值便當，包括排骨（主餐）、香腸、滷蛋、雪裡紅、酸菜、豆枝以及黃蘿蔔。2001年12月24日，定價四十元的超值便當上市。

2000年接下來的五年，是臺灣政治熱潮年，陳水扁成為第一位政黨輪替的民選總統，臺灣的本土意識愈來愈強烈，國民旅遊開始流行。當時，攀登三千九百多公尺的臺灣第一高峰玉山，成為全民運動。統一超商梁文源與整合行銷部部長劉鴻徵等人也應景報名去爬玉山，一邊爬一邊聊天，偶然靈光一閃。劉鴻徵提出：「登玉山是國民旅遊，代表每個國民至少要爬一次，便當若取為國民便當，就是每個臺灣人民都要吃一個嘍？」

於是，小七正式將產品命名為國民便當。2001年12月24，小七推出「憑身分證換便當」活動，馬上大受歡迎，民眾都拿著國民身分證去排隊領「國民便當」，更引起媒體一系列報導。本土意識帶動的全民運動，讓小七的國民便當一炮而紅。

▌浪漫御飯糰

1995年左右，臺灣當時播出相當受歡迎的日劇《東京愛情故事》，引起全臺一股哈日風潮。偶像劇中有令人羨慕的愛情故事，臺灣女性開始注意到日劇女主角的話語、穿著、一舉一動。觀眾被劇中女主角吃著三角飯糰上班的情節深深吸引。一顆飯糰，三角形

的討喜大小，只要三個步驟 —— 拉拉拉，就可以吃到酥脆的海苔、飽滿的飯粒以及餡料。這齣日劇讓很多粉絲都很想品嚐三角飯糰的美味。

小七想抓住日劇熱燒的機會，引進劇中的「三角飯糰」。日本飯糰之所以捏成三角形的原因，是因為日本人深信三角形有著不可思議的神力，就像金字塔可以聚集宇宙的能量。日本人吃飯糰的歷史，可溯自日本戰國時代，當時飯糰是武士在戰爭時的攜帶式糧食。為了讓米飯有鹹味，在捏握飯糰的過程中，多會在米飯內加入食鹽。除調味外，也補充武士所流失的鹽分。到江戶時代，飯糰已成為日常食物。日本的便利商店販售飯糰也有二十多年歷史，是日本民眾最喜愛的食物之一。

日文中的正餐叫作「御飯ごはん」（正式用法）。小七推出的「御飯糰」也是因此命名。它的三角外型和日本相同，海苔是日本進口，但內餡則依臺灣飲食習慣調整。日本的御飯糰多用鮭魚、明泰子為餡料。小七第一次推出的御飯糰是以「15元福利社」為定位，同時推出培根蛋沙拉、肉鬆及嘉義雞肉飯口味以符合在地需求。

日本的傳統吃法是針對口感設計，製作壽司及飯糰所使用的米飯是不同的。壽司用的是醋飯，而飯糰則用鹽飯。但臺灣人向來習慣以醋飯來做壽司或飯糰，所以小七還是以醋飯來製作御飯糰。2012年前後，臺灣消費者對御飯糰接受度愈來愈高，加上日本武藏野炊飯技術的引進，小七才改用鹽飯來製作御飯糰。小七藉日劇的轟動引進御飯糰，配合日式風格的廣告影片，成為終年熱賣商品，至2013年已經賣出超過三億個御飯糰。

隨著御飯糰的人氣漸升，小七推出延伸臺灣味的「糯米飯糰」，以糯米飯與白米飯的黃金比例調製，加入在地口味的內餡，如肉鬆、菜脯、油條等，讓傳統風味再現。研發人員試吃北、中、南各地約三十家早餐店的飯糰後，選擇四十年老店的永和「世界豆漿大王」做為技術指導。在王伯堂老師傅的指導下，飯糰不再只是三角形，而是傳統的細長圓柱狀，充滿臺灣口感。

關東煮變正餐

在臺灣的街口、夜市常常可以看到的「黑輪」，其實是來自日本。關東煮是日本從江戶時代至今歷久不衰的國民料理。在日本及臺灣對關東煮的調理方式及吃法、沾醬用料都不同。關東煮（O-den）是日本早期漁民把賣不掉的魚貨打製成魚漿，煮成魚漿製品。傳入臺灣後，因為發音的不同，關東煮變成臺語的「黑輪」（O-Len）。

日本關東煮常見的食材包括馬鈴薯、海帶、蘿蔔。小七則新增米血糕等食材，湯頭也從日本的昆布清爽口味變成濃郁的大骨高湯。日本關東煮沾的是黃芥末醬，吃蒟蒻則習慣沾味噌醬。臺灣人喜歡甜不辣醬，之後轉變成小七特製的關東煮醬。日本關東煮食材吸附很多汁，吃完黑輪後通常不再喝湯。臺灣人吃完後會向老闆要一碗湯，伴著剩餘的醬喝下。

小七分別在1985年和1997年推出兩次關東煮。1985年，統一超商鮮食部長梁文源解釋，引進關東煮之初，為區隔夜市攤販，打出「日式關東煮」的形象。然而，小七的關東煮銷售品項和路邊的

黑輪攤幾乎一模一樣，商品差異不大。路邊的黑輪攤老闆和顧客有感情，去小七光顧者自然少，初期銷售成績不佳。一位員工回憶：「剛開始導入關東煮時，接受度不高，我們好不容易煮了一鍋食物，晚上可能就要將它們丟掉。」到了1997年，配合當時的哈日風，小七再度以日式關東煮重新出發。

鮮食部部長梁文源表示：「1997年，我們的關東煮增加了日式魚漿系列，包括章魚燒、魚豆腐、魚河岸揚等地食材，再配合日本取景廣告手法，打造關東煮品牌形象，終於引起消費者迴響。」

小七為配合臺灣當時的哈日風潮，至日本取景拍攝廣告，選用日本演員以及使用日文發音。充滿日本味的廣告讓消費者感覺，購買便利商店的關東煮就會體驗到日本的生活。廣告內容也藉由男女的情感傳送冬天溫暖的心情。關東煮銷量因而大幅提升。

2003年，臺灣爆發SARS疫情，讓關東煮業績大跌。由於關東煮是自助式，直接接觸空氣會衍生食品衛生問題，平均每家店一天只賣出約三十支。梁文源表示：「當時我們心裡想，關東煮這個品項可能完了，沒有機會了。」

小七苦思如何重新出發。研發人員發現，許多消費者希望關東煮不只可以當點心或宵夜，也希望能加入蔬菜成為正餐。梁文源點出：「賣關東煮為何要和外面一樣，只要將品質做好，它也能成為正餐。」2007年，小七團隊開發蔬菜、肉、蛋等鍋物，讓關東煮成為正餐，順應各客層的需求，從年輕學生族拓展到上班族、銀髮族，銷量漸漸提升。2008年，關東煮的鍋物模式讓業績愈來愈好。小七展開以契作方式與農民合作，其中綠竹筍、蘿蔔、杏鮑菇、苦

瓜等四項蔬菜取得生產履歷,建立新型態產銷模式。

小七還注意到在臺灣麻辣火鍋逐漸熱門,在2011年起推出關東煮麻辣系列。小七推出「客製化關東煮」的新吃法,在活動期間購買任四支關東煮,即贈送「川味麻辣」或「膠原蛋白」湯底包。在2012年冬季,小七則是在關東煮鍋旁另開一新鍋,以麻辣湯底放入原本的料理。麻辣湯底的關東煮讓業績增加五倍。

零食的在地脈絡

國友隆一在《日本7-ELEVEN消費心理學》一書中提到,日本年輕人喜歡到便利商店購買零食(像是洋芋片)以及季節性商品。不少人是在知識型產業工作(例如電腦軟體公司),由於經常加班,所以常在公司附近的7-ELEVEN購買這類零食來當宵夜。日本7-ELEVEN將這類上班族歸類為「加班宵夜」的消費層。但臺灣早期買零食多以小朋友及學生為主,動機是在無聊、看電視以及休閒時吃零食。

原味覺醒零食

2001年5月31日,臺灣出了一本《五年級同學會》的書。「五年級生」指的是民國50至59年(1961-1970)之間出生的「後青春期族群」。書的內容訴說著五年級生小時候的回憶,包括講臺語要罰錢、卡通片看的是《無敵鐵金剛》與《科學小飛俠》。暑假一定要參加救國團的「溪阿縱走」(溪頭與阿里山)與「虎嘯戰鬥營」等。

　　當時的五年級生約30至40歲，看見書裡描述過去的種種，引起相當大的共鳴。「五年級」的話題引起社會共鳴，「小甜甜」等共同記憶開始被喚醒。

　　這些五年級生，在2002年左右約進入30至40歲，是人生最忙碌的階段。《五年級同學會》書中提到，早婚的人開始擔心小孩的學費，更早婚的人可能不小心又恢復單身，未婚的人被說眼光太高或被懷疑是同性戀。職場上有人一帆風順，也有人開始職業倦怠。五年級雖號稱中堅分子，但還在職場中又要面對六、七年級生的網路優勢，職場地位受到威脅。

　　五年級生正好處於時代劇變的交界口上，雖不曾經歷戰爭、逃難的歲月，但也跟不上「新人類」（六、七年級生）。到2002年，這群五年級生已變為中年人，在世代交替中，對未來有許多不確定感。年輕時聽的流行歌曲是《木棉道》，中年時卻聽不懂《雙節棍》的歌詞（按：周杰倫的歌聲以含糊為特色）。五年級生需要心靈的慰藉，想要找回過去民歌的樸實回憶。

　　2002年，小七研發團隊開始分析五年級生，參考臺灣歷史書籍，試著將1961年的懷舊元素移轉到2002年。同樣也是五年級生的統一超商整合行銷部部長劉鴻徵解釋：「五年級的童年介於四年級小時候的貧窮和六年級所生長的富裕年代之間。四年級小時候吃的和玩的大多是不用錢的，比較沒有物質的慾望；到了五年級這一代的小時候，大多數的人已經不必為吃不飽而擔心，也是開始有電視的年代。」

　　五年級生的青春是純純的愛；成長在戒嚴時期，必須接受三民

主義的思想養成；教育則在髮禁與10%錄取率的大學聯考中度過；娛樂主要是在地上跳房子、打紙牌、用橡皮圈跳繩；零用錢很少，大家一起在路邊小店購買彈珠汽水、零食以及玩戳戳樂，是共同的情感。五年級生沒有網路，只看臺視、中視、華視三臺。

劉鴻徵解釋：「像我老闆是四年級生，他小時候根本沒看過這些零食，不會有那種買不起的失落感；六年級生小時候又不像我們曾經那麼盼望過這些零食。」

小七在2006年6月推出懷舊零食系列，負責的創意總監張文玲就將這系列商品命名為「原味覺醒」，產品包括復刻版商品包裝，讓王子麵、吉利果、貓耳朵、卡英里卡英里、方塊酥、果凍、榛果夾心酥等零食再生，每包均一價十五元。小七希望以「小時候的價格」帶給消費者「小時候的味道」，找回「小時候的幸福」。原味覺醒系列都是五年級生小時候就有的零食。過去，五年級生可能沒有多餘的零用錢買，現在有經濟能力卻買不到。對五年級生而言，吃到小時候的零食應該算是一種彌補心理，透過零食懷念過去的滋味，記憶也漸漸復甦。

1970年左右，要買到貓耳朵這些餅乾，只能去鄉村中的「柑仔店」（小雜貨店）。2002年，小七已擴張到三千店，可以讓五年級生隨處都可以買到原味覺醒零食。在賣場呈現上，小七在店頭上用竹蜻蜓、老遊戲等傳達「福利社」的感覺，還提供「柑仔店」的戳戳樂遊戲。

劉鴻徵解釋：「我們想讓顧客一進來，就能體會到小時候生活的元素。我們更針對這股懷舊風推出網路行銷活動，與五年生共同

創造懷舊氣氛，這樣也可以提升原味覺醒懷舊系列產品的銷售。」

2002年，小七以「喚醒最初的感動滋味」為主題，推出「戀戀往事線上徵文比賽」以及「懷舊隨堂考」兩個活動。「戀戀往事線上徵文比賽」是希望讓五年級生分享以前的幸福感。小七更將徵文的得獎作品印在原味覺醒零食系列包裝上，讓消費者可以邊吃邊看。

第二項活動是「懷舊隨堂考」，以五年級生小時候的生活與話題為內容，共設計了五十考題，每玩一次考十題，測驗五年級生的記憶力。隨堂考的題目有：

「一個生長在孤兒院的小女孩，還交過一個叫作安東尼的男朋友，她是誰？」1.小甜甜布蘭妮 2.喬琪 3.小甜甜

「後來搬到木柵的臺北市立動物園，以前在圓山的鄰居是？」1.兒童樂園 2.大安森林公園 3.雲仙樂園

「哪一項不是救國團舉辦的活動？」1.溪阿縱走 2.金門戰鬥營 3.食神大賽

諸如此類的考題，恐怕只有五年級生才答得出來。懷舊隨堂考的活動一開始先透過電子報發給十六萬位會員，接著靠網友互相轉寄。活動推出第一個月，訪客次數從每日一萬人次突破至五萬人次。「戀戀往事線上徵文比賽」收到六百篇投稿。「懷舊隨堂考」活動推出半年，吸引二百萬人上網測驗。

為何「原味覺醒零食系列」選用網路行銷模式呢？一位企劃人員解釋：「以懷舊隨堂考來說，做完一份考卷十個考題，消費者花的時間遠比看一個三十秒的電視廣告還要多。他們在做考題的同時，就是我們和消費者在做深入溝通的時候。統一超商的客層組成

20至40歲占了70%，可以吸引大批的目標客群，也就是當時30至40歲的五年級生。」

小七以五年級生的零食，將顧客帶回小時候的幸福記憶，也帶動零食整體銷售提高46%，復刻版飲料「吉利果」創造六十二萬罐的銷售佳績。王子麵上市即賣到缺貨，創造近二十萬包銷售量。「原味覺醒」系列零食銷售成長50%，總銷售量突破六百一十萬包。原味覺醒零食的再脈絡要帶給消費者的，其實是體驗懷舊滋味。

輕食的在地脈絡

輕食也是日本飲食特色，以自然、健康、營養均衡且不過度烹調食物為原則。不論是餐廳或便利商店都有販賣輕食商品。日本7-ELEVEN的輕食類產品就是以少油、少鹽、少調味料和多一些天然素材來製造產品。

過去，臺灣人喜歡吃到飽。2006年左右，臺灣歷經各種食安風暴後，民眾都想回歸簡單生活。徐重仁當時去美國視察，看見美國出現一股「樂活」熱潮。他描述：「樂活這個概念很像臺灣所提倡的新生活運動。臺灣的新生活運動包括慢食主義、有機生活與環保概念。美國社會學家 Paul Ray 與 Sherry Anderson 在 1998 年發表的生活趨勢研究指出，社會上有一群人在消費的同時，會考慮到自己與家人的健康以及對環境責任，因此將這種生活型態的族群命名為樂活族 LOHAS（Lifestyles of Health and Sustainability）。」

臺灣的消費型態已經不再是以低價取勝，而是朝著價值取向

走，也就是願意花更多的錢來購買「健康、環保」。與鮮食和零食不同，輕食系列要推廣的不只是產品，更是一個「樂活」生活概念。小七要如何再脈絡「樂活輕食」這項概念呢？

┃ 樂活水果輕食

2006年4月，小七舉辦「健康樂活新主張」座談會，提倡樂活的生活概念。接著，小七推出沙拉系列、新鮮水果、低熱量食物涼麵、飯糰等。這些產品獨立出一個「輕食專案架」，讓消費者慢慢接受樂活的概念。不過，實際推行卻是困難重重，光是把新鮮水果上架，就煞費周章。水果、沙拉必須講求新鮮、乾淨、沒有殘留農藥，還要維持清爽的外表。

研發團隊曾經把整顆橘子、芭樂包上保鮮膜擺上門市，結果不理想。後來嘗試以加州進口的桃子、李子和櫻桃上架，但因價格太貴，銷售成績也不佳。小七團隊決定退回原點，重新尋找臺灣在地素材。臺灣原來就是水果王國，民眾平常愛吃的水果不外乎是芭樂、蘋果、香蕉、番茄及西瓜。有地利之便，何必捨近求遠？

小七改以臺灣水果為特色，推出一系列產品，像是三色水果之好氣色款（蘋果、番茄、木瓜，強調補足多酚和維他命營養素）、三色水果之纖活款（芭樂、鳳梨、番茄，強調纖維促進消化）、當令水果（有三款，金鑽鳳梨強調口感香甜、富含維他命B1，可消除疲勞；木瓜強調豐富糖分及維他命與鐵等營養成分；哈密瓜強調補充水溶性維生素C，促進人體新陳代謝）、四季鮮果拼盤（強調五種當季新鮮水果）、芭樂鮮果（強調高纖、低熱量）等。

2006年8月，小七出版《7-LOHAS生活誌》是首本以樂活為主題的刊物，透過旅遊、美食、名人經驗談、生活資訊議題，讓讀者學智慧、學保養、學放鬆、學成長、學料理、學健康與學環保等七種樂活態度。

小七藉此趨勢和中子文化公司合作，在2006年投入新臺幣三千萬元推動樂活觀念，結合臺灣歌手、臺灣商品推出「Simple Life：簡單生活節」。簡單生活節是一種複合式的藝術展覽會，在華山創意文化園區將活動分為表演舞臺、講座、創意市集、純淨市場四個區塊，有約一百個創意攤位參展。兩天活動中，有三個不同的舞臺區，不同音樂人輪流接唱，特色是跨界組合以及原音演唱（不用音響）。

活動還邀請知名講者分享簡單生活理念。結合「簡單生活節」，小七推出「光合餐飲」輕食專區，讓參加民眾除了可以感受樂活風格外，更可以吃到健康、低熱量的輕食。2006年第一屆的「Simple Life簡單生活節」以單日票一千元、雙日票一千三百五十元的高價，吸引三萬人次進場，帶進三千萬元門票收入以及一千二百萬元的場內消費。

創新啟示

小七（臺灣7-ELEVEN）引進日本便利超商體系，也帶進日本食品到臺灣。這些創新所面對的不只是臺灣消費者變遷的喜好，更是臺灣的飲食文化。緊密結合在地飲食文化，小七才能成功地將日本

食品再脈絡，受消費者接納。這個案例提醒我們三個重要的調適步驟：回溯原地脈絡、留意在地脈絡、就地再脈絡。

第一，在轉移一項創新的時候，千萬不能偷懶，不去回溯創新的原地脈絡。理解創新如何在原地發芽生根，可以讓我們知道移地轉植所需要的調整幅度應該有多大，又應該注意哪些不足的配套措施。例如，日本的零食是針對上班族設計；而臺灣則是以學生與小孩為主。但是，結合在地脈絡，可推出原味覺醒系列零食，賣給五年級父母，分享給小孩。

第二，我們要留意在地脈絡，了解本身有什麼特色，同時對比在地與原地脈絡之間的差異。在轉移創新的時候，我們多關心創新的功能如何引進，卻忽略在地脈絡是否提供跟原地同樣的環境條件。了解在地脈絡，才能讓我們看到問題的全貌，知道自己有哪些不足之處，同時也看見在地有什麼機會。這是一種「參透」的哲學，認識到自己的不完美，同時也省思到自己的獨有特色。例如，日本的便當是冷的；但到了臺灣就必須要變熱的才行，而且要顧及當時社會陷入經濟不景氣的環境，便當價格不能太貴。

第三，展開就地再脈絡的工作。知道哪些東西可以改，哪些東西不能改。知道哪些原地創新的功能可以保留，而且又知道應該融入哪些原有的在地元素，讓創舊融入創新。讓我們回顧小七的設計成果（見表13-1）。

設計一：日本人喜歡吃冷便當，要求便當種類多樣化。這在臺灣行不通，臺灣人喜好熱食。但是，大環境不景氣。於是，小七推出「國民便當」，將產品開發的重點放在排骨與雞腿兩種口味，

表13-1：探索在地脈絡，找出新設計

轉移項目	原地脈絡（日本）	在地脈絡（臺灣）	新設計（小七）	創新成果
便當	日本便當種類繁多，但多是冷的。	熱便當到處有；經濟不景氣；外食比例大增；本土意識抬頭。	冷變熱，不變色；滿足不景氣中的大需求；身分證換便當。	國民便當：配合不景氣，超值又划算。
御飯糰	日本御飯糰攜帶方便，是速食的最佳選項。	糯米飯糰配豆漿是普遍的早餐。臺灣掀起日劇風潮。	武野藏，人人讚；推出臺味的御飯糰系列。	御飯糰：吃飯糰，體驗浪漫日式風格。
關東煮	關東煮是日本老字號，只吃鍋物不喝湯。	黑輪煮盛行，是可有可無的點心。	鍋物巧搭在地食材，讓點心變主食；湯頭加麻辣，是在地口味。	關東煮：湯頭口味多，加拉麵或冬粉變正餐。
零食	零食是上班族的宵夜點心。	零食是小孩與學生的休閒點心。	成人也可吃點心；零食變成懷舊的生命回憶。	原味覺醒：喚起年輕回憶的零食，是親子共同話題。
輕食	日本輕食強調沙拉蔬菜，崇尚簡單生活，苗條養生。	臺灣飲食習慣大魚大肉，蔬果攝取少。	轉攻在地水果，以健康主打樂活觀念。	光合農場：有顏色的水果，強調維他命。

把價格降到新臺幣四十元，研發出讓微波加熱後蔬菜不會變色的方法，在不景氣中找到大需求。

設計二：日本的三角海苔飯糰講求方便食用。御飯糰對臺灣人當時是陌生的；臺灣人偏好咬著圓形的糯米飯糰搭配豆漿。小七看見日劇《東京愛情故事》帶來的收視熱潮，讓御飯糰搭上順風車，成為哈日族必備食品。在日本，吃御飯糰是為了方便；在臺灣，吃御飯糰是為了體驗浪漫愛情。

設計三：在日本，關東煮是老招牌的副食，品嚐鍋物才是重點，而不是喝湯。臺灣當時已經有黑輪攤販，消費者還沒有將關東煮當作副食。小七的再脈絡化重點是把注意力由鍋物延伸到湯頭。臺式關東煮不但增加日本食材，與在地黑輪煮差異化，更加入在地蔬菜，附上拉麵或冬粉，配上自製醬料，讓關東煮也可當主食。小七更配合在地口味提供麻辣湯頭。

設計四：在日本，零食是上班族的宵夜。在臺灣，零食是小孩子吃著玩的東西。小七看到當時世代交替，將吃零食轉變為一種回憶體驗，鎖定五年級生，也就是當時的中年人，推出「原味覺醒零食系列」。五年級生找回記憶，也傳承給下一代，更記錄臺灣曾經擁有的閃亮日子。

設計五：在日本，輕食已成為全民的文化，涼麵、沙拉、水果是養生之道。臺灣飲食卻還在大魚大肉的階段。小七借助美國的樂活風潮，舉辦簡單生活節，主打臺灣水果。輕食就是鼓勵攝取更多蔬果，可是在樂活觀念尚未開啟之際，推動大有困難。小七反向操作，讓消費者先「吃觀念」，再引發對輕食的需求。

　　採納一項創新要成功，必須要在原地與在地之間遊走，了解兩地脈絡的差異，這樣去思考脈絡，才能夠找到就地調適的切入點。這樣，我們也才能像小七一樣緊扣在地脈絡，精采地施展創新再脈絡。

Chapter 14

柔韌設計：
階梯數位學院巧避機構

創新的謀略，往往就藏在不起
眼的設計之中。

觀念：柔韌設計

談到創新，就想到設計，多數人就會聯想到產品功能、顏色、形貌、風格等元素。用更多、更炫的功能來滿足使用者的需求，是企業認為讓新產品大賣的不二法門。很少人會想到隱形的機構。如前幾章的介紹，理解機構脈絡，才可以進行創新「再脈絡化」。可是，當創新遇上了強大的機構，要如何回應呢？本案例要分析一個難以對抗的龐大機構：教育體制。

機構代表的是一股穩定的力量，創新者所扮演的角色就如顛覆的革命軍。當創新者推出的創新，可能是一個新產品、一項新服務、一套新系統，或某種新政策，若觸犯了機構所訂下的規矩，創新者可能很快就被鎮壓。就算機構不出手，使用者會因為創新太過新穎，或內涵太過複雜，而拒絕採納創新。

安卓・哈格登（Andrew Hargadon）教授在〈當創新遇上機構〉一文中便提到創新者的難題[1]：「一方面，創新者若無法引起群眾的共鳴，創新就很難被接受，更別說被採納。另一方面，若創新者附庸潮流，屈服於機構的制約，那麼這樣的創新也將乏善可陳，失去了改變機構的機會。創新既要標新立異，又要融入在地機構的制約，才能促成社會的轉型與變革。」

本案例原本是分析數位學習系統的採納問題[2]。政府推動很多數位學習計畫，但科技成效往往變成政策口號，各級學校並沒有因為導入數位學習系統而讓老師教學變得更好，也沒有讓學生變得更聰明。為什麼數位學習系統幫不了老師與學生？

　　我們分析階梯數位學院的案例後，得到三個令人不知所措的結果。第一，原來，元凶竟然是教育體制；第二，階梯數位學院能順利導入數位學習系統到各學校，成為當時臺灣的龍頭企業，原來用了柔韌設計；第三，順著在地脈絡來調整數位學習系統可以讓科技採納更為順暢，但這樣的創新到底是不是好事呢？令人不解。

　　這是一個有趣而詭異的案例。我們先來理解機構：臺灣的教育體制。

🍃 教育這個機構

　　不知何時開始，臺灣的中小學（甚至高中、大學）就開始實施填鴨教育（rote learning）。老師照本宣科，強調背誦與考試，而忽視沒知識的傳達，更無法培養學生的能力。除了少數具使命感的老師，許多國小、國中、高中老師多是採取「講光抄」的上課模式。一堂課中，老師按照課本唸，上課毫無互動。若有，也是被老師點名當場抽考，期待的是標準答案，而且一定要是老師的「標準答案」。接著，老師發測驗卷，讓學生振筆疾書，答題的效率成了教育的核心。理不理解知識，不是重點。

　　大部分的學生默默承受這種僵化教育方式。老師、家長與親友都不時安慰他們，等考上大學後，這一切的惡夢終將停止。學生只能靠在網路上宣洩情緒。一位臺北明星高中的學生便質疑：「身為

這個時代的學生，為何不憤怒[3]？我們每天重複的生活就是：走進教室，老師進來上課、考試，然後鐘聲響起，宣布結束五十分鐘的煎熬。下課大家就抱怨，上這些課有什麼用。就這樣，我們每個人都要被禁錮十二年，然後過了十二年，我們究竟學到了什麼？還是我們正在學習如何失去曾經擁有的 —— 童真的色彩。」

　　另一位學生則抱怨：「政府堅持推行著所謂減輕壓力的政策，口號喊的震天價響，要廢除填鴨式教育……（但是）我們的書包並沒有因此減輕。這樣，十二年過後，到底會怎麼改變一個人？我們社會最有活力的人，全部都變成了無精打采、死魚般雙眼的人……我們讀的書本，是讓我們得到更多？還是失去更多？」

　　考試壓力下，考不好的學生就請家教、上補習班，下完課繼續為考試填入更多答案到腦袋中。家中經濟不佳的學生，只有靠自己努力。公視進行一系列的追蹤報導，發現以考試為主的制度下，教育的價值嚴重地被扭曲。這並非只是考試制度有問題，而是連考試的目的、內容與方式被簡化為分數至上的狂熱。彰化的彰安與陽明兩間國中是報導中的焦點[4]；學校為了拼升學績效，將學生依照「能力分班」分成 A 段班與 B 段班，A 段班是好學生，B 段班是壞學生。

　　「成績不好、不會唸書的學生就是壞學生」，這樣的想法變成主流價值，讓學生在待遇上受到歧視，也困擾著家長與學子。許多學生對上課印象是灰色的。一名國中畢業生毫無畏懼地批評他過去的訓導老師：「數學老師上課都是照本宣科，把算式唸完一遍後發下考卷，很少講解。」他對於這名老師因為學生成績不佳，以及其他無謂的理由而體罰自己和同學仍耿耿於懷。

▎當填鴨式教育遇上教改

　　面對填鴨式教育，雖然許多老師嘗試體制內的創新教育，但在升學掛帥的環境下，能實施「正常教學」的老師並不多。大多數老師仍必須趕進度、拼升學率，以免家長將小孩轉到其他學校，造成學校減班、老師超額、工作不保。升學率更是學校爭取經費的籌碼。國中基本學習能力測驗，簡稱「基測」，是分發學生進入高中最重要的考試。分發的標準以PR（Percentage Rage）值計算，又稱為「百分等級」。這是將該次測驗所有考生的五科及作文加總排序後，依照人數將成績分為一百等份，考生成績便會落在某個等份中。例如，若考生的PR值為85，表示該生分數高於此次全體測驗85%的考生。

　　學校為方便管理，就進行能力分班[5]，並將多數資源分配到能力較好的前段班。學生能力被簡化成考試能力，並取代體育、藝術、音樂、家政非考試科目的能力。教育，被簡化成考試。學生在學校是否真的學到了知識，不是重點。單向灌輸教材成為主要的教學方式。就算是常態分班，也有問題。老師面對程度落差極大的一班學生，不知道要如何因材施教。

　　臺灣教育部十多年來積極推動教育改革，希望能解決填鴨制度的惡習。但這些改革卻帶來更多問題。十多年來，有四位部長就任，各提出不同的改革方案。1994年，郭為藩部長推出師資培育多元化管道，目的是要讓更多非師範體系畢業的大學生，能加入老師的行列，以豐富基礎教育。臺灣八十餘所大學開始廣設教育學程，大幅增加合格教師的數量。1996年，吳京上任教育部長，頒發「一

綱多本」方案，推翻過去教科書統一編纂的做法，改以教科書審訂制，並於2002年全面實施。一綱多本的原意是提供多元化的教學，避免因教材統一使老師傾向填鴨式教學，造成學生一味追求標準答案。同時，吳京也希望引進市場機制，透過出版社之間的競爭來提升教科書的品質。

為因應這個政策，民間出版商推出二十四種審訂版教科書，其中以翰林、康軒、南一為三大主流版本。廠商並未因競爭而改善教科書品質，反而競相模仿。造成版本間內容差異不大，只是章節內容與編排順序不同，課程連貫方式與術語解釋也多有分歧。這些教科書的設計主要在符合老師的教學方式，而非學生的學習需求。

一綱多本政策推行後，學生反而更加困擾。因為不知道基測會考哪一個版本的教科書，學生只好每一版本都研讀。這不只增加學生的負擔，也增加家長的經濟負荷。如果學生轉校，更要銜接各科不同版本教科書，使得學生更難調適。

2000年曾志朗部長上任，推動「九年一貫」教育方案，銜接國小與國中課程。此政策的目的是使學生統合各科目間的知識，強化以能力為導向的課程。在重新設計課程時，教育部希望將知識統整入生活中，結合個人發展、社會文化以及自然環境等三大層面，並將教學分為七大領域：語文、數學、自然、社會、藝術、健康與體育以及綜合教學。九年一貫的政策是希望以協同學習來改善分科各立的缺點，讓學校能更自主地規劃課程。

這項政策並未考慮到積習已久的考試思維。老師已經習慣用逼迫方式讓學生背書，啟發式教學對老師來說是陌生的。教科書雖然

標榜培養能力，但課本內容還是教條與背誦，學力評鑑方式仍是紙筆測驗。雖然學科被併到「領域」，但實質內容卻沒有太大變化，有些學程卻往前擠壓，例如國語（中文）由小五提前到小三，由小三提前到小一。這使得小學生要面臨極大的學習壓力。老師的調適也是一大挑戰。師範院校教育學程仍是分科培養師資，對統合教育仍很陌生。當這群老師到學校，遇上升學壓力，也只能將時間挪用來練習考試。

接著，林清江部長上任，研擬「多元入學」方案，由2001年開始實施。這項方案將入學管道分為甄試入學、申請入學與登記分發入學。這是要改善過去「一試定終身」的問題。在此方案下，學生可以考兩次基測。第一次基測成績配合個人表現，用來申請甄試入學。第二次基測成績用於登記分發入學。在升學主義深植人心的情況下，學生並沒有時間去發展自己的才藝。有些學校更壓縮正常教學時間，將三年課程於兩年內授畢，以便為學生爭取更多複習時間來準備5月分的基測。

在升學主義掛帥的環境下，補習班蓬勃發展，在十年之間成長三倍。家長認為補習班老師能更有系統地整理教材，授課也比較清晰。名師補習班門庭若市，學生必須連夜排隊才註得到冊。這些補習班各有所長，例如劉毅與徐薇補習班專攻英文，赫哲補習班則專於數學。這些補習班的教學，還是以考試為主；是訓練答題，並非教育。補習教育，成了臺灣核心的助學機制。

階梯數位學院

　　階梯公司早期以出版英文教材為起點，由顏尚武創立。隨後，階梯爭取到國外英日語教材的代理，例如BBC、朗文、芝麻街與NHK等，以直銷模式銷售教材到各級學校，做為語言學習的輔助教材。之後，階梯進入數位學習領域，在北京成立研發中心，將教材數位化。趁網際網路興起之際，階梯成立了「階梯數位學院」，將現有語言教材轉為網路教材，擴大北京研發中心編制至七百人，以便加快產品推出。階梯看準小學、國中、高中的升學市場，將產品轉換成一套網路學習系統。不過整個行銷的重心是以國中基測為主，再向上下延伸。

　　這套數位學習系統命名為「聰明家庭」（Smart Family），一共涵蓋三個年齡層：0至8歲，7至18歲以及16歲以上。第一類別（0至8歲）的數位課程包含幼兒用小百科全書，也將一些得獎彩繪故事書轉變為動畫，如波隆那大獎故事、中國經典故事、生活寓言故事等。第二類別（7至8歲）課程主軸是針對九年一貫的國中小學生。英文是中小學生最感頭痛的科目，學生普遍對國內英文老師口音不準確、教學呆板與責罵態度感到挫折，也失去學習英文的興趣。階梯以人工智慧設計一套英文學習系統，為國中學生設計一個名為Anita的擬人化角色。

　　階梯原始構想是找補習班名師來錄影，編製九年一貫課程教材。但補習班老師多有專屬的數位課程，不願意參與階梯的錄影計畫。階梯轉向動畫設計，試圖整合市面上主要教科書內容，將每項

課程分為：引起學習動機的「小劇場」、以動畫方式快速複習課程的「小教室」、以互動式遊戲複習課程的「小考驗」與模擬基測的「小評量」。

這四個學習流程還可以讓學生選擇南一、翰林、康軒三個版本分別練習。嚴格說來，階梯並沒有真正「整合」各版本教科書，只是以動畫的形式來呈現三個不同版本的教材。

第三類別（16歲以上）課程是針對高中生，教材設計與九年一貫大同小異，並增加高一至高三的課程錄影，由階梯自己找師資來錄製。但是，這些課程並不受會員青睞，主要是因為高中課程會因為學校老師上課偏好來採用教學版本，難有一致性。最後，階梯只保留大陸高中全科課程，但因為教材內容並不完整，僅做為宣傳之用。階梯也與探索頻道簽約，提供教學影片單元，讓老師可以用來做為上課輔助教材，提供學生課外進修之用，以增加學習趣味性。階梯並製作「遊戲館」與「漫畫館」，讓學生在學習之餘得以休閒。

階梯便將語言學習做為主打方案，總共約推出一百三十種課程，透過直銷部門銷售。以國二、國三學生為核心客戶。數位課程協助他們應付基測，其他延伸課程則是「附贈」，讓家中其他成員享用。階梯希望藉此協助國中生克服艱澀的學習過程，讓學習寓教於樂。階梯也希望學校大量採用動畫做為輔助教材後，老師會有更多時間對學生進行個別輔導，或將時間用來開發新教材。階梯由銷售實體教材變成提供數位課程，整合為網路教育臺，轉化為數位學院，收費每月新臺幣三千九百八十元；看來是不錯的商業模式。

但是，階梯高估學生對於啟發式教學的期望，也低估機構對

老師教學行為的影響。老師並沒有動力去採用階梯的教材，因為他們要趕進度、出考卷，還要應付許多行政工作。採用階梯的教材會占去他們寶貴的時間。老師也擔心被指控與廠商勾結，向學生榨取金錢。以現行採用的教科書及測驗卷，就已向同學收取不少費用。例如，若一間學校採用康軒的教科書，通常就會搭配購買康軒的參考書及測驗卷。如果老師再採用別家教材，惟恐在家長會上受到質疑，以為老師與廠商勾結。

出考卷是老師的痛點。老師除了要評量所採用的版本，也要顧及其他版本，但又不能叫學生買測驗卷，而且也沒時間自己出。階梯曾向出版社購買版權，希望建立跨版本的題庫，但出版商不接受，因為各家廠商都擔心自己的壟斷地位被動搖。

多數家長與學生的思維仍以考試為主，任何與考試不相關的學習通常不受關注。階梯打出全方位一百三十臺的課程、寓教於樂的數位教材對家長與學生來說是反效果。家長認為只要九年一貫課程就好，所以要階梯降價。

學生更難接受階梯的數位教材；國中生已經習慣背誦的學習方式，要他們馬上改變學習行為是不易的。階梯教材要求主動求學與積極探索。要學生自主規劃去運用一百三十臺的課程，是不太可行的方案。在臺灣，這個理想過於崇高，執行上也困難重重。階梯也嘗試找非補習班師資來錄製教學課程，但一時之間找不到合格的師資。畢竟，補習班已經做的很成熟了，階梯在短期內是無法達到補習班線上課程的完備性。更何況，臨時上陣的老師面對鏡頭也不具說服力。

2000到2002年間，階梯只招收到約四百名會員，公司面臨經營危機。階梯所面臨的不只是行銷問題，更是機構的制約。階梯數位學院缺乏合法性，很難將教材銷售到校園內。階梯數位學院本身定位也很模糊。對家長來說，階梯數位學院既像補習班，又像出版商。依照目前教育制度，階梯教材似乎是多餘的，只會增加學生的負荷。此外，多數家長因工作忙碌，較少有時間關注小孩學業，所以將小孩送到補習班是兼具安親作用。在當時（2000至2006年），臺灣社會正面臨經濟不景氣，家長每月要多花新臺幣二千到五千元在小孩補習上，沒有剩餘的資源。

階梯想與補教名師合作，得不到正面回應。想與出版商合作，又被視為勁敵。階梯要如何重新設計課程來回應機構的制約呢？階梯數位學院推出後，在2003至2006年間造成轟動，會員數爬升到四萬多名，階梯也成為臺灣數位學習產業的龍頭。這個傲人的成績，階梯究竟是如何做到的呢[6]？

以下我們就來看階梯如何見招拆招，以策略回應機構的制約（參見表14-1）。

設計一：動畫教學臺，上課變成動漫

階梯首先改變電腦動畫的呈現方式，重新以主題式方法重編。階梯根據教育部公告的課程綱要，將南一、翰林、康軒三大教材分解為主題模組。工程師用「學習單元」來製作多媒體動畫，使用者可任意選取學習單元，不需受教科書順序的限制。這樣的設計也可以讓網頁被點閱時更流暢，不會受到頻寬的限制。

表14-1：柔韌設計，化阻力為助力

	系統設計	柔韌設計	原本阻力	變成助力
動畫故事臺	課本變動畫，模組化增加學習彈性；卡通人物學習無壓力。	讓讀書由壓力負荷變休閒樂趣。	多版本教科書傳達一元教學內涵，箝制教學，形成知識的負荷。	卡通人物協助學生理解教材；習題故事化增加學習動機；學習彈性促進自主學習。
線上家教臺	教師能解惑，同學小班有感情，線上變得不寂寞。	邀請被體制拒絕的流浪教師，發揮正面教學能量。	教師是知識權威，單向教學缺互動；學生只會唸課文與劃重點，有困惑卻求助無門。	學習有問題，線上家教立即可回應；問題導向式的學習增動力；在家留學新鮮又有趣；跨校交流培養真友誼。
智慧評量臺	考題分為難、中、易，適性出題，學生逐漸產生信心。	退休教師讓出題變精準；流浪教師讓解題變活潑。基金會免費致贈各校，隱形擴散影響力；教師出題也變輕鬆。	考上明星學校有壓力，學生愈考愈差沒動力。	適性考題系統建信心，雖有壓力不放棄。「第一名蛋糕」意外變成超級動力，「伊優生」蔚為校園風尚。

　　階梯重編教材，原本是為避免侵犯出版商的智慧財產權，卻收到意外的效果。動畫課程不只符合一綱的精神，也整合三大版本的重點。學生可綜合各版本教材來準備考試。但是，整合版本並不是學生喜歡動畫教學的主因，裡面的卡通主角才是。

　　在前一版動畫設計中，只有擬人化的卡通人物出來搭配主題學習。在新版中，階梯塑造了五個卡通主角：丁小雨、曾思毅、雷子

豪、小冠子與小綾。這些角色個性鮮明，帶點臺灣口音，行為也有濃濃的日本感[7]。例如，丁小雨是外型甜美、成績優秀、數學特強的女生，成為許多國小女生的偶像。曾思毅則溫文儒雅、斯文有禮、出口成章，他的強項是中文。雷子豪帥氣活潑、有點調皮，時常忘東忘西，不過常常以看似簡單的問題，帶出許多重要的觀點。

這些角色分別代表在地學生的典型。學生很快就投射感情到不同的卡通人物上，看到自己學習行為的縮影。這些卡通人物還會隨時間成長，因此國小一年級的丁小雨會隨時間長大，成為國中六年級的丁小雨。除了體型長大之外，造型會更成熟，運用詞語也不同。學生在觀看卡通時並不覺得是在「預習」教科書，反而覺得是「休閒」時間。一名國小三年級學生便因為喜歡丁小雨，一直看數學科動畫，結果進度超前，被編到四年級與姊姊同班。

這些卡通人物將課程變成「節目」，使學生被動學習的態度轉變為主動學習的行為。當學生對內容不了解時，還可重複觀看。重看的動機除了溫習教材外，也透過卡通人物來強化學習。例如，雷子豪常在課程中提問一些學生很想要問，又不好意思問的問題。讓雷子豪提出這些問題，學生就不用擔心被老師責罵、被同學嘲笑。透過反覆觀看課程，學生可以自行學習，了解比較艱澀的問題。

階梯在重新設計動畫教學臺時，也特別配合卡通人物去解決應用性的問題。例如，丁小雨用數學去解決小鹿迷路的問題，或者是小冠子透過電腦模擬動手做實驗，讓學生理解空心菜、黃金葛的種植方式，學習生物繁殖的知識。在課程設計中融入使用者熟悉的人物、將課程內容變成劇情，讓卡通人物代替學生提問，這些設計元

素都使得學生可以不用硬背考題與答案，轉而由故事情節中學習。

　　一位國小五年級的學生提到（約使用一年）：「動畫教學臺能幫助我記住課本裡的東西，自己就可以複習功課，不用靠家教。像是社會科，書本上看不懂的，只要看動畫和圖像說明，就可以理解課本的意思，不用去讀枯燥的課本。」

　　有效的學習除了靠理解，也需要透過討論。但是要國中小學生正經八百地坐在教室討論似乎不太可行。學生看完動畫臺後，也多只能與家人分享。動畫教學臺的卡通人物意外成為討論的媒介；學生看完教材後，可以到線上討論區發表自己的學習心得。還有學生為不同主角組成粉絲團（Fan Clubs），熱情分享對不同卡通人物的喜好。這些社會性活動看似娛樂，卻也讓學生加深記憶、消化學到的知識。

設計二：線上家教臺，在家留學

　　階梯的原設計是想找補習班名師錄製課程，使學生能有系統地吸收教科書內容，但補習班老師並無意願合作。階梯也發現，學生上完一天的課已經筋疲力竭，再補習也只是負荷，根本沒有時間再去看線上課程。

　　階梯一位企劃主管便分析：「現在國中小學生讀的書已經多到快要吐出來了，上課對他們是一種心靈的摧殘。通常學生不是唸不夠多而考不好，而是唸太多造成消化不良。其實到補習班，學生照樣睡，除非補習班老師可以講課很生動。學生最需要幫助的並不是上課，而是問他在學校不敢問的問題。」

　　以「交流」來代替上課，便成為階梯重新設計「線上家教臺」的核心元素。在當時，由於輔佐就業機制尚未健全，許多修完教育學分班，想進入中小學的老師都很難找到教職，成了流浪師資。也有不少返國留學生，想投入教育事業卻苦無合格證照。階梯把握此機會，招募這群滿腔熱血的流浪師資，給予教學、廣播等訓練課程，讓他們成為一支陣容堅強的線上老師團隊。

　　線上家教的主要功能並非上課，而是根據課程綱目，幫學生複習當日的學校課程，將上課聽不懂的部分重點講解。立刻解決不懂的題目，是學生喜歡線上家教臺的主要原因。一名國小六年級學生解釋：「有一次學校作業要我們舉出哪些植物是單子葉、雙子葉，我上網怎麼找就是找不到，就向線上家教求救，馬上知道解答。不用把問題一直留在心上，感覺真好。」

　　一開始，階梯原本每班想收二十至三十名學生。但線上家教臺一推出後，卻很自然地變成六至九人一班。班級規模變小，開班次數變多，交流品質反而變好。小班教學使老師能花更多時間到每位學生身上，除了幫學生解惑，也給予更多關懷。跨校同學之間也變得更親近，會相互訴苦、打氣，也分享在學校的生活點滴。同學之間更會相互督促不要缺課，主動協助遇到困難的同學。

　　學生也會在社群頻道討論上課趣事，分享不同老師的上課方式，或針對特定主題在論壇上張貼問題與同學交流。由於學生來自北中南部不同城市，家長還會安排家庭聚會，例如一位高雄家長就帶小朋友到臺北與她的線上家教與同學見面。

　　線上老師都多有個人風格。一名老師聲音甜美，上課以溫柔見

長，當學生用出時下流行的「火星文」造句時，她會讚美學生的幽默感，再說明正確用法，讓所有學生一起思考更有氣質的造句。另一名老師的造型如流行歌手，頭上常綁著頭巾，講課時如說故事，時而感性、時而大笑，展現陽光老師的魅力。也時常進行實驗教學，做傳統教學不能做的事。

在英文學科，階梯也以簽約方式找三十多位英、美、紐澳留學生與合格老師擔任線上家教，如此學生可以感受「在家留學」的樂趣。海外老師因時差關係必須在晚上與深夜上線，剛好符合學生的作息，也使線上家教臺變成二十四小時全天候播出。「在家留學」的概念，增加學生上課的動機，連家長都會殷切地坐在孩子旁一起學習。

這些英文家教來自不同專業領域、國家，不只帶來語言學習的新鮮感，也讓學習英文更活潑。例如，Kerrin 是美國人，擁有哈佛大學教育碩士學位，現任科技顧問，居住在美國；Molly 是臺灣人，麻州大學教育博士，定居在美國教書約十四年，喜歡鋼琴作曲。Michael Praught 是加拿大人，正攻讀碩士，有英語教學證書，曾在臺灣擔任兒童英語教學節目主持人。

小班制使互動品質提升，同學間感情較融洽，不像在學校大班制[8]；同學之間多籠罩在比分數、拼名次的氣氛下。網路教學中，老師與學生看不見對方，反而讓學生更敢發言，也可以在討論課業之外，與老師親切地聊學校發生的事。

一位功課突然變好的國中生感嘆地說：「我上了家教臺後變得更活潑了。我回家會先做功課，不會的問題就拿到課堂上問線上

老師。他們都很有耐性，同學也會給我很多意見，媽媽也可以坐在
旁邊聽我們討論。這樣我就不用跑很遠去上補習班，很晚才能回到
家。」

設計三：智慧評量臺，考出成就感

　　階梯原始的設計與坊間類似，多是以歸納各版本考題為主，
著重在讓學生增加練習次數。這種設計原則是為達成「考題覆蓋
率」，以配合學校的考試。不過這種評量設計是有問題的。基測考
試題目其實是中間偏易，所以考得愈多不見得分數會愈高。許多學
生常因考太多而累壞了，頭腦應付不來龐大的資訊量，結果適得其
反。失去信心的學生會漸漸排斥考試，成績也就愈差，形成惡性循
環，因此被考試遺棄的學生也就愈來愈多。經過這樣考試制度存活
下來的「資優生」只是很會考試，不代表他們具備能力。

　　階梯的教務企劃認為，如果要勝出，必須改變命題內容以及評
量方式。在出版商與補習班都拒絕合作的情況下，階梯無法取得考
題來源，也必須另闢蹊徑。但這些挑戰卻讓階梯找到創新的三個設
計元素。

　　第一，階梯為避開出版商考題的版權，找來市場的流浪師資，
將出題工作外包給這群有志難伸的失業人口。他們的工作是依據各
版本的考題，重新設計考題內容，讓跨版本之間的考題整合起來，
並帶入更多思考元素。

　　例如，某版本的國文題目是考選擇題，問學生「哪一位臺灣作
家是被火車撞死的？」（問題很扯，我知道。答案是：楊喚）。這類

題目比較像機智問答，其實不會出現在基測中。階梯的教務團隊就會將這題重新設計為「楊喚在出車禍之前，所寫的詩都在關心哪些事？」如此的做法不只讓題目更活潑些，更可以擴大題庫範圍、整合版本、避開智財爭議。

第二，階梯啟動一項「百位名師」計畫。階梯成立一個生涯教育基金會，邀請一百名曾為教育部出過聯考或基測考題的退休老師，為「智慧評量臺」設計考題。這些考題編輯委員有豐富的出題經驗，命題方向與出版商很不同。出版商的編輯群只會針對某一版本的教材內容命題。這些退休老師會很有技巧地編輯各版本的考題，融入學校老師關心的議題。

第三，前兩類考題合起來有四萬多題。有了充沛的考題後，階梯開始輸入電腦系統並將每個考題標示難、中、易三種程度，以便搭配自行研發的「適性評量」系統。這套系統出題時會依比例分配考題，80%的考題由電腦隨機選取中易程度的考題，20%則配置較難的題目。每次考完後，電腦會繪出一個雷達分析圖，讓學生了解要強化的能力。

這套適性評量的方式對學生深具吸引力。學生進行自我評量比較沒壓力，考完後馬上知道結果，成績永遠不會太差，很快就建立成就感，會想要再考一次。每次評量後，學生可以馬上參考解題。這些解題不只是解答簡單易懂，更是風趣幽默。學生閱讀時除了覺得很好玩，更由解題中理解到背景知識，逐漸建立學習信心。智慧評量臺是學校老師最喜歡的系統，因為以電腦出題可以降低工作負荷。老師不用擔心用某一特定出版商的考題後，被誤會有利益勾

結。學生中若有訂購階梯教材的人很容易考高分，不需再留下自習。

　　階梯也抓住2002至2004年政府推動數位落差計畫的時機（預計在一百六十八個偏遠鄉鎮建立三百個數位機會中心）。當時，政府單位正苦於找不到合適的數位教材，於是邀請階梯捐贈。階梯透過生涯發展基金會很爽快的捐出，還捐贈硬體。此舉雖然讓政府可宣傳政績，實際上學習成效並不佳。這是因為偏遠地區的學生有許多經濟、社會上的問題（例如單親家庭、低收入戶），會影響他們的學習。數位課程並無法解決家境問題。

　　但是，數位落差計畫讓階梯得以進一步建立與學校的接觸。階梯透過國家數位學習計畫將數位課程捐贈給各國中小學，計畫名稱為：「遇見學習的幸福」[9]（以動畫教學臺與智慧評量臺為主，不含線上家教臺）。例如2005年，古亭國小兩位老師便採用階梯教材舉辦寒假補救教學計畫，還獲得教育部數位內容創新研究優等獎。取得進入學校的合法性後，階梯很快將數位教材擴散到臺北、臺中、彰化、屏東、高雄等一百三十八個城市。

　　階梯為鼓勵學生使用，舉辦「伊優生」選拔活動。伊優生是指將階梯的系統用的很好的學生。階梯透過基金會遴選會員中，在校各年級考試成績第一名的學生。遴選的標準是會員必須是實際使用階梯數位教材，又獲得第一名的學生。得獎會員除了收到一份禮物外，還會在學期上課前收到芝士蛋糕，上面印著「第一名」字樣，由快遞公司送到老師手上，再由老師當全班送給同學。

　　雖然競爭「第一名」不是啟發式教育應鼓勵的事，但這項活動卻是階梯的木馬進城計。階梯透過「伊優生」將教材擴散到學校

中，讓生動的數位教材取代生硬的制式教科書。

☙ 創新啟示

　　嚴格來說，階梯數位學院的課程還算不上是啟發性教學，只是成功再脈絡化的助學教材。不過，如果只將階梯數位當作暢銷的課外教材，又低估了它的創新巧思。階梯在2003至2006年之間的再設計，提供我們三項創新啟示。

　　第一，一項深遠的創新其實也是一股社會力量，會如革命軍般衝擊既有的體制。創新者代表改變的力量，機構則代表穩定的力量。如果只看顧客（使用者）卻不知其背後的機構脈絡，創新者很快就會變成烈士。創新烈士通常只能飲恨，而難伸志向。

　　第二，創新者可以將回應機構的巧思嵌入物件的「設計」中，其中含有雙層意義。其一，物件細節（如形貌、功能）必須巧妙地設計，讓使用者有驚喜而不會被驚嚇。也就是，系統功能的設計要讓使用者能理解。其二，這些設計要讓使用者與機構消除防衛心，願意接納創新。前者是讓物件上看來無害，於熟悉中隱藏新奇；後者是攻心為上，將「創新木馬」帶入城中。

　　第三，在機構統治下創新，必須叛逆到不被鎮壓，順從到不被歸化。創新者必須要因地制宜、重新定義問題，讓使用者換一個角度理解新觀念，進而擁抱創新。例如，重新定義教科書，成為動漫連續劇。重新定義線上家教，成為社群交流與在家留學。重新定義「考試」的重點不在頻率，而在精準與信心。當創新者能善用柔韌設

計時，就可以成為一隻「批著狼皮的羊」，將創新暗渡陳倉到機構之中。

　　推動創新，要改變的不只是科技，更是背後的社會體系（機構）。要改變科技相對容易，但要對付社會體系則困難重重。當你打不過機構這個龐大的對手時，不如偽裝前進、伺機而動、暗渡陳倉，甚至化敵為友。不要一開始就抱著當烈士的決心與機構對抗。除了設計產品，創新者還必須善於用計，不只科技創新的要柔軟，回應機構的手法也要剛柔並濟。讓創新看起來與主流版本相似，但是設計中卻藏有令人驚訝的革新觀念。深具謀略的創新，往往藏在不起眼的設計中。

Chapter 15
無中生有：
策展梵谷燃燒的靈魂

資源稀缺時，找出看似無用的
資源，轉化資源的價值，便能
扭轉劣勢。

觀念：隨創，無中生有

本案例要介紹另一個對付制約的觀念：隨創（bricolage），來分析劣勢中如何創新[1]。隨創這個字源於法文，像是木匠利用隨手可用的材料，拼湊地修補，卻能做出很棒的桌椅。這種隨手修補的做法，卻經常產生意想不到的創新成果。法國人類學家克勞帝·李維史特勞斯（Claude Levi-Strauss）稱這些工匠的巧思為「隨創」[2]。他們在進行工作時並非仰賴精密計算或理性分析，而是在遇到困難時隨興發揮，好像在野地求生。李維史特勞斯稱這些隨創者擁有野性心靈（savage mind）。

隨創主要有三項做法：就地取材（making use of resources at hand）、將就著用（making-do）、重組資源（recombination of resources），讓創業者能無中生有[3]。然而，制約下如何無中生有？創新者必須要尋找或等待機會；資源短缺，又無材可取，必須要轉換看似不用的資源，或設法找到夥伴交換資源；有強敵環視，要設法改變強弱局勢。所以，要施展隨創並不如我們想像中容易。透過梵谷策展案例，我們將理解這種「隨手捻來的創新」到底要如何運用。

策展梵谷

聯合報系成立於1951年9月16日，臺灣發行《聯合報》、《聯合

晚報》、《經濟日報》與《捷運報》（*Upaper*）；於海外則發行有《美洲世界日報》與泰國《世界日報》。聯合報系在2000年成立聯合線上股份有限公司，經營聯合新聞網、聯合知識庫、網路城邦、數位閱讀網、數位版權網等事業。2008年10月，聯合報系重新整合集團資源，成立金傳媒集團，以《經濟日報》和活動事業處為核心。其中，活動事業處便是策劃聯合報系大型活動的執行單位，其策展業務最早可追溯自《民生報》。

《民生報》成立於1978年，內容定位在生活、體育、消費與影劇等民生議題。當時這樣的定位卻不易被讀者接受。為拓展讀者群，《民生報》成立十五人的活動企劃組，目標是強化與讀者的互動，像是籌辦魚拓教室、民生盃網球賽、報系社慶等活動，每年舉辦近四百場活動。這個做法奏效，《民生報》逐漸成為企業與家庭的「第二份」報紙。

自1993年起，活動企劃組開始導入國外展覽。包括《俄羅斯沙皇夏宮文物展》、《趙無極回顧展》、《奧運百週年紀念版畫展》與《夏卡爾畫展》等。這些活動帶來可觀的收入，例如《夏卡爾展》在四十一天展期，吸引八萬人次觀展。策展不但帶動《民生報》的發行量，也培養國內藝術觀賞人口。不過，在2006年《民生報》面對網路媒體衝擊，報紙銷量逐步下滑，最後決定熄燈。但策展能力受到肯定，活動企劃組於是被併入聯合報系金傳媒集團的活動事業處，逐漸轉型為獨立事業單位。2007年的《兵馬俑特展》、2008年的《沉睡18000年的冰原巨獸—長毛象特展》都引起極大迴響。尤其在2008年所舉辦的《驚艷米勒—田園之美畫展》更創下六十二萬

觀展人次以及一億四千三百萬元獲利，策展績效領先國內。

2009年適逢梵谷逝世一百二十週年，全球吹起一股梵谷熱。活動事業處決定與歷史博物館合作，向荷蘭庫勒慕勒美術館（Kröller Müller Museum）商借梵谷畫作來臺展出，希望延續《米勒展》的熱度。梵谷的知名度超越米勒，更具話題，活動事業處也對此投以厚望。然而，借展過程中卻遇到重大挑戰。策劃團隊只能借到七十多幅梵谷早期素描作品，以及二十多幅中晚期油畫。梵谷畫作中眾所周知的《星夜》、《向日葵》等作品，皆無法來臺展出，其中有三道難題。

首先，梵谷畫作是各國博物館珍品，不太可能外借。像是《向日葵》珍藏於英國倫敦國家畫廊；《星夜》典藏於美國紐約現代美術館；晚期畫作《夜間咖啡屋》則是庫勒慕勒美術館的鎮館之寶。其次，就算對方願意借，借展費也高得驚人，會造成虧損。最後，有些作品是借不到的，像是梵谷晚期畫作多收藏於法國巴黎奧賽美術館。這批畫作原屬於嘉舍醫生（是梵谷生前的精神治療醫生）後人所有，捐贈者要求奧賽美術館永不得外借梵谷畫作。庫勒慕勒美術館只能借出梵谷早期素描。

除名畫借展困難外，荷蘭博物館對於名畫的維護更設下嚴格安全標準，並有安檢官負責畫作的移動、安置與展示。若展出場地不符規定，工作人員無安檢執照，畫作也無法出借。除門票和企業贊助外，周邊商品銷售額是策展成敗的重要指標。離場時，觀展民眾通常會購買導覽手冊、筆記本、畫作海報、明信片等紀念商品。例如，米勒展的周邊商品每天高達上百萬元收入。

　　策劃周邊商品的關鍵在時效性，展覽期間才好賣，展覽結束後便很難轉賣。為在有限時間內創造最大收益，周邊商品的設計攸關銷售成敗。米勒展之所以能創造高坪效，是因為展出《拾穗》及《晚禱》兩幅名畫，因而帶動複製畫銷售。這次梵谷展中名畫皆缺席，要帶動買氣自然不易。

　　展出缺乏知名畫作、場地不符安檢規格、周邊商品開發不易，讓策展小組陷入困境。在種種劣勢下，金傳媒策展小組要如何化危機為轉機呢？我們先來看制約的脈絡，再說明如何轉換資源來翻轉劣勢，提出創新方案。

▎第一階段：不合格的展場

　　遭遇制約：梵谷展面臨的第一大挑戰，便是借展方嚴格的安檢規範。梵谷畫作主要收藏於荷蘭庫勒慕勒美術館。這個國際級展館為維護名畫，訂有高標準的安全檢查規範。所有藝術收藏品出借時，必須由國家認證的安全檢察官（簡稱安檢官），全程監督畫作的搬運、安置、展覽等各項安全措施。此次，庫勒慕勒美術館副館長萊諾思夢和夫（Rinus Vonhof）特別偕同安檢官童霍夫維克（Ton Hoofwijk）先到預定展出場地—臺灣歷史博物館（以下簡稱史博館）勘察。2009年春節前夕，策展小組接到厚達二十一頁的安檢缺失報告，要求史博館大規模整修場地，否則無法出借畫作，這讓策展小組陷入困境。

　　報告中，安檢官列出兩大類缺失。第一類是工作人員專業不合格。為確保藝術品的安全，保障畫作品質，荷蘭館方規定館員必須

具備基本技能，包括藝術品持拿技巧、搬運作業程序以及緊急避難措施。一位活動事業處主管無奈回應：「聽到這樣的要求，真讓我們嚇一大跳。國內從來沒有這樣的制度，也沒有相關訓練，更沒有此類專業認證。這一下子要叫我們到哪裡找人呢？總不能把現有員工全部撤換，到國外招募一批全新的工作人員吧？我們哪來的經費啊。」

第二類是軟硬體設備不符國際標準，包括史博館的溫度、溼度與亮度控制都不穩定，有破壞畫作之虞。按照國際標準，博物館在畫作展覽期間，必須維持恆溫、恆濕。溫度需設定在攝氏20度，正負誤差2度；溼度則是50%，正負誤差5%。燈光照明也是重點；對脆弱的畫作來說，若燈光太亮或溫度太高，可能會讓畫作上的油彩融化，損害文物。史博館是日據時代遺留下的古蹟，館內設施已相當老舊，原用途也不是美術館，因此溫、溼度控制都未按規格設計。

一位策展人員回憶：「這是我們第一次遇到對安全要求這麼嚴格的合作對象。可是，當那位安檢官知道，我們之前辦米勒畫展也曾在史博館時，他覺得太不可思議。他說奧賽美術館也太大膽了，沒有出意外，真的算他們運氣好。」

除展場軟體設計不良外，硬體設備也不符標準。史博館建物老舊，許多管線盤根錯節，大大提升消防風險。展場和員工辦公室距離過近，容易有外界干擾，像是會引來老鼠破壞畫作。史博館的出入口過多，提高失竊風險，監視器配置亦遠低於標準數量。在空間軟體規劃與硬體配置上，史博館顯得漏洞百出。即使史博館有心整修，也會面臨預算限制。史博館被列為法定古蹟，隸屬教育部管

轄，修繕經費必須經過教育部同意。對於古蹟再利用的法案，政府一向持保守態度，以保持原貌為主。任何稍具規模的整修計畫，教育部都必須籌組專家小組進行審查。這類修繕經費勢必要遵循立法院冗長的政府採購規範，讓史博館整修工程更為繁複，根本趕不及預定展出時間。如何能協助史博館通過政府預算，並展開大幅度整修工程，趕在展期前完工，策展小組幾乎沒有任何信心。

　　一位行政人員評估：「就算我們送進立法院申請預算，按照正常程序來審，少說也要半年以上的會期，這還沒有算教育部和臺北市政府這邊能不能同意呢。到那時我們的展早就辦不成了！」

　　文創政策創造好時機。面對嚴格的安檢規範，策展小組夾在庫勒慕勒美術館與史博館之間，顯得勢單力薄。若要修建軟硬體設施，得先說服行政與立法機關同意編列預算，打通官僚作業。策展小組發現，2010 年以來，政府已經將文化創意產業視為臺灣企業轉型重大計畫。臺北市做為首善之區，文創發展更具指標性。這次策展適逢梵谷逝世一百二十週年，對臺灣與世界文創產業接軌具有象徵性意義。策展小組推測，以梵谷展推動史博館改建，應該可以取得高度正當性。

　　一位策展經理分析：「我們最近與市政府接洽，得到一個消息。這三年來，臺北市政府積極推動都市更新，積極建立城市再生站（Urban Renewal Stations），包括華山酒廠、松山菸廠、迪化街等地都已改建為文創專區，提供藝術家做為創作工作室或展出場地。但這些場地都不具備國際藝術展館規格。現在大家開始重視文創，如果我們在此時提出史博館改建案，應會有很多人支持。」

　　為了說服教育部同意改建，策展小組將荷蘭安檢官提出的整修建議書，轉化為「古蹟再生」提案，其說法是：為臺灣打造國際級的藝文展館，展現臺灣的專業策展能力，提升國際能見度。這個策略很快奏效，而且也具合法性，教育部接到企劃書後即刻同意支持。接著，策展小組又轉向臺北市政府求助。臺北市也確實缺乏國際級展館，以「打造文創產業環境」為號召，對市府各級政府機關都頗具說服力，更有政績可提報。為不錯過此良機，策展小組即刻連同史博館、教育部以及臺北市政府規劃整建方案。「古蹟再生」方案也很快受到立法委員支持，因為這項政績預期可以帶來選民的支持。史無前例地，預算不到三個多月就核准，史博館終於展開為期三個月的封館整修。

　　資源轉換：監督變成顧問，安檢官轉為教練。庫勒慕勒美術館除規定軟硬體設備標準外，對建材也有嚴謹規範。館方要求臺灣必須採用歐規建材，以確保策展安全。但策展小組評估，這不但會墊高採購成本，增加政府採購的複雜度，還會耽誤整建時間。荷蘭方稽核主管回應，安全規定是沒有妥協的餘地。數度溝通屢遭挫折。策展經理感嘆與荷蘭人合作不易之餘，突然想到一個權宜做法。

　　他回憶說道：「其實稽核主管只是在盡他的責任，為安全把關。但他不了解臺灣的在地限制，不了解我們這裡的政府法規，更不了解在臺灣策展遠不如在歐洲容易。解鈴還須繫鈴人，既然他那麼堅持，那我乾脆找他來參與，讓他了解我們這裡做事情有多難。」

　　起初庫勒慕勒美術館的稽核主管並沒有興趣參與，只想扮演好監督者的角色。策展小組又想出一個方法，那就是以技術交流名

義來「監督」工程品質，透過史博館來邀請館方的稽核主管擔任改建小組諮詢委員。這是館方對館方的學術交流，可以了解臺灣博物館的專業發展狀況。荷蘭館方於是同意派稽核主管來臺擔任諮詢顧問，協助史博館「確保」改建品質，以及指導「確認」各項展館整建標準與各項安檢細節。角色轉換成顧問後，雙方開始能溝通建材規格問題，荷蘭顧問也開始「指導」歐規應該如何與臺規進行轉換。

此舉很快化解成見，改善合作關係。史博館承辦人員解釋：「我們政府對於古蹟的整修也訂有嚴謹的古蹟維護辦法、古蹟修復以及再利用等專責條例，對建材採購也訂有明確標準，需符合國內消防法規，以確保安全，只是我們與歐規的標準不同罷了！如果他沒來臺灣，可以和我們面對面溝通，恐怕他對歐規的堅持是不會讓步的。」

策展小組讓荷蘭稽核主管參與，體會臺灣法規的限制。考量改建時效後，稽核主管決定尊重臺灣法規標準，採用臺灣在地建材進行修復工程。史博館與庫勒慕勒美術館直接對話後，成見冰釋，也更加信任史博館與策展小組的建議。荷蘭館方的角色原本是監督者，轉換成諮詢顧問後，反而成為史博館與策展小組對荷蘭館方的說客，讓工程順利趕上進度。

除軟硬體改建問題外，策展人員還有另一道難題：專業認證。臺灣並沒有安檢制度，短期內要聘用具有安檢認證的館務人員，是高難度任務。如果此時將所有工作人員送去荷蘭培訓，緩不濟急，而且費用難以承受。活動事業處主管評估，金傳媒舉辦過四大古文明展與米勒展，累積一定的藝術品持拿與搬運經驗，絕非生手。但

如何說服荷蘭館方認同臺灣工作人員的能力，是問題所在。

一位主管便分析：「專業認證的目的，是要確保整個策展過程的安全與品質；我們如果找不到有認證的員工，那乾脆就邀請荷蘭安檢官直接來幫我們的員工培訓安檢能力，來個知識轉移，這樣不就可以解除荷蘭館方對安檢認證的疑慮了嗎？」

多次溝通後，策展小組對荷蘭館方的說法又做了調整。這次梵谷展不純粹只是商業藝術展，而是荷蘭以國寶展開藝術外交活動。這項說法很具說服力，把安檢官的角色轉換成「藝術外交大使」。策展小組變成「協助文化外交的友人」，而不是承辦人。荷蘭館方很快同意派專人前來臺灣進行培訓與技術移轉，就畫作搬運過程與展覽期間的諸多細節，進行專業訓練。

策展小組經理說明：「荷蘭館方特別來確認金傳媒的策展能力與媒體效益。當荷蘭館方知道之前我們舉辦的《米勒展》在臺灣傳媒引起高度關注，並成功吸引超過六十七萬人次觀展後，他們認為這是一個藝術行銷的好時機。同時，安檢官也可以扮演市場調查員的角色，先來臺灣了解策展市場，也為未來到中國大陸策展預做準備。」

當安檢官的角色變成培訓教練，策展小組便說服安檢官以「就地認證」的方式來核准工作人員的資格，並在訓練之後確認主要技能。例如，在畫作搬運過程中，所有可能接觸畫作的搬運與保全人員，必須學會正確持拿動作，以防護畫作損傷。進入庫房前要洗手，保持手部清潔與乾燥；身上不可配戴飾物，以避免因勾住而傷害文物；工作人員須配戴乾淨手套，不可用手直接碰觸文物；也必

須穿著白色剪裁簡單、無口袋棉質的工作服；保持工作環境的清潔、淨空與通道的順暢，不可將飲料食物攜入工作區。在現場，保全人員需安排疏散動線與預演畫作保全步驟。這些安全技能對臺灣工作人員來說其實不難，只是未曾制度化。

讓荷蘭安檢官變成培訓教練後，活動事業處與史博館不但通過安檢審查，可以準時開幕，更因此取得國際安檢技能。荷蘭庫勒慕勒美術館則成功進行一場「藝術外交」，以梵谷展推廣荷蘭的藝術成就。為此，館長伊維特凡・史崔登（Evert van Straaten）特地前來臺灣參加開幕典禮，推廣荷蘭國家級藝術畫作。史博館與聯合報系也請到馬英九總統來致詞，讓梵谷展隆重非凡。活動事業處汲取歐洲國家級的策展專業，透過荷蘭庫勒慕勒美術館的「認證」，也等於取得國際策展門票，有助於未來爭取更多博物館合作機會；荷蘭庫勒慕勒美術館則建構文化藝術交流渠道。

▎第二階段：沒名氣的名畫

遭遇制約：策展小組的第二大挑戰是借不到梵谷較為知名的畫作。梵谷畫作散布在世界各大知名美術館中，多是鎮館之寶，不易商借。即使梵谷畫作有可能出借，以市場行情推估，高額的借展費用勢不可免，保險費也相當可觀。策展主管指出：「我們當然知道觀眾想看名畫。但是像《向日葵》或《星夜》這樣的名作，光是一幅畫的借展費用就占了所有畫作一半。臺灣的市場太小，這些成本根本不可能回收。」

此外，梵谷畫作相當脆弱，許多作品無法長途旅行。梵谷一生

窮困潦倒，生前僅賣出一幅畫作，生活完全仰賴弟弟西奧的援助。梵谷無法負擔高級的顏料和畫布，只能買到最便宜的畫材，或直接在木板、紙板上作畫。梵谷早期作品（1880-1885年間）多以木匠用的鉛筆、礦工挖的煤炭，或是樹脂、墨水等原料來作畫。他的素描多以粗曠而強勁的線條來表現情感，但因為用炭筆作畫，筆觸易隨著時間而褪色。還有，梵谷許多畫作都上了兩層油彩。這是因為梵谷買不起新畫布，所以直接在舊作塗上新油彩。梵谷偏好厚塗法，所以顏料容易因年代久遠而龜裂、剝落，耗損程度較一般油畫來得快，因此不耐長途運輸，必須保存於美術館裡，不宜出借。活動事業處雖嘗試向荷蘭館方商借多幅梵谷名畫，但卻意外被對方訓誡一頓。

　　策展經理轉述庫勒慕勒館長的回應：「我不太能理解你說希望多借一點名畫是什麼意思，難道名畫就等於是好的畫作嗎？事實上，我認為這些畫作都是相當好的作品，早期素描都是梵谷畫作的脊椎與靈魂，也是他後續創作的基礎啊。」

　　名畫借展不易，活動事業處只能向庫勒慕勒美術館借到七十多幅梵谷早期素描作品，以及二十多幅中晚期油畫。眾所周知的《星夜》、《向日葵》等作品皆無法來臺展出。現實上，缺乏名畫讓策展小組相當困擾。過去如《米勒展》、《四大古文明特展》等，都因有普及性高的作品而帶動人潮，更可以帶動周邊商品買氣。梵谷展缺名畫，將牽動票房收入、周邊商品銷售以及贊助意願，策展小組再次陷入苦思。

　　推「畫作」不如賞「靈魂」。缺乏著名畫作讓策展小組擔心

不已，但荷蘭館長對策展小組的訓誡，以及對梵谷早期畫作的評價，卻引發了一個靈感。策展小組注意到，梵谷僅有十年創作歷程（1880-1890），卻能透過自學，由牧師蛻變為畫家。梵谷早期畫作主要在刻劃礦工、農婦的身影。他厚重的筆觸，獨創的繪畫風格，和當時學院派強調身型比例與刻劃細緻肌膚全然不同。這也是一般人較少知道的特點。

　　一位策展人員想到：「荷蘭館長真是罵得好，這是一個重新認識梵谷創作的機會。剛好今年是梵谷逝世一百二十週年，全球掀起一陣梵谷熱。國內美學家蔣勳也準備藉此機會舉辦一系列『破解梵谷』的巡迴講座。九歌出版社也重新修訂作家余光中在1955年所譯的《梵谷傳》，幫助大眾認識梵谷。這是一個天賜良機！」

　　庫勒慕勒美術館除珍藏梵谷早期素描，還保存梵谷與弟弟西奧的往來書信，字裡行間透露了梵谷創作的緣起。策展小組想到，透過這些信件讓觀眾能理解梵谷創作過程中的掙扎，這正是荷蘭館長所說的「梵谷靈魂」。除了商借梵谷早期素描外，策展小組也將往來書信列入展出企劃中，讓觀眾重新認識梵谷作品。梵谷展的重點不再主推名畫，而是透過素描與書信重新點燃梵谷的靈魂。看見梵谷信件，使策展小組將策展由「名畫」轉移到畫家的「靈魂」，不僅解除危機，更創造出票房佳績。

　　過去，民眾看展多是為畫作而來。也因此，活動事業處過去的策展主要以知名畫作為主，較少詮釋畫家的生命歷程。此次，策展小組改變展覽定位，調整觀眾期望值，更改變與觀眾的互動方式。如果以原策展方式，缺乏名畫的展覽將不易吸引足夠的觀眾。

因此，策展小組必須重新定位自己與梵谷展的角色。既然抓住了以
「靈魂」為策展的主軸，策展小組便以梵谷這個「人」（的靈魂）為
主題，取代以「畫」（的知名度）為主題的策展設計。

活動事業處以《燃燒的靈魂，梵谷》為題，引導觀眾去認識梵
谷的創作靈魂，而非主打畫作。在展場規劃上，策展小組將梵谷十
年創作歷程，從寫實到奔放的畫風轉折，分三階段展現，並配合展
出梵谷與弟弟西奧的往來書信，讓讀者了解梵谷在早期生澀的想法
與困頓的心情。第一階段展出梵谷創作初期（1880-1885），梵谷刻
劃農夫、織布工人、藍領階級以及農村風景，展現強勁有力的素描
風格。第二階段是梵谷創作高峰期（1886-1888），他在法國巴黎與
弟弟西奧相聚，並接觸到印象派畫風。梵谷改以花朵、人像與自然
風景為繪畫主題，並完成《向日葵》等成名畫作。第三階段是梵谷
創作晚期（1889-1990），梵谷癲癇症發作，進入聖雷米療養院，這
段時期的創作開始出現漩渦紋與火焰般的燃燒線條。代表作《星夜》
就是在這個階段完成的作品。

策展小組將展覽焦點由畫作轉移到畫家。梵谷的身世成為展覽
的設計重點。梵谷出身基督教家庭，父親是牧師，自己也擔任過牧
師，但後來被教會解職。梵谷從挖炭工人找到感動，嘗試以炭筆來
關懷人群，以及讚頌上帝的偉大。

例如，展覽中，梵谷寫給弟弟西奧的信中有兩段說道：「你能
想像嗎？這群礦工不到30歲，但卻老得像60歲！他們每天工作十六
到二十二小時，他們咳嗽、生病，身上卻承受這麼大的重量！」

「我覺得所有真正美好的事物都來自於上帝，這些美好的事物，

也包括每一件作品中的內在精神、靈魂和極致的美。」

　　梵谷更以畫作見證工業社會底層勞工的生活。一位策展人解釋所想到的策略：「梵谷早期素描，如《播種者》（1881）刻劃農民耕種的身影；《剝馬鈴薯的女人》（1881）以及《用鐮刀除草的男孩》（1881），寫實地刻劃中低階層人民的生活。還有，《吃馬鈴薯的人》（1885）描繪生活的無奈，一家五口在一天辛苦工作後，從荒蕪的農田裡挖回幾顆馬鈴薯，但要如何分配呢？畫中用黑咖啡來襯托出這家人苦澀的眼神。這些素描作品都傳達梵谷的人文精神，影響歐洲學院派畫風，更被視為十九世紀末史料。我們如果以畫作來襯托畫家的人文精神，應該可以讓梵谷特展多點勝算。」

　　策展小組還設法向日本寶麗美術館商借梵谷過世前的畫作《薊花》。如此一來，這次展覽中便集齊梵谷最早和最晚作品。策展小組將展場動線設計配合畫家生涯，呈現梵谷十年創作歷程，讓展覽有了歷史感。策展經理指出：「在梵谷展中，我們的構想是去表現梵谷創作的脈絡，不只給觀眾看天上的星星，也要告訴他們太陽系形成的歷史。從早期素描到晚期油畫，觀眾可以看到梵谷如何在十年間，從一個有待加強的新手，到成為一位大師級畫家。」

　　《梵谷展》嘗試改變與觀眾的互動方式，從「觀看名畫」到「精讀畫家」；觀眾從畫作中可以理解歐洲藝術風格的演變、寫實與印象派畫風，還可以藉此說明歐洲早期工業化進程中的人民生活。一位經常看展的民眾事後反應：「其實我們也很好奇梵谷早期的作品長什麼樣子，沒想到他的素描創作那麼具有寫實風格。這一次，大家也比較不會一窩蜂地只想找名畫看。能夠了解梵谷創作風格的改

變，這也算是一種學習吧。」

　　一日，策展小組在一家咖啡廳開會，翻閱著梵谷畫冊苦思，突然由《夜間咖啡屋》這幅畫作得到靈感。策展小組盤算，史博館目前正在進行翻修改建，若能趁此機會在戶外庭院架設一個露天咖啡屋，營造梵谷在1888年於法國普羅旺斯創作《夜間咖啡屋》場景，將會提供觀眾有趣的體驗。策展小組轉向說服史博館，提議以此案讓觀眾對博物館有全新的感受。館方欣然同意，在庭院間仿照梵谷《夜間咖啡屋》的場景、用色與格局，搭建一個露天咖啡屋，讓觀眾能走入梵谷的創作場域。進一步，這個創意還激發策展小組重新設計展場，邀請國內畫家將《星夜》複製在展場走廊的天花板上，讓民眾直接感受梵谷畫筆下的神祕壯麗。

　　一位業界專家評論：「不能帶進名畫，卻臨摹《夜間咖啡屋》名作，給觀眾一個有趣體驗！在庭院仿製梵谷的《夜間咖啡屋》、在入口處天花板上用裝潢手法展示《星夜》畫作。這些空間設計開始營造不同的觀展體驗，這是臺灣策展單位的進步。最少，這已跳脫過去只是把畫放在博物館這麼簡單的思維，而開始從觀展人的角度來設計展場。」

　　名人化身為美學教育者。策展小組以「認識大師創作歷程」重新定位梵谷展。但在臺灣，梵谷早期創作缺乏知名度，不易引起共鳴。藝術策展被視為較不獲利的事業，在內部能分配到的廣告資源很少，策展小組也沒有多餘經費。策展小組在一次聚餐時，偶然間從菜單上的「主廚推薦」得到靈感。一位策展主管回憶：「臺灣的觀眾普遍相信名牌，所以還是需要提供他們指引，不然他們不知道

要看什麼。比如說，今天你到一家餐廳，老闆跟你說什麼東西都很好吃，你反而不知道要怎麼點菜。一定要跟你說，哪一道菜是招牌菜，非點不可，你才會安心地點菜。」

策展小組決定借鏡餐廳的做法。但是，如何說服專家來推薦梵谷展是一大挑戰。一般而言，這些專業人士較不願意為商業活動代言，策展小組也沒有足夠經費。策展小組便另闢蹊徑，構思出梵谷百年藝術美學教育推廣活動，邀請專家共同參與。推出後很快得到迴響。首先，策展小組推行「館長推薦」活動，邀請史博館歷屆館長各導讀五幅畫。例如黃永川前館長推薦《有帽子的靜物》（1885），這是他早期學油畫時的臨摹畫作。現任館長張譽騰則推薦《普羅旺斯夜間的鄉村路》（1889），他認為這幅畫展現梵谷的精髓，有梵谷最愛的絲柏和麥穗，浮現出魔幻寫實的畫風。荷蘭庫勒慕勒美術館館長伊維特・凡史崔登則推薦《聖雷米療養院的花園》（1889），他認為梵谷畫風開始轉向柔和，站在畫作前就好像聞到花的氣息，讓人感受到春意。

另外，策展小組舉辦「行家首選」邀請名人賞析畫作。學者蔣勳推薦《雪地裡背煤炭袋的婦女》（1882），他認為這是梵谷彰顯人道關懷的精品。詩人席慕蓉與洪建全基金會董事長簡靜惠則推薦《縫衣婦女與貓》（1881），她們認為梵谷在畫作中所透露的溫馨與寧靜，讓人耳目一新。廣達電腦董事長林百里則推薦梵谷自畫像（1887），他認為與梵谷四目相望，彷彿能窺見他的內心世界。一位資深文創界人士相當認同「館長推薦」的做法。他說明：「其實藝術欣賞也是需要學習的。內行人看門道，外行人看熱鬧。由館長

或專業人士提供對藝術作品的解讀，可以學習到不同領域的專業知識，以及對同一幅作品的多元解析。尤其梵谷畫作裡面也有歐洲在地的文化脈絡，需要專家解密。」

策展小組原本是為介紹梵谷早期較不知名的素描作品，卻意外形成口碑，更多民眾由行家解讀中重新認識梵谷。透過在地行家與館長推薦，策展小組不但導入藝術社群資源，讓梵谷展更具話題性，使各大媒體爭相報導，梵谷展獲得大量媒體曝光。進一步，策展小組透過銀行取得贊助經費外，還運用銀行大廳展示梵谷畫作的復刻精品，讓偏遠地區兒童可以就近到銀行營業處觀賞梵谷畫作，藉以推廣美學教育。館長與專業行家則由推薦過程中，提高在一般大眾市場能見度，也累積自己的專業口碑。

第三階段：昂貴的設計費

遭遇制約：過去開發周邊商品時，金傳媒主要發包給單一廠商統籌規劃。這往往誘使廠商壟斷市場，也降低商品創新動機。明信片與馬克杯逐漸地成為大宗商品，因為比較容易銷售，但廠商就比較無意願開發新商品。之後，金傳媒分類商品，發包給不同廠商開發，希望能讓商品更多樣化。不過，如此一來金傳媒需要買斷貨源，負擔存貨風險。這次梵谷展並沒有《向日葵》、《星夜》等知名畫作，開發商品更是一大難題。在不景氣下，觀眾購買周邊商品時會更加謹慎。策展小組面臨庫存風險與虧損危機。在產品銷售毛利日趨下滑的狀況下，策展小組必須想出加值產品的辦法。最好的方案是找知名設計師來協助。但這些設計師每件作品的收費都在百萬

元（新臺幣）以上，這不是策展小組負擔得起的預算。然而，沒有設計，商品銷售就沒有競爭力，策展小組苦無良策。

外包改成平臺。策展小組與更多廠商接洽時，發覺早已經有許多「梵谷商品」在市場上出現。例如，Chokito以梵谷畫作為包裝，推出黑巧克力系列商品。另外，還有以梵谷命名的伏特加酒提手禮。其他周邊商品如筆記本、鉛筆、書籤、尺與杯墊等，市場上也都唾手可得。許多廠商也正策劃趕搭梵谷逝世一百二十週年的順風車，推出新商品。策展小組評估，與其外包或自行開發商品，不如整合供應商，以降低開發成本。於是，活動事業處改採超商上架模式，將不同商品進行分類，讓核心廠商以獨家代理的方式「寄賣」，不收取上架費用，其他非核心廠商則有不同上架收費。策展小組每週盤點商品，銷售不佳貨品立即下架，以新商品替代，善用有限的展售空間，也刺激購物新鮮感。

負責電子商務平臺的主管說明因應之道：「其實對廠商來說，這也未嘗不是一件好事。暢銷商品雖然給了聯合報活動事業處獨家代理權，但是在活動結束後，還是可以開發姊妹商品，透過別的管道持續熱銷。銷售不佳的商品，也可以在策展期間測試市場水溫後，快速斷尾停損。」

改為商品調度平臺，策展小組便無須再擔心銷售預測與存貨風險，商品也更為多樣化，不用負擔商品開發成本。活動結束後，續優廠商可以轉到聯合報系電子商務通路販售，延續商品銷售週期，兩者互蒙其利。

不是設計，是自創品牌。除既有梵谷系列商品外，活動事業處

希望開發高單價消商品，以提高客層。但是，若找設計公司開發，必須要花費一筆不小的設計費。適逢一家錶商 Swatch 在辦促銷活動。策展小組靈機一動，便邀請 Swatch 合作開發梵谷限款錶，包括《星夜》、《鳶尾花》、《露天咖啡館》等主題，每支售價約二千八百元，是入場門票的十倍。一推出，這些限款手錶便吸引 Swatch 收藏者爭相搶購。策展小組將設計費內嵌到產品中，以通路優勢交換設計資源。

有此經驗，策展小組提出設計費內嵌模式，邀請國內設計師方國強，以梵谷知名畫作為題，開發別具風味的雨傘、手提包和錢包。例如，方國強將《星夜》畫作和雨傘設計結合在一起。當消費者打開雨傘，就能仰望一片燦爛星空。策展小組邀請最廳設計（MIINDesign）合作。這家設計公司得到 2009 年美國設計大獎（American Design Award），將梵谷畫作製成幻燈片，放置在明信片上。在燈光下，梵谷畫作如夢似幻，顛覆明信片的既定印象，頗受觀眾喜愛。

商品規劃人員在策展後反省：「這次《梵谷展》的周邊商品開發，有點因禍得福。就是因為沒有像《米勒展》有《晚禱》、《拾穗》來炒熱複製畫買氣；反而逼得我們得去想如何善用《梵谷展》的其他畫作，來和國內設計師或異業進行結盟。這幫助我們構思各種創新可能性。也提醒我們，要把握機會建立與國內知名設計師的連結網路。」

設計師透過梵谷畫作，展現自己的創作風格，提升市場能見度，也變成自創品牌企業。手錶、雨傘、明信片這類日常生活用品

與簡單文具，在設計師轉借梵谷畫風的巧思設計後，成為高價值的時尚商品。策展小組則以通路優勢引進國際品牌與設計師資源，打造一系列高單價商品，創造可觀收益。

🍃 創新啟示

　　梵谷策展案例可提供三項創新啟示。遇到制約時，企業若能敏銳識別時機，策略性地變換角色，配合在地脈絡進行資源轉換與交換，便能「無中生有」，於劣勢中創新。

　　第一，學習敏銳地識別時機，並轉為契機：當遇到制約時，創新者無須馬上放棄，可以觀察最近發生的事件，或者在地相關脈絡，由其中找到契機。利用具有急迫性的事件，例如政府急迫要推動文創產業，便可化時機為轉機，透過立法院申請改建經費。此外，運用梵谷百年慶來邀請專家，催促立組織撥出補助款，也是運用時機的方法。時機可以協助我們轉換資源的本質。

　　第二，學習變換新角色，以改變情勢，找到資源的新價值：當遇到強勢對手時，創新者可以試著找出變換角色的可能性，來改變不均等的強弱關係。創新者可以先由既有關係中分析兩造之間有否另類互動的可能性，例如更換夥伴、求助外力來提升自己的權力、換到其他領域找資源等，讓自己找到新的角色，像是由策展廠商變成教育推手。變換成有利的角色後，可以讓強弱勢逆轉，產生新的關係，使雙方都互蒙其利。如此，創新者才能轉弱勢為均勢，與強勢者合作解決僵局。

　　金傳媒就施展了化敵為友的策略，由敵人的角度來看問題。例如，策展小組與荷蘭館方的關係原本為敵對。荷蘭館方是審查者，是強勢者；策展小組是受評者，是弱勢者。荷蘭館方因建築規範而堅持把關。策展小組卻能急中生智，讓荷蘭館方的稽核員變成諮詢顧問，使監督考核變成技術移轉，而讓改建得以順利完成。又如，安全檢查通不過，整個展覽就要破局。策展小組無法於短時間內打造一個認證的工作團隊。策展小組反而借助荷蘭安檢官之力來培訓自己的工作人員，使策展工作人員就地認證，解除安檢危機。這是「解鈴還需繫鈴人」的妙計，策展小組將敵人轉換為夥伴，順利解除危機。看事情的角度改變，角色就改變，交涉模式便可以重新建構。

　　第三，學習互惠地與別人交換資源：資源交換時，創業者必須懂得建構自身看起來不好的資源，成為對方所需的資源，才能進行互惠交換，否則合作會很快破局。例如，策展小組要供應商投資商品開發成本，就要以通路優勢來交換。而且，交換不單純存在於兩造之間，有時更會環環相扣的交換。創業者需要媒體資源，就要拿名人來換，但要名人貢獻出他們的社會資本時，就要拿更崇高的「美學教育」使命來交換。隨創者在向對手索取資源前，要同時巧妙地給資源，在給與取之間，讓閒置資源獲得新生命（見表15-1整理資源轉化與交換的隨創做法）。

　　資源匱乏時，創新者必須學習「無中生有」，轉化資源的價值，藉以槓動更多資源來化險為夷。這些隨創做法必須考量時機與角色的運用，以便從稀少的資源中萃取出龐大的價值，然後借力使力來化解制約。當隨創者能善用時機、調整角色、重新定義資源的

表15-1：隨創，讓資源無中生有

隨創做法	資源轉化手段	資源交換手法
古蹟變成政績	利用荷蘭方的要求，轉化為臺灣文創業危機。展場維修事件，轉化為產業瓶頸的危機。	立法委員獲得政績（未來選票），史博館換取古蹟改建經費。
畫作變成靈魂	運用梵谷一百二十週年慶，讓看畫展變成認識大師創作歷程。組合前後時期畫作，加上梵谷之家書，讓策展變成美學主題體驗。	畫展體驗化，觀眾覺得票價物超所值，策展小組換得人潮與口碑。以公益之名交換銀行各分行的場地，讓畫展影響力擴大。
監督變成顧問安檢官變成教練	改變與稽核員以及安檢官的互動關係。稽核員變成顧問，反過來為策展小組說話，安檢官變成教練，除了就地認證外，還轉移了策展保全知識。	史博館邀請稽核員來臺灣進行學術交流，換取稽核員現場技術指導。策展小組「協助」安檢官達成藝術外交任務，換取安檢官以教練身分來臺灣提供培訓。
代言人變成美學教育家	名人不是為商展代言，而是為了促進國際交流，推廣美學教育，培育下一代人才。	提供公益平臺，交換名人的美學知識，以及吸引更多媒體資源。
外包商變成平臺	運用市場上逐漸擴大的梵谷紀念商品，將原本外包生產的業務建構為平臺上架業務。平臺則帶來通路優勢。	策展小組提供上架銷售空間，以及電子商務服務（後續銷售），將庫存風險轉移給廠商。
設計師變成自品牌	將設計費轉變為版權費以及品牌推展，使設計師不論件計酬，而是採利潤分享制，並可建立自己的品牌。	策展小組提供媒體資源與展覽空間，交換設計師的原創作品。

意義以回應制約，便可以逐步轉化劣勢地位。這是由制約中隨手捻來的巧智，隨緣解套的智慧。理解隨創，企業也便能化阻力為助力，扭轉劣勢為優勢。

Chapter 16

少力設計：

瀨戶內海的跳島旅行

逆境中必然隱藏著比逆境本身
還要巨大的報酬。

觀念：劣勢創新

　　對許多企業來說，是無法花大把銀子投入研發，去設計出令人心動的產品。現實是，企業多半缺乏資源，沒人、沒錢、缺原物料，都會讓創新胎死腹中。創新多半只能渴望，但難以期盼。可是，若是能將就拼湊，儉樸的資源下也可以變出精采的創新，這就令人期待了。

　　《儉僕創新》這本書便提到不富裕的國家如何進行創新。儉樸不是極簡；極簡是花大錢想出奢華但內斂的設計；儉樸是節儉與樸實，於窮困中找出創新之路。印度話稱之為 Jugaad，法文叫作 Bricolage（又翻譯為隨創，可回顧第 15 章的介紹），意思是隨手捻來的智慧，化腐朽為神奇資源。我則稱這種劣勢創新的做法為「少力設計」（按：劣這個字，上下分開就是少力）。

　　少力設計常聽到的例子有：印度人以陶土做成不用電的冰箱；用腳踏車動能幫手機充電；將簡易濾水器放進吸管，讓非洲部落小孩可以喝到淨水。「以少，勝於多」（use less for more），是少力設計的核心精神，常見有五項原則[1]。

　　原則一：不多不少，剛剛最好。少力設計首要是傾聽使用者的聲音。了解使用者的痛點，就能精準知道他們要哪些功能，也就能讓創新剛剛好。例如，印度使用者不需要複雜的手機，只需簡單的接聽功能；可是手機常需家族共用，所以電話簿功能必須搭配「多人一機」的設計。

　　原則二：聚少成多，能借就借。少力設計要避免大量生產

的思維；多學習槓桿別人的資源，像是生產分散、物流分散、服務分散。這樣才可靈活運用自己的資源，也可活化別人的閒置資源。

原則三：少用多留，循環則優。少力設計要建立產品回收機制，讓資源回收。因為顧及到環保，少用一些資源，也就少一點維修，反而少了麻煩，減少不必要的浪費。

原則四：少力美德，資源廣澤。少力設計要改變使用者的浪費。例如，煮一杯咖啡可不用燒一整壺水；去 IKEA 買家具可共乘計程車；遠端醫療可讓病患自己負責一部分先導自我診斷。讓顧客看見浪費，鼓勵他們節約。少力設計是要改變使用者鋪張的行為。

原則五：少少宜產，多多益善。少力設計提倡共享經濟。例如，一家法國香水公司提供領先使用者調製工具，讓他們自己調製香水配方，研發人員再從中篩選適合量產的產品，由特定群體的使用者共同分攤初期製作成本，讓創新更儉樸。

這些原則的共通性是資源的轉換，設計出「以小勝大」的資源運用方式。創新關鍵取決於能否找到轉換資源價值的方法。用更少的資源，做出較好的創新成果[2]。少即是多，窘迫往往是發明之母[3]。過去，企業追求的是「一加一要大於二」的創新。在儉樸的時代中，創新是「負一加負一可等於十一」。運用少力設計，企業亦可進行無米之炊，以巧思將有限資源拼湊出無窮價值。

本案例要帶大家去日本荒島，解析在機構制約下，資源匱

乏中，如何翻轉劣勢。在弱勢中，如何轉換負面資源的價值，變成正面資源以發揮創新功效。你更會發現，弱勢者可以透過在地資源改變強弱勢關係。本案例要分析位處偏鄉的日本香川縣如何翻轉劣勢，將荒島轉變成藝術之島，讓島嶼重現生機。

香川縣：一個烏龍麵的都市

當臺灣熱鬧地討論嘉義縣的高跟鞋教堂時，日本一個類似規模的都市，香川縣，卻默默地以藝術進行一場令人感動的地方創生。香川縣是日本資源最缺乏的城市之一，卻能一手促成瀨戶內海國際藝術祭。之前，臺灣旅行團很少會光顧香川縣，更別說要造訪高松市海上的一些「荒島」。香川縣為何能做到？這個問題好像沒人關心，多數人只是浮光掠影地知道這個地方的文創做得不錯。

香川縣是日本古代讚岐國所在之處，多處人熟知的是讚岐烏龍麵。香川縣文化藝術局瀨戶內國際藝術祭推進課，課長補佐今瀧哲之（階級比主任高一層）由2010年第一屆參與至今，幽默地說：「以前外地遊客來高松，只會想到烏龍麵。一天吃三碗烏龍麵，吃到吐，就覺得可以回家了。遊客一般是不會停留超過兩天。」

香川縣位於日本四國，與鄰近的德島縣、愛媛縣、高知縣相比，土地面積最小，離島最多，面積約1862平方公里，整個縣的人口由一百多萬降到九十八萬。以面積來說，香川縣大約是比苗栗縣大一點，比嘉義縣小一點。若是單看香川縣首都高松市，面積約375

平方公里，比新加坡小兩倍；人口約四十二萬，少新加坡十三倍。與臺北市相比，高松市總面積大於臺北1.4倍（但都是小島），但臺北人口約為高松的六倍。這一比較起來，突然會覺得臺灣還不小。

香川縣是整個瀨內戶藝術祭的主角。一開始這個小縣是處於劣勢的。鄰近的德島縣有LED工業支撐，有傳統文化像是「阿波舞」吸引觀光訪客；愛媛縣的精緻農業發達，盛產橘子，聞名遐邇；高知縣有坂本龍馬（幕末維新志士）與岩崎彌太郎（三菱集團創辦人）等名人加持，吸引光觀人潮，還有豐富的森林資源。而且，各縣多保有傳統文化。相對來說，經歷現代化浪潮後，香川縣的傳統文化已失傳多年。

高尾雅宏（香川縣文化藝術局主任）淡淡地回顧：「其實我們有點失落，追求現代化的步伐過快，讓我們幾乎忘記自己的過去。」也因此，香川縣在思考城市翻轉的時候，很難與其他三個縣一樣，可以打出日本傳統文化牌來吸引觀光人潮。沒有京都的精緻古文化，沒有東京的科技現代化，香川縣有的是一個臨海的高松市，與鄰近的小城市，加上十三個數得出的小島，以及其他數不完的荒島。當強颱來臨時，浪潮常常導致城市陷入癱瘓。受乾旱之苦，高松市內安置許多儲水池以防萬一。

這還不是最壞的狀況。香川縣與其他日本「偏鄉」一樣（按：在日本被列為偏鄉的都市，其基礎建設仍是很進步的），在經濟不景氣的壓力下，人口大量外移到其他大都市。人口老化問題首當其衝。例如，直島的人口數由一萬多人銳減為三千多人。「比起經濟停滯的問題，居民失去前進的力量與生活的希望，是更令人憂心的

議題。」參與第一、二屆藝術祭策劃的後藤努主任指出。後藤努雖然被調任到健康福祉部，但一有空他就來擔任義工，協助第三屆藝術祭。

「香川縣不能只靠烏龍麵啊！我們最大的問題就是島民與居民都缺乏危機意識，過一天算一天，安於自己的しょうかっこう（按：小確幸，取自作家村上春樹的小說，意思為「微小但確切的幸福」），就像溫水裡的青蛙一樣。我希望這個藝術祭能讓大家意識到香川縣所面臨的危機。」後藤努透露出殷切的期待。

面對這些挑戰，香川縣要如何克服先天套在身上的制約？解決方案竟然是起源於二十五年前的一場政治角力以及六十年前的一個決策。

▍海的復權，其實是荒島再生

在官方的宣傳中，策劃藝術祭的動機就是「海的復權」（Restoration of the Sea）：「瀨戶內自古以來扮演著交通樞紐，各島多樣的風俗及美麗的景觀流傳到今天。但受到全球化潮流之影響，各島嶼也隨之沒落，漸漸失去原有的個性。在瀨戶內的島嶼上，我們希望喚回這些島嶼的活力，讓瀨戶內海成為地球上的希望之海。」

這是崇高的官方宣傳版本，參考一下即可。真實的狀況是，各島嶼快要變成荒島，人口老化與外移，很快又會使荒島變成鬼島。一位年約72歲的老爺爺憂傷地指出，現在唯一期望能看到自己的兒女的時候，應該是他入殮的時刻。

日本人對建築有一種宗教式的崇拜，到令人難以理解的地步。

在前往女木島的渡輪上，西村達也（藝術祭推進課主事）解釋，日本於戰後很長一段時間人民是缺乏信心的。日本經濟復甦期（1945-1972）時，真正統治日本的是美國人麥克阿瑟將軍。在人生無望之際，突然發現日本竟然可以在建築上受到國際肯定，日本人民如同溺水時抓到了浮木。丹下健三，第一位於1987年拿到建築界的諾貝爾獎：普立茲克獎，讓整個日本活了起來，人心振奮。也因此，丹下健三在日本擁有神一般的地位。

丹下健三初出茅廬時的第三個作品便是香川縣的縣政府廳舍。那是1958年，正爆發大規模的社會運動「美日安保鬥爭」（限制日本發展軍事力量），是革新派與保守派兩大勢力鬥的最猛烈的時候。香川縣知事（縣長）金子正則以前瞻性的眼光策劃城市的未來，認為建築不能只提供功能面的需求，更要讓城市的精神面也變得富有。丹下健三完成縣廳舍，以現代化建築詮釋古代五層塔的造型，更讓一樓成為開放空間，希望讓縣廳以服務居民為宗旨，而不是成為衙門。

世事難料，1958年完成縣廳舍，過了三十年丹下健三竟然得到普立茲克獎；這使得香川縣廳舍出名，也讓香川縣居民興奮不已。至今已六十年，縣政府官員一談到丹下健三，臉上依然流露出掩不住的光榮。

那時香川縣內還有一個小插曲，外人多不知。直島町雖屬於香川縣，但儼然以自治島自居。直島町長三宅親連於八〇年代想做一番大事業，希望蓋過香川縣英雄金子正則的風采。三宅找他的老友，也就是福武總一郎的父親，一起來想辦法，希望能提升直島能

見度。歷經波折，找到了一塊島上未開發的荒地，福武同意投資，居民也樂得有人出錢墾荒。可是計畫還未進行，福武老人家就過世了。

　　幸好，福武總一郎願意繼承父志，繼續實踐直島計畫。丹下健三是神，神是無法取代的，於是福武就找鬼才來呼應對岸的神才。1995年拿到普立茲克獎的安藤忠雄是最佳人選。福武自己本身就喜好藝術，就邀請安藤為三個藝術品展場量身訂做。瀨內戶島上的建築容積率有所限制，所以安藤研究地形脈絡後，決定往地下蓋，這是鬼才方能做出的決定。地中美術館終於在2004年落成，同時也蓋了一座李禹煥（韓國藝術家）美術館。來參觀的日本遊客為的就是安藤；韓國人則是為了李禹煥；西方遊客（特別是法國人）為的卻是落在福武手中的五幅莫內名畫，《睡蓮》。臺灣人，這一切統統喜歡，因為自己島內沒有。

　　之後，直島町又找福武協助，找來妹島和世設計《海の駅》，也就是港口服務中心。妹島是女建築師，以穿透性設計聞名，簡潔的透明空間讓建築物不會遮掩山景與海景。之後，福武又找西澤立衛來設計豐島美術館，以水滴為設計概念展現一貫的簡約設計，結合自然，展現通透的空間美感。2010年，妹島與西澤合作的《金澤21世紀美術館》也獲得普立茲克獎。

　　這下，香川縣聲名大噪，四個普立茲克獎大師作品進駐香川（三個在福武的勢力範圍），遊客絡繹不絕。然而，受益的多為直島與豐島，其他的島嶼依然孤伶伶地存在。

　　2000年，越後妻有（在日本新潟縣南部的農村）舉辦大地藝術

祭，在鄉下舉辦戶外藝術節，活絡農村經濟，策展人是北川富朗。香川縣馬上借力使力，邀請北川擔任策展人，將許多藝術家直接邀請過來。本來在農村的展覽，移到小島上呈現，延長作品露出，何樂不為。透過北川，香川縣省去了摸索期，第一屆整合瀨戶內七個島嶼，在2010年舉辦了第一屆的瀨戶內國際藝術祭。

▎藝術祭：三階段大翻轉

第一階段（2010年）：先求有，再求好。其實，第一屆整個藝術祭的焦點還是在直島與豐島，亮點是地中美術館、豐島美術館。宣傳主軸是：未來的美術館就是大自然。雖然有些展品感覺上像是學生的畢業展，難以稱為「藝術」，但還是有觀光的吸引力。最終還是經費的問題，要邀請有名的藝術家、建築師，不能沒有經費；要作品有品質，也不能缺經費。執行單位給的預算有限，藝術家只能盡力而為。

遊客九成以日本遊客為主；其中女性占七成，男性占三成。「一個人的小旅行」是吸引日本女生來「島上美術館」的原因，為的是享受島上時間緩慢流動的感覺，在大自然中與作品靜靜的對話。

第二階段（2013年）：借力使力，社區營造。第一屆的活動來得倉促，許多島民在根本不知道藝術是什麼的狀況下，就當作園遊會參與了。各島雖參與藝術祭，但遊客卻集中到福武的美術館。這凸顯出其他各島資源匱乏的窘境。按理說，這種藝術祭臺灣遊客是最買單的，可是旅行團卻總是「繞過」高松，最多只是停留一晚。臺灣要來高松必須由大阪機場換車，缺乏吸引力。

　　此時，濱田惠造已經接手香川縣知事一陣子（自2010年起），正思考著此「患不均」的問題，也必須吸引臺灣遊客以做為打開「國際觀展」的領頭羊。濱田雖然是法學出身，卻有著商人般的敏銳嗅覺。他一上任就請香川縣出身的藝人擔任副知事，主打「香川：烏龍麵縣」的宣傳主題。他數次拜訪臺灣官方單位，並以巧計說服中華航空直飛高松。

　　我問一位縣廳的主管，華航為何會願意飛高松這種很可能賠錢的都市。他靦腆地說，我們跟華航說，日本的一級城市對手（應該是指長榮）都已經插旗了，但若是能早點布局二、三級都市，華航將成為贏家，他們竟然相信了。華航應該不吃虧，現在日本航線覆蓋率已經超越對手，只是服務品質仍需改善。

　　2012年，直飛航線通了，2013年湧進臺灣觀光旅客。香川縣更是給旅行社佣金，只要帶團進來，每人補助兩千日元。遺憾的是，這個策略是不智的。臺灣旅行社只是拿著藝術祭做為幌子，規劃行程還是直島美術館，去小豆島觀光，然後就去別的地方玩，這與藝術祭的連結是不深的。

　　小島變熱鬧，但第一屆藝術祭人潮去了直島，反而很少人到高松市，這使得議員提出質詢。所以第二季時，在高松港口安置更多展品，也安排展出孟加拉市集，讓觀展者可以體驗孟加拉傳統音樂與工藝。這些做法雖試著將人潮吸引到高松，但效果有限。

　　為不干擾島民正常捕魚作業，也為了擴大各島的參與，主辦單位將藝術祭分為春、夏、秋三季。可是，雖然不在展期，許多遊客仍慕名而來。有些遊客亂丟垃圾，有些過度喧譁，有些則誤闖民

宅，島民紛紛向縣政府抱怨。然而，更多島民卻是邊抱怨，邊開心。因為藝術祭，讓本來生活在孤島的漁民，受到來自東京同胞的關心。因為有藝術祭，高松市民才發現，原來遠處的島嶼也是自己城市的一部分，於是開始帶著小孩跨島旅行。島民因為藝術祭，坐公車的費用便宜了，渡輪班次增加了，終於有人開始走出小島。一位由神戶旅遊回來的島民開心地說：「原來日本有這麼大啊！」這句話讓人聽來開心，又令人覺得一陣鼻酸。

　　第二階段的一個重要改變，是邀請藝術家思考結合在地文化，而不是硬邦邦地「置入」自己原本的作品。坦白說，這的確有些為難藝術家，因為經費中原本沒有「研究」經費，只有製作費。藝術家是充滿感性的，有的甚至花了一年時間去訪問島民，讓在地脈絡能融入作品。不過，說來容易，做來難。我花了九天時間調查，能夠真正談得上融入在地文化的作品，屈指可數。

　　「草間彌生的夢幻南瓜最為聞名，放在直島碼頭旁當地景，但與直島的文化脈絡有何關係？」一位島民質問。直島之前是流放皇帝的地方，落難皇帝覺得島民很質樸，就取名直島。可是近代直島卻是因為精煉銅而產生海洋汙染，害了當地島民。隨後政府又設置淨水工廠，但卻又將海水過度淨化，讓某些微生物無法存活，影響海洋生態鏈之平衡。

　　一位高松市居民則認為：「草間彌生的作品放在大自然，讓大家可以在不同時間點欣賞到南瓜的多樣風情。沒有南瓜，這裡只是一片海景；有了草間的南瓜，全世界都知道這是直島的海景。」將藝術品科普化，更親近大眾，讓觀眾可以透過海景觀展，因此喜愛

上藝術，這本身不就是一項貢獻嗎。至於能否結合在地脈絡，可能就是另一件事了。

第三階段（2016年）：整合島鏈，共創藝術。今年的藝術季邀集更多作品，讓各島的「藝術含量」盡量平均。沒有著名的建築或展品亮點，就以量取勝。藝術家花更多時間與島民溝通，試著讓島民體驗藝術共創。例如，岩黑島等五個島嶼的漁民與藝術家五十嵐靖晃共同編織五色繽紛的漁網，展示在海邊。每當有人經過，漁民會主動向遊客解釋作品的意義，最後總會強調哪一張網是他編的，並向你炫耀那張網是最美的。

來自澳洲的大型傀儡偶劇團Snuff Puppy，邀請沙彌島居民「畫故事」，根據當地民俗故事來設計表演劇目，像是野豬撞樹吃落橘，泳渡海峽討生活。大意是各島上野豬很多，島民不善於打獵，所以繁殖更快，可是漸漸食物不夠，因此野豬就跑進農園以身體撞樹，以便吃落下的橘子。可是，野豬太多，食物不夠，於是野豬就游泳到不同島嶼去討生活。這種家喻戶曉卻沒有記錄下來的故事，就成為演出的腳本。製作時，邀請居民一起協助，藝術家教導居民以藤木製作大型傀儡玩偶。居民則滿心期待看戲，希望看到自己的「作品」在臺上演出。

第二屆湧進的遊客量讓主辦單位措手不及，於是第三屆各政府部門全面動起來，克服萬難加開渡輪航線。後藤努回憶：「我們都抱著一股不服輸的決心，要讓世界看見香川。這項信念凝聚了大家的心，好像沒有任何困難可以擋住我們。世界上沒有不能改的法令，只有不會動腦的官員。」最後一句話，他說的鏗鏘有力。渡輪

航線由高松、岡山、宇野、神戶全面加開，這牽涉到跨行政區的協調，很不容易。

交通瓶頸解決了，遊客人數才是頭痛的開始，四分之一集中在直島。為分散容納量，香川縣在其他五個島嶼增設主展品。以香川縣的經費是請不動巨星級建築師的，也不能都是找福武集團，於是就找新銳藝術家來眾星拱月。例如，女木島找了阿根廷藝術家進行舊屋大改造，融入日本禪風推出《不在的存在》，以視覺交錯讓觀展者體驗自己消失在鏡子中的驚訝，以及感受庭院憑空出現的腳印。沙彌島邀請藤本修三推出《八人九腳》，讓觀展者一邊思考作品的謎題，一邊欣賞瀨戶內跨海大橋的風景。

這麼多遊客，主案單位人手不足，於是效法大地藝術季的志工團隊——小蛇隊，為瀨內戶藝術祭成立「小蝦隊」。來自本地與國際的志工齊聚一堂，每天早上在港口分派任務，到各島展區支援。這些一系列相關配套措施，又再再令人佩服。

成果是令人肯定的。2010年第一屆藝術祭來了九十三萬人次。2013年造訪人次增加到一百零七萬人次（凌駕大地藝術祭）。2016年觀展人次預計會成長15%。香川縣因而獲得第一屆日本旅遊賞，被譽為是一個「可持續的事業模式」。由經濟層面來說，根據官方統計可分為直接效應（與藝術祭相關消費，約七十七億日元）、第一波及效應（縣內各產業的生產增值，約二十九億日元）、第二波及效應（像是雇用率、新消費取向等，約二十六億日元）；總計一百三十二億日圓。今瀧哲之笑著說，投入約十二億日元，只要全日本人口的1%中的0.01%能來香川縣，這個藝術祭就成功了。這是

十倍以上的回收；贏到面子，也賺到裡子。

以藝術翻轉孤島

　　一個離東京坐高鐵要六小時才會到的偏遠縣市：香川縣高松市。由高松市遠眺出去有六個主島嶼，七個小島嶼，以及上百個不算島嶼的島。面臨的問題同樣是人口老化、居民外移、住屋破毀；各島即將面臨廢村的命運。留下來的人對人生沒有抱太大的希望，只求安靜終老而死。失去奮鬥的動力，使得各島更加籠罩著憂鬱的氣氛。

　　2000年，香川縣聽說越後妻有（日本新潟縣南部的農村）舉辦大地藝術祭，讓農村經濟活絡起來。於是邀請策展人北川富朗協助，同時借力福武集團在直島、豐島與犬島的資源，運用相當有限的經費預算，卻做出亮眼的成績。香川縣在2010年舉辦第一屆的瀨戶內國際藝術祭，隨後陸續再辦兩屆。2016年第三屆的觀展遊客預計將突破去年的一百零七萬人次，以15%成長。

　　瀨戶內藝術祭的創新帶來的不只是荒島的經濟翻轉，讓移民漸漸湧入島內，使原本外移的居民回流，島上因而漸漸恢復生機，更激勵島民的勤奮意志，拾回往日信心。如小豆島的一位媽媽所說：「聽到小孩的笑聲，就讓人有活下去的勇氣，對未來開始有所憧憬。」

　　藝術祭到底在各島做了什麼，能讓如此多遊客願意來到這些「不方便」的島嶼？香川縣又是如何善用這些看似負面的資源，而締

造了地域創生的奇跡？舉辦瀨戶內藝術祭背後所隱藏的又有哪些艱辛呢？這些奇跡會不會只是曇花一現？要理解這些問題，我們需要先梳理一下藝術祭的脈絡，看看幾個主要島嶼的策展設計。

▋ 直島：安藤簽名的地中美術館

直島的亮點是地中美術館，主角當然就是名建築師安藤忠雄。安藤不是科班建築系出身，還當過是拳擊手，剛出道時並不受重視，也接不到大的設計案。後來，一項來自大阪市住吉區的設計案使安藤一夕成名。住戶委託的設計是一個占地僅14坪的長方形房屋。然而，安藤卻把它設計成看似封閉的狹長水泥方盒，還將屋頂打開，迎進陽光，讓空氣可以對流。只不過，下雨時在自己住家還要被雨水淋濕，備受爭議。但「住吉的長屋」讓安藤一戰成名，清水模（以清水混凝土模擬精細木模製造工藝）與簡約設計成為安藤的建築識別。

地中美術館沿襲他的設計風格，以清水模往地下蓋，在最後一層走道露出一道斜切面，讓外面光線穿透到室內走廊，讓人有窺視的感覺。相連結的還有風格相近的李禹煥美術館以及倍樂生（Benesse House）美術館。安藤還在一座湖邊設計了櫻花樹迷宮，風景怡人，當盛放時候，走入林中會因為賞花而迷路，可是卻不會緊張，因為怎麼走都走得出來。

直島公民會館是另一亮點，也是獲得日本建築大賞，三分一博志的作品。三分一博志利用這個計畫修復古建築，以現代建築技術重新賦予古宅新生命。整個房屋與室內運動場一樣大，完全不用電

燈與空調。光線由屋頂隱密的長方形天窗引進，同時也帶動空氣的流通。除了島民的公共活動之外，這裡也是女文樂的表演場所。

文樂原是日本傳統藝術「人形淨瑠璃」的劇場，是一種人偶戲，像是布袋戲，原本是由男性操作表演。後來，島上的文樂一度絕跡，一直到1948年，由島上的女性復活此民間技藝，才繼續流傳下來。後來，一群女師傅因為海難而喪生，島上居民為紀念她們，取名「女文樂」。現在，藝術祭表演時小孩也會參與演出，「觀音顯靈」這類主題特別受歡迎。

點綴島上的，還有日本現代藝術家大竹伸朗的作品。他以「陋器建築」（Low-tech Architecture）聞名，不是建築師，而是裝置藝術，喜歡以各種奇異的廢棄物來裝飾房子。《舌上夢》以拼貼藝術去設計一家齒科醫院舊宅。《I ♥ 湯》則是用異想手法改造一家風呂小店。

豐島：天降之水滴

豐島的歷史是沉痛的，過去政府曾經暗地與財團簽約，將工業廢料棄置島上，引發環境汙染。現代政府採取補救措施，將廢料移到直島淨化處理，才平息眾怒。藝術，翻轉大家對豐島的不良印象。

進入港口時，有德國藝術家的作品《Café IL Vento》，作品名字為《你所愛的，也會讓你哭泣》，不容易理解。其實，這是一間古宅翻新案，以黑白色系與曲線建構一種超現實的夢境感。我倒覺得這個作品可以叫作《你所看的，也不會讓你理解》。走進房間讓人眼花撩亂，有一種到了異次元的感覺，與古樸的外表產生巨大的落

差。不當藝術品時，它是咖啡廳，也是酒吧。

「島廚房」是另一個受歡迎的景點，是改建島上一座民宅做為餐廳，原本是讓島民聚會，以當地食材來招呼客人。雖然食材新鮮，但這些鄉下菜色對都市人來說缺乏吸引力。於是，香川縣找來丸之內飯店主廚來協助設計菜單，運用當地食材做出五星級感的菜色，不只吸引都市人，更受西方遊客歡迎。「島廚房」也讓島上媽媽、婆婆有一起聚會、一起工作的機會，增添了生活的樂趣。

豐島美術館應該算是重頭戲，位於島上風景最優美的地方。這是普立茲克獎得主西澤立衛的建築設計，形狀彷彿天上落下的水滴，打在地上一瞬間的形狀。傳說有一位神僧掘地湧泉，從此豐島農耕興起，變成豐饒之島。水滴型的美術館的兩側各有一個大圓洞，讓館內與大自然相連繫。

走入館內，遊客會驚訝地發現，裡面什麼展品都沒有，清蕩蕩的一片空間，令人一時不知所措。其實，藝術家內藤禮在館內安排了裝置藝術，就是水滴，隨著聲音與壓力，水滴會移動、凝聚、流入祕密的小孔中。剛回神，才發現遊客都默默地在「水滴」美術館兩側席地而坐，靜靜聆聽森林外的蟲鳴、鳥叫、鳶嘯。一不留心，一小時就過去了。走出館外，彷彿隔世，一邊走入田野之中，但心中卻還留在水滴之內，不得不欽佩西澤立衛注入建築的禪意。

犬島：鏡之謎

去豐島的人多會搭配犬島一日遊。這原本是煉銅工廠，曾經為了經濟而破壞自然。島內工廠後有一整片的花崗岩被挖空，留下一

池黑水。那是工業化的遺跡，也提醒後人，以經濟為名的開發而不顧自然，終將帶來遺憾。將犬島精煉所廢墟起死回生成為美術館的是三分一博志，這個美術館也為他奪取日本建築大賞。

三分一博志的設計很費工，需要花很多時間了解當地脈絡，讓建築融入地景。犬島精煉所美術館就隱藏在坑道之中，走入美術館必須經過一道黑暗的長廊，感覺出口亮光就在不遠之處，但走著、走著就遇到一面鏡子，轉個彎繼續走，又遇到另一面鏡子，那不遠的出口感覺上很近，可是卻一直走不到。其實是建築師利用光的折射來點亮步道。

走進村落，會看到住宅藝術，也就是藝術祭推出的「藝術‧家計畫」（Art House Project），一方面修復古屋，另一方面同時將請藝術荒神明香與名和晃平將作品放進這些古宅中，讓負值資產重生（古宅修復，因安全問題不能住人，轉變成藝術展示空間）。這項計畫背後操刀建築設計的是另一位普立茲克獎大師妹島和世，為小小荒島帶來春天（有呼應地，「藝術‧家計劃」的中庭就是以春天繽紛的花朵做為設計主軸）。

小豆島：竹島之光

小豆島原來就是觀光勝地，以素麵、橄欖、醬油等土產著名。寒霞溪搭纜車看山景，退潮時刻去看「天使步道」沙灘，本來就是觀光客的例行景點。即使沒有藝術祭，小豆島早就已經有絡繹不絕的觀光客。

下船在港口，迎接海景的是韓國藝術家崔正化的作品：太陽的

贈禮。這個桂冠形狀的雕塑品是由是一百片黃金色的葉子所組成，每一片葉子刻印著島上小學生的夢想。兩項臺灣作品出現在小豆島，格外令人矚目，也讓臺灣文化部成為主要贊助單位之一。王文志的「小豆島之光」用大約五千枝當地竹子，編織成一座大型圓頂建築。到傍晚，燈光透過竹屋發射出浪漫的光芒，成為重要地景。一位當地居民成為王文志的鐵粉，提到：「我從來不知道竹子可以做這樣的用途，小豆島上的竹林生長得非常快，快到侵占我們的農地。王老師讓我們了解原來竹子可以用在美輪美奐的建築上。」

2016年的夏、秋季，另一位臺灣藝術家林舜龍將推出新作品《穿越國境：潮》，在小豆島的海邊預計將放置一百九十六個小孩子的雕像，以海砂、紅糖、糯米與麻製作而成。每一個小孩雕像頸部會吊著一塊浮木，刻著所屬的國家，面對著自己家鄉的方向。這是很令人期待的作品。只是當地居民不解地說，潮起潮落萬一把這些雕像給沖壞了怎麼辦。這，好像正是藝術家的目的，不是嗎？

▎女木島：不在的存在

男木島與女木島相鄰，兩個島嶼都靠近高松港，平時是居民假日的海水浴場，通常會安排一天走完。女木島比較受歡迎，又被稱為鬼島，傳說是桃太郎與諸鬼戰鬥之所在地。不過，這其實是島民的幽默，讓自己的島嶼更有吸引力。一下船，會看到《海鷗停車場》，是木村宗人的作品。三百隻木製的海鷗，整齊劃一地坐落在港口，隨著風轉動，不知道是不是在彌補女木島上並沒有真正的海鷗。

　　女木島藉著藝術祭的機會也翻修了幾座老房子，其中一座結合了裝置藝術與餐廳，取名為《不在的存在》，學習島廚房，由都市裡請來一位青年主廚運用當地食材設計出新鮮的菜單。坐在古宅中，望著中庭的枯山水，白砂之間突然會出現腳印前行，卻不見人影。這不是鬼片，而是藝術的呈現，提醒著我們周邊有許多不容易發現的存在，讓我們靜下心來去發掘。

藝術祭營運的艱辛

　　瀨戶內海藝術祭借力大地藝術祭，成功地翻轉荒島的形象，創造大自然中觀賞美術館的新趨勢。不過，六年下來，藝術祭執行委員會也遇到三大挑戰，是決定藝術祭是否能持續下去的關鍵。

　　一、延續性：目前藝術祭的展品仍然以日本作家為主，其他國際藝術家的參與仍有限。雖然名為國際藝術季，但展品的水準依然有所落差，對觀光客的影響可能不大，但觀展者卻可能有所失落。此外，每個島嶼的特色還沒有完全跟藝術作品結合，引進太多的藝術品反而造成反效果。例如，小豆島的在地文化其實是棒球，因為島內學校打進甲子園，讓全島為之振奮，從此一遇到棒球季，全島休息看棒球賽。這樣的島文化如何結合藝術，讓島民覺得藝術祭不只是縣政府的觀光案內，乃是讓居民持續支持藝術祭的基礎。

　　藝術季相關的宣傳文獻多數仍是日文。中文、韓文及英文的文獻有限，對作品的解釋也略嫌簡略。這對觀展者造成門檻，不容易造成口碑效應。此外，大地藝術祭被媒體報導後，其他偏遠縣市也競相模仿，推出性質相似的藝術節，使得藝術祭主題開始缺乏新

鮮感。未來香川縣如何帶入更多的國際藝術家，規劃更吸引人的主題，引入國際觀展者，將會是第四屆（2019年）藝術祭成功的關鍵。若是執委會能更積極尋求臺灣文化部的合作，引進華人藝術家，或是整合亞洲藝術家社群，也許能讓藝術祭更具深度，也會吸引西方遊客來探訪亞洲。

二、周延性：這與配套措施有關。要將藝術展推廣到國際，打通陸海空的瓶頸是核心挑戰。就陸上交通而言，展覽品往往散布在島嶼各地，遊客雖然可以靠腳踏車做近距離的交通工具，但如果要由島嶼北方騎到南方，是不太實際的。島上公共巴士班次有限，如果錯過，可能就會影響一整天的行程。

就海上交通而言，島嶼跟高松港之間的交通雖已經改善許多，船班也增加了，但一過下班時間，便沒有任何接駁船。如果錯過了船班，旅客可能就必須要滯留在島上，對於觀展者是一種心理壓力。到秋季，有些島嶼必須要由高松市區轉電車到不同的港口出發，對於語言不熟悉的外國旅客造成不便。國際遊客難以到達本島、高見島、栗島、伊吹島，藝術預算就會被刪，就可能形成惡性循環。

就航空交通而言，國際旅客必須靠飛機進入，但目前高松機場規模小，容納量有限，不時會造成飛機延誤，或因天候不佳必須轉到大阪機場降落，轉巴士再回高松。如何讓飛機航班穩定下來，是帶進國際旅客的關鍵。此外，藝術祭若能與高松市景點形成套裝行程，則更會有看頭。例如，高松市的栗林公園便是日本三大名園之一，但知道的人卻不多。然而，香川縣雖擔心遊客不足，但若是宣

傳過頭使遊客變得太多也不是好事，反而破壞島嶼當地的生態。

三、即時性：香川縣的策略是透過藝術策展帶動觀光旅遊，藉此活絡偏鄉島嶼。讓新移民搬進島嶼，或者讓外移島民回流，是這項翻轉計畫的目標。香川縣雖然擬定新移民的支援計畫，但卻缺乏配套，像是就業問題及子女教育安排等。因此，藝術祭若是中途而廢，這些新移民的就業將發生困難。又如果搬進島內居住，小孩卻無法就學，最後移民還是會遷出。

縣政府也必須考量生態平衡，移居者會帶進大都市的先進技術，像是麵包烘焙。相較之下，島內居民所開的麵包店往往會因為缺乏競爭力而被淘汰，造成島民與移居者的衝突。如何讓兩者相輔相成，而不互為阻力，考驗著香川縣未來的智慧。

創新啟示

本案可以帶給我們三項創新啟示。

第一，設計是一種政治，政治也是一種設計。香川縣知事金子正則與直島町長三宅親連十多年前的決策，讓香川縣能以設計翻轉人生。金子正則的一句話仍深深烙印在香川縣官員心中：政治是一種設計。今瀧哲之解釋，一個人進入政府，可以成為政治家，也可能淪為政客，歷史自會評斷。要成為政客，只要學會算計別人、勾心鬥角、爭權奪利就可以。要成為政治家，你必須學會像建築師一樣，先了解地形的脈絡、熟悉當地風土民情，才會知道要運用什麼樣的設計風格，計算怎樣的結構，賦予什麼樣的建築風貌；最後帶

給人民福祉。

　　香川縣以藝術翻轉荒島，除了讓居民生活改善外，也因而擁抱
了對美好生活的期待。在缺乏資源的情況下，香川縣以建築師的名
氣匯聚設計師，使島嶼形成平臺，讓藝術家有露出的機會，也轉化
荒島的負面印象；協調周圍縣市的利益，共同解決交通瓶頸；安撫
島民的恐懼情緒，以藝術參與激發居民的信心；這些都需要政治上
的巧設計。

　　第二，重新定義，負資源變正資源。回顧六年，香川縣交出一
張令人欽佩的成績單。由大地藝術節借將策展人，找來大量的日本
藝術家移花接木，槓桿福武集團資源，借力國際知名建築師，以設
計讓荒涼小島由孤島變成寶島，掀起跳島（hopping islands）旅行模
式，成為文青的「潮聖」之殿。雖然瀨戶內海藝術祭的策展品質比
起歐洲的藝術節還是有一段距離，內涵與底蘊也仍有進步的空間。
但評價這個活動時，我們必須要從它是如何由困境中去翻轉來思
考。找到每個島嶼的在地特色，以藝術去展現這些特色，會發覺每
一項看似負面的資源都可以找出正面的價值（參見表16-1）。

　　第三，化阻力為助力。面臨資源稀缺時，香川縣克服萬難，將
看似負面的資源活化，以巧計翻轉偏鄉。就如拿破崙所言，逆境中
必然隱藏著比逆境本身還要巨大的報酬，等著我們去發掘。不過，
當我們被瀨戶內藝術祭的故事感動之時，也千萬要注意，不是複製
藝術祭的概念即可以翻轉偏鄉。如果將瀨戶內國際藝術祭不加思索
地複製，恐怕就要誤會拿破崙的逆境奧義了。

表16-1：少力設計，轉換負面資源

島嶼	原本……負面資源	轉變……正面資源
直島	化工企業污染島嶼，經濟凋零，居民漸漸搬遷其他縣市。	以鄉親之名，找福武集團協助，發展文化（出版）之島。邀請安藤忠雄（普立茲克獎得主）設計地中美術館，之後再加碼倍樂生與李禹煥美術館。直島再找三分一博志（日本建築大賞得主）設計公民會館，並推動女文樂。
豐島	被政府與財團欺騙，暗中傾倒垃圾，環境被汙染。抗爭數年，聲名狼籍。	邀請西澤立衛（普立茲克獎得主）設計豐島美術館，配合藝術家內藤禮的裝置藝術：水滴。設置島廚房，核心藝術作品為《Café IL Vento》。
犬島	煉銅廠污染，過度開發花崗岩，企業撤出後，居民移出，小島變荒島。	邀請三分一博志設計犬島精煉所美術館，內含柳幸典作品（坑道內的反射鏡）與三島由紀夫紀念館。以「藝術・家計畫」(Art House Project)修復古屋，放置荒神明香與名和晃平的藝術作品。
小豆島	過去是觀光聖地，但風光不再；國內競爭劇增，觀光漸失去特點，居民外移尋找就業機會。	主打素麵、橄欖、醬油等土產，寒霞溪纜車山景，退潮時刻的「天使步道」。藝術作品：崔正化的「太陽的贈禮」、王文志的「小豆島之光」、林舜龍的《穿越國境：潮》。
女木島	被視為週末度假海灘，亦無觀光資源，居民漸漸遷出。	桃太郎傳說與鬼島之洞（居民自行編撰的故事）。藝術作品：木村宗人的《海鷗停車場》、《不在的存在》（也是餐廳）。

曲終
脈絡思考創新

不要一股腦地去推創新，而是
先去思考創新背後的脈絡。

我們不斷追求創新，是為解決工作上的問題，更是為改善生活上的不便。企業不斷追求最佳實務也是為引進更好的產品、技術、流程，以便讓公司獲利。可是，我們卻常常遭遇創新的窘境，公司投入大量資金，研發出新產品，卻乏人問津。企業花費豐富資源去轉移別人的創新做法，導入後卻水土不服，無疾而終。

著急地想將創新引進到組織中，卻忽略脈絡，是創新失敗的主因。導入創新時，避開直線式的思考，透過脈絡去理解問題的全貌，方能讓創新順利展開。關鍵就在我們能不能掌握到事情的來龍去脈，不躁進地推出創新，也不魯莽地導入科技。要看懂脈絡，我們要看見過程，要看透弦外之音，要看穿環環相扣的系統關聯性。

要怎麼樣才能看見脈絡？本書嘗試歸納三種思考脈絡的面向，分別由使用者、組織與機構下手。

看見使用者脈絡

第一，看見使用者的脈絡，就是要體會他們的痛點，找出誰是領頭羊，理解他們的思維與行為模式。我們要敏銳地觀察使用者所處的生活或工作脈絡。知道使用者關心什麼，痛苦在哪，很快就能找到創新契機。解讀使用者每天在想什麼、做什麼，是分析脈絡的核心。

例如，旭山動物園必須理解小朋友入園後的失望，理解動物的習性（此時，動物也是「使用者」），方能針對動物不同的習性設計展區。像是，花豹不想在地上走，而是喜歡在樹上跳；海豹不喜

歡在池塘泡，而是喜歡在管中游；北極熊不喜歡逛池子，而是喜歡挖洞旁守株待兔，在冰上磨爪子與跳水；企鵝不喜歡被關著，而喜歡出去遊行。按照這些動物習性去設計，動物變活躍了，小朋友才能看到生氣蓬勃的動物園。如此一來，動物園不但可以吸引親子參觀，更變成自然生態的最佳教材。

為什麼衛星派遣系統不受計程車司機歡迎？這就必須理解計程車司機在排班等客人時的困擾，與各車隊在臺北市排班點的勢力分布狀況，就會知道司機的「跑車」脈絡。此外，理解系統如何蒐集時間與空間資訊的脈絡，就能找到空排點的創新做法。司機的派遣量增加，收入就可以提升，當然就樂於採用系統。衛星派遣系統這項創新的脈絡，不是衛星，也不是派遣系統的功能，而是時間與空間資訊的巧妙運用。

同樣地，捷運報的問題不是通路、行銷或競爭，而是內容不夠吸引人。制式化的新聞，不僅無聊，更缺乏新意，使用者自然不喜歡閱讀。轉變的關鍵是在理解分眾的脈絡，了解不同族群使用者的通勤脈絡、對主題的需求、閱讀上的痛點，便能找到原則，設計出合乎分眾需求的資訊呈現方式。善用人物誌，便可以理解使用者思維與行為，找出設計原則。

以使用者為中心，就是要由使用者找出創新洞見。更重要的是，不要聽錯使用者的需求。使用者不一定懂自己要什麼，若設計者照單全收，很可能愈做愈錯。例如，銀行委託趨勢科技提供電腦病毒預防通報（新服務）；但若知銀行的脈絡，就不能將通報全部給銀行，以免釀成大災難。使用者所要的，往往不是他們所說的；

使用者不要的，卻往往是他們說不出的。

　　縣政府說不需要防毒軟體，卻需要防治犯罪；科技公司說不需要防毒軟體，卻擔心供應鏈風險；電玩公司說不需要防毒軟體，卻需要防範帳戶盜竊所帶來的池魚之殃；銀行說不需要防毒軟體，卻擔心海外資安等級太低，怕被駭客入侵。需求總是隱藏在幽微的脈絡中，了解使用者的意會，謎就解開了。

　　使用者的需求更需要被解讀。在故宮的案例中，博物館的觀眾（使用者）一直苦於無法跨越文物的疆界。每件文物背後都藏著深厚的歷史、文化脈絡。光是將文物逐一擺設出來展示，對博物館專家也許具有學術型的價值，但是對觀眾卻築起一道知識的高牆，讓觀眾難以進入文物的世界。讓物件裡的學問浮現出來，將歷史、文化脈絡以淺顯易懂的方式解讀出來，才能讓觀眾穿越時空，理解古人的遠見，映照今人的智慧。

找出組織脈絡

　　第二，組織作為是創新的獨到內涵。觀看組織，只能看到企業聲稱他們在做什麼；觀察組織作為，才能看到企業的具體行動。雖然每個組織都可以有行動，也都可以形成例規，但是不一定會有「作為」。一套成功的創新（像是一套資訊系統），背後通常會內嵌一套組織作為。企業想要創新，通常始於臨摹，將別人成功之道引進自己組織。例如，一家公司想要創新流程，可能想藉由顧問公司引進「流程再造」模式；想資訊化，就引進企業資源系統；想創新

尋購方式，就引進電子競標系統。然而，企業到底是引進「工具」
（系統的功能），還是引進「作為」（背後的知識體系），是移轉創新
成功的關鍵。

　　因此，導入創新前，要先解構其中作為。如果是科技，要分析
這套科技內嵌什麼組織作為，也就是理解科技中原先支持什麼樣的
運作模式。如果是一個新政策，就要分析這個政策原本是在什麼樣
的組織作為下形成的。然後，分析這套作為是否干擾在地脈絡，又
要如何配合在地脈絡調整，是另一決勝要素。

　　所以，想要引進哈佛式個案教學法，我們必須理解臺灣的教
育體系如何制約著教授與學生。教授必須具備哪些新能力（像是引
導批判思考）才能活用案例來教學，學生又必須要取得哪些新能力
（像是歸納、推理、思辨）才能有效以案例學習。

　　又如，中方想要學習德方優異的飛航維修模式，導入德方的維
修管理系統。不過，中方真正要學習不應該只是系統的功能，而是
內含於系統的派工、採購、人才培訓制度。而且，中方與德方的制
度恰恰是互斥的，更不能用硬套的方式導入。中方必須擷取德方制
度的精神，像是維修規模化、服務規格化。如此，以地區性的飛航
做為經營重點，也許就能知道如何調整系統的運作模式，避免導入
後雙方相互牴觸。

　　再者，電子競標系統在新加坡科技集團之所以會有用，是因為
背後有一套市集作為，這套知識支持著系統能有效運作。若不知道
買方、賣方、中介商各要負起的責任與承擔的角色，這套知識也難
以有效運作。這些貿易脈絡是電子競標系統能有效運行的關鍵，是

轉移創新的關鍵，而不只是系統導入。

　　同理，美國總部想要將迪士尼樂園搬到日本、法國，結果卻產生截然不同的結果。令人驚訝的是，文化差異高的日本，卻成功轉移迪士尼樂園的制度；文化相近的法國遠親，卻慘遭滑鐵盧。為什麼？這是因為美國總部對在地脈絡不夠敏銳。理解日本方與法國方對美國總部的組織作為，像是米奇佤儷、西部牛仔、紀念品、服務管理、園區設計等面向有何排斥，才能知道如何「再脈絡」美國迪士尼樂園系統，讓創新能夠入境隨俗。

　　最後，臺大無線奈米生醫團隊的科研成果如此驚人，不只是因為擁有優秀科學家，更是因為他們的計畫主持人發展出各種科研基本功的鍛鍊作為，讓人才能養成，讓行政事務不會打亂研究人員的日程，讓專利申請與研發同步，讓研究人員能由多方面財源獲得穩定收入，以團隊合作發表使資淺研究員專心於研究主題。不知道這些脈絡，只是抄襲該團隊表面的做法，是無法成就頂尖團隊的。

　　這道理其實很簡單。王羲之的書法之所以那樣的瀟灑俐落，不是因為他用了稀奇的毛筆，或昂貴的硯臺，也不是因為那缸水的水質特好（傳說中，他為練書法磨墨，用盡了一缸子水，才能練出絕妙的書法）。王羲之的書法之所以神妙，是因為他有獨到練書法的「作為」。工具不是重點，工具中內嵌的組織作為才是核心。理解一個組織執行任務的時候，哪裡有所為，哪裡又有所不為，便可以找到組織作為的脈絡。看見創新內嵌的組織作為，比對採納組織現行的在地作為，才能知道如何因地制宜地調整創新。讓創新發揮功效的不是科技，而是科技所支持的那套組織作為，是科技內蘊含的那

套知識體系。

🖋 洞察機構脈絡

第三，創新者不可不知機構的脈絡。機構常隱形地存在我們的生活中，影響著我們的思想、行為、價值觀，而我們卻很少感受到它的存在。理想上，我們只希望保有好的機構力量，讓社會維持良好秩序，讓百工各司其職；革新所有不好的機構，讓社會不受宰制，也讓人民思想不受箝制。現實是，機構的力量通常好壞參半、亦正亦邪。愈創新的產品、科技、政策或觀念，也就愈需要推翻既有的體系、即得的利益者以及既成的統治者。創新要推翻機構，機構就會反過來鎮壓創新。創新者若一味推出科技或是引進新發明，卻無視機構的制裁力量，最終必將徒勞而無功。

例如，愛迪生面對的是煤氣燈產業這個獨霸的機構，千方百計地阻撓電燈泡的擴散。但是，愛迪生除了是發明家之外，更是謀略家。透過深入了解機構脈絡，有策略地回應，不正面對敵，終於將機構所施加的制約逐步地化解。

小七由日本（7-ELEVEN）引進各項商品，但沒有照搬，而是考量臺灣人的飲食習慣與經濟、社會、文化脈絡（更大的無形機構）。日本便當是冷的，價格又特高；臺灣則是熱的，並且價格比平價更平易近人。日本御飯糰是用來填飽肚子的；臺灣御飯糰是用來表達浪漫。日本關東煮是用來當點心吃；臺灣卻要當正餐吃，而且要送湯頭，湯頭更要變化成麻辣口味。日本零食是給上班族晚班

時充飢的；但臺灣零食原本給是小孩與學生當好玩吃的，可小七卻
讓零食成為五年級生的回憶。日本樂活要吃沙拉；臺灣樂活卻是吃
水果，充分運用在地資源優勢。

　　機構力量大，無法硬碰硬，但可以運用柔韌設計，將計謀藏於
設計之中。想要擴散數位學習系統到教育機構，就不能不洞察高、
中、小學的考試制度以及臺灣的填鴨式教育。例如，多版本教科書
是制約，但設計卡通人物而將繁雜的教科書變成動漫，反而刺激
學習意願。學校老師教學方式無趣，學生上完課只好再去補習班補
救。沒有資源開設實體教學，又面臨學校與補習班的學生爭奪戰，
是制約。階梯卻推出線上教學，還讓學生有在家留學的體驗。這使
阻力轉為助力。學生最討厭考試，學校考試變成惡夢，是制約。將
考試的難易程度以82法則（八分易，兩分難）設計，讓學生提升考
試的信心。機構的考試重視次數，認為考愈多則愈會考；階梯的考
試強調精準度，認為學生重拾信心更重要。

　　梵谷展案例讓我們更體會到面對機構制約時，必須學會「無中
生有」的資源拼揍術。展場不合格，預算不夠，策展小組施巧計把
「古蹟」維修改為展現「政績」，讓立法委員意識到支持這項提案便
可能獲得未來選票。將古蹟建構為政績，以政績換取改建經費。策
展小組由弱勢者成功找到讓強勢者願意釋放資源的動機。

　　展覽將近，策展小組才發現缺乏梵谷知名畫作，只能借到梵谷
的早期素描。觀眾習慣看名作，這是先天制約，無法短期內改變。
利用梵谷百年紀念之節慶，策展小組將「名畫」導向的展覽設計，
改為以認識大師「靈魂」的策展企劃，將梵谷早期的書信與畫作一

起展出，讓觀眾一同體會大師百年來的人道靈魂，化阻力為助力。

　　策展小組與荷蘭館方之間原本為敵對關係。荷蘭館方是審查者，是強勢者；策展小組是受評者，是弱勢者。荷蘭館方因建築規範而堅持把關，策展小組卻能急中生智，讓荷蘭館方的稽核員變成諮詢顧問，使監督考核變成技術移轉，讓改建得以順利完成。又如，安全檢查通不過，整個展覽就要破局。策展小組無法於短時間內打造一個認證的工作團隊。但策展小組反而借助荷蘭安檢官之力來培訓自己的工作人員，使策展工作人員就地認證，解除安檢危機。這是「解鈴還需繫鈴人」的妙計，策展小組將敵人轉換為夥伴，順利解除危機。

　　在香川縣的瀨戶內島嶼，不只是資源短缺，所擁有的看似負面資源。偏鄉、荒島、文化沒落、居民外移、觀光缺魅力等。可是，若能夠換個角度看資源，可能就會看見完全不同的資源價值。例如，借助財團力量開發直島為現代藝術區，以知名建築師為號召來開發觀光資源，運用在地資源凸顯各島嶼特色等。資源看似一樣，但是換個角度看，卻有全然不同的價值。轉換負面資源，便可以克服機構帶來的制約。

　　機構帶來不同的制約，讓創新難以開展。要對付機構，千萬不可硬闖，只能夠柔韌地回應。順著機構的在地脈絡去調適創新，而又不要失去創新的突破性，是脈絡思考的智慧。但這要考驗創新者的政治敏銳度，讓創新成為「不苦口的良藥」。讓創新悄悄地、寧靜地發生，就不會引來機構即時的制裁，也不會引起（受宰制）使用者的抗爭，更不會讓善意的創新帶來不堪的後果。機構也考驗

創新者的耐心。推翻僵化的機構，讓創新快速擴散也許是最快的方式，卻未必是最實際的做法。機構力量的積累非一日之功，機構中使用者的思維也不是一下子就會轉變。若躁進，創新者就很可能成為犧牲者。弱勢的創新者要學著使用柔軟身段來回應機構的制約，轉化阻力為助力。千萬，別急著當壯志未酬身先死的烈士。

創新來自創「舊」。創新之前，要理解既有脈絡（舊），再根據脈絡來設計或擴散創新，才能讓使用者因創新而獲益，組織因創新而成長，機構不會因創新而被惡魔化。掌握在地的來龍去脈，就會讓創新採納變得輕鬆自如。找出「脈點」，便可以讓創新變得有亮點。創新來自於舊脈絡，而舊的脈絡讓創新有跡可尋，找到創新契機。

脈絡大家都看得見，只是懶的去思考。懶的思考，也就看不到問題的全貌。希望大家不要一股腦地去推創新，而是要先思考創新背後的脈絡（使用者、組織作為、機構）。凡事，皆有脈絡可循，不是看不見，而是沒看見。帶進創新，卻無視於脈絡，創新者便會與眾人為敵。創新不但沒帶來福祉，反而帶來創傷。善用脈絡，創新者可以成為英雄，忽視脈絡，創新者可能會變成狗熊。掌握脈絡，就能看見別人看不見的證據，理出別人難以爬梳的線索，創造別人難以複製的創新。期待各界一起思考脈絡，看見問題的全貌後，便可以打通脈絡，看見問題的全貌，讓創新活過來，也讓創新更加成功。

注釋

李世光推薦序

1. 「國際閱讀週」是澳洲童書協會舉辦的 Book Week 2011，時間為 8/20-8/26，2011。http://www.cbcatas.org/bookweek/http://www.facebook.com/pages/National-Book-Week/140716185965124
2. Marc Prensky, On the Horizon（MCB University Press, Vol. 9 No. 5, October 2001）Available:http://www.marcprensky.com/writing/Prensky%20-%20Digital%20Natives,%20Digital%20Immigrants%20-%20Part1.pdf
3. 日本小說，深澤七郎著，敘述日本古代信州寒村的山林內棄老傳說。
4. 百衲被是用多種不同色澤不同形狀的布塊拼接縫製而成的一種薄被。據說是三百年前移民到北美的婦女為了克服拓荒時的貧困，將舊衣服或破布頭縫製成禦寒寢具。後來的百衲被演變為傳家寶，送給待嫁女兒傳遞家族情感之用。
5. 「從心出發、從新出發」正是資策會2011年度啟動會議的中心主題。

Chapter 01　凡事，必有脈絡

1. 請參見兩篇有關脈絡的文章：Pettigrew, A. M. (1990). Longitudinal Field Research on Change: Theory and Practice. *Organization Science*, 1 (3), 267-292. Pettigrew, A. M. 1992. The Character and Significance of Strategy Process Research. *Strategic Management Journal*, 13: 5-16.
2. Langley, A. 2007. Process Thinking in Strategic Organization. *Strategic Organization*, 5(3), 271-282.
3. Brown, T. 2009. *Change by Design: How Design Thinking Transforms Organizations and Inspires Innovation*. New York: Harper Collins.

Chapter 03　關鍵多數：衛星派遣系統的人性軌跡

1. von Hippel, E. 1988. *The Sources of Innovation*. New York: Oxford University Press.

2. 領先使用者進一步資訊可參見：von Hippel, E. 1986. Lead Users: a Source of Novel Product Concepts. *Management Science*, 32(7): 791-805.

3. Rogers, E. M. (1995). *Diffusion of Innovation (4th ed.)* New York, Free Press.

4. http://lego.cuusoo.com/

5. Chopra, S., & Lariviere, M. A. 2005. Managing Service Inventory to Improve Performance. *Sloan Management Review*, 47(1): 56-63.

Chapter 04　捷客任務：更具設計感的捷運報

1. Pruitt, J. 2006. *The Persona Lifecycle: Keeping People in Mind Throughout Product Design.* San Francisco: Elsevier.

2. 本文共同作者為歐素華（東吳大學企管系助理教授）以及鄭家宜（政治大學科技管理與智慧財產研究所研究生），並感謝陳姿靜與陳琬茹同學（東吳大學企管系研究生）之研究參與。此外，感謝捷運報於行動研究期間的鼎力協助。

Chapter 05　科技意會：洞見客戶的趨勢

1. Weick, K. E. (1990). Technology as Equivoque: Sensemaking in New Technologies. In P. S. Goodman & L. S. Sproull (Eds.), *Technology and Organizations* (pp. 1-44). San Francisco: Jossey-Bass.

2. Louis, M. R., & Sutton, R. I. 1991. Switching Cognitive Gears: From Habits of Mind to Active Thinking. *Human Relations*, 44(1): 55-76.

3. Dhillon, G., & Backhouse, J. 2001. Current Directions in IS Security Research: Towards Socio-organizational Perspectives. *Information Systems Journal*, 11: 127-153.

4. Franke, N., & von Hippel, E. 2003. Satisfying Heterogeneous User Needs via Innovation Toolkits: the Case of Apache Security Software. *Research Policy*, 32(7): 1199-1215.

5. Franke, N., & Shah, S. 2003. How Communities Support Innovative Activities: an Exploration of Assistance and Sharing among End-users. *Research Policy*, 32: 157–178.

6. von Hippel, E. 1994. 'Sticky Information' and the Locus of Problem Solving: Implications for Innovation. *Management Science*, 40(4): 429-439.

7. 研究細節請見：蕭瑞麟、許瑋元，2010，資安洞見：由使用者痛點提煉創新來源，《組織與管理》，3(2): 93-128。

Chapter 06　物裏學：清明上河創宋潮

1. 這個段落是根據《一沙一世界》改寫，作者是王培勛，政治大學科技管理研究所學生。http://reswithoutnumbers.blogspot.tw/2011/05/blog-post_31.html
2. 疆界物件的概念在管理學界會流行起來，是源自史塔克的博物館研究。原文見：Star, S. L., & Griesemer, J. R. 1989. Institutional Ecology, Translations and Boundary Objects: Amateurs and Professionals in Berkeley's Museum of Vertebrate Zoology, 1907-39. *Social Studies of Science*, 19(3): 387-420.
3. Carlile, P. R. 2002. A Pragmatic View of Knowledge and Boundaries: Boundary Objects in New Product Development. *Organization Science*, 13(4): 442–455.
4. 我與李慶芳老師、王培勛同學曾以疆界物件探索半導體工程師的工作脈絡。參見：Hsiao, R. L., Tsai, D. H., & Lee, C. F. 2006. The Problem of Knowledge Embeddedness: Knowledge Transfer, Coordination and Reuse in Information Systems. *Organization Studies*, 27(9): 1289–1317.
5. 麗莎・山德斯，廖月娟譯，2010，《診療室裡的福爾摩斯：解開病歷表外的身體密碼》，臺北市：天下遠見（原書名：*Every Patient Tells a Story: Medial Mysteries and the Art of Diagnosis*）。
6. 本案共同作者為歐素華，目前任教於東吳大學企管系，參與研究生有陳琬茹（東吳大學企管系研究生）、陳律安（東吳大學企管系大學部）、楊純芳（國立政治大學科技管理與智慧財產研究所博士生）。
7. 參與本研究團隊成員包括：歐素華（東吳大學企管系助理教）、陳婉茹（東吳大學企管系碩士生）、楊純芳（政治大學科技管理與智慧財產研究所博士生）、陳律安（東吳大學企管系大學部）。本案例取材自陳琬茹的碩士論文。感謝國立故宮博物院林國平、王耀鋒、楊智華的協助。
8. 蘇升乾，2012，《清明上河讀宋朝》，商務印書館。這本書是本案例主要文獻參考來源。
9. 蔣勳，2012，《張擇端：清明上河圖》，信義基金會出版社。這本書附帶一份袖珍版的清明上河圖，很值得收藏。
10. 野島剛，2013，《謎樣的清明上河》，聯經出版社。
11. 曹星原，2012，《清明上河圖與北宋社會的衝突妥協》，浙江大學出版社。

Chapter 07　涉入哈佛：引進案例教學法

1. 有關組織作為的文獻可見 Brown, J. S., & Duguid, P. 1998. Organizing Knowledge.

California Management Review, 40(3): 90-111. Hansen, H. 2008. A Grammar of Organizing. *Organization Studies*, 29(12): 1591.

2. Orlikowski, W. J. 2002. Knowing in Practice: Enacting a Collective Capability in Distributed Organizing. *Organization Science*, 13(3): 249-273.

3. Pentland, B. T., & Rueter, H. H. 1994. Organizational Routines as Grammars of Action. *Administrative Science Quarterly*, 39(3): 484-510.

4. Coppola, N. W., Hiltz, S. R., & Rotter, N. G. 2002. Becoming a virtual professor: Pedagogical roles and asynchronous learning networks. *Journal of Management Information Systems*, 18 (4), 169-189.

Chapter 08 越淮為枳：維修技術的轉移挑戰

1. 雷以潔（新加坡國立大學決策科學系研究生）參與前段研究，後續研究分析工作感謝廖啟旭（政治大學博士後研究員）以及陳蕙芬（任教於國立臺北教育大學助理教授）的協助。學術版案例研究請見：蕭瑞麟、廖啟旭、陳蕙芬，2011，《資訊管理學報》，越淮為枳：從實務觀點分析跨情境資訊科技轉移，(18)2, 131-160。感謝國立新加坡大學商學院早期的研究經費贊助，與行政院國科會《創新實務與歷程》的後續研究經費支援（RP: NSC 96-2416-H-004-047-MY3）。

2. 這是仿效英國的做法，在海德公園一角，有一個廣場，放著一個肥皂箱子。民眾有任何政見可以到海德公園，站在肥皂箱對路人發表言論，無須經過警方核准。

3. 在Alice Lam的日英技轉研究中也談到類似的情況，日本工程師習慣跨部門參與設計，英國工程師則習慣依序執行電子電路之設計、製造。雙方因此在技術移轉過程中起了衝突，日本工程師認為英國工程師不認真，英國工程師則覺得日本工程師故意留一手。參見：Lam, A. 1997. Embedded Firms, Embedded Knowledge: Problem of Collaboration and Knowledge Transfer in Global Cooperative Ventures. *Organization Studies*, 18(6): 973-996.

4. 有關科技干擾組織例規的問題，可參見：Edmondson, A. C., Bohmer, R. M., & Pisano, G. P. 2001. Disrupted Routines: Team Learning and New Technology Implementation in Hospitals. *Administrative Science Quarterly*, 46, 685-716.

Chapter 09　有所不為：新加坡科技集團的競標學

1. 參與研究生有廖嘉儀（新加坡國立大學研究生）、吳杰儒（政治大學研究助理）。請參見蕭瑞麟、歐素華、陳蕙芬，2011，市集脈絡：由組織例規分析資訊科技的創新來源，《中山管理評論》，19(2): 461-493

Chapter 10　再脈絡：迪士尼慘遭滑鐵盧

1. Newell, S., Swan, J., & Galliers, R. D. 1999. A Knowledge-focused Perspective on the Diffusion and Adoption of Complex Information Technologies: the BPR Example. *Information Systems Journal*, 10(3): 239–259.

2. Hammer, M., & Champy, J. 1993. *Reengineering the Corporation*. New York: Harper Collins Publishers.

3. 本案例主要參考文獻為：Brannen, M. Y. 2004. When Mickey Loses Face: Recontextualization, Semantic Fit, and the Semiotics of Foreignness. *Academy of Management Review*, 29(4): 593-616. Van Maanen, J. 1992. Displacing Disney: Some notes on the flow of culture. *Qualitative Sociology*, 15(1): 5-35. Van Maanen, J. 1991. The Smile Factory: Work at Disneyland. In P. J. Frost, L. F. Moore, M. R. Louis, C. C. Lundberg, & J. Martin (Eds.), *Reframing Organizational Culture*: 58-76. Thousands Oaks, CA: Sage.

4. Farhoomand, A. 2010. Disney: Losing Magic in the Middle Kingdom *Asia Case Research Centre, University of Hong Kong*, HKU885: 1-32.

5. 資料來源除官方網站外，還參考：Farhoomand, A. 2010. Disney: Losing Magic in the Middle Kingdom *Asia Case Research Centre, University of Hong Kong*, HKU885: 1-32. Anthony, R., Loveman, G., & Schlesinger, L. 1993. Euro Disney: The First 100 Days. Harvard Business School Case, 9-693-013: 1-23. Lau, J. 2007. Hong Kong Disneyland: Where is the Magic? *Asia Case Centre, University of Hong Kong*, HKU637: 1-23. Farhoomand, A. 2010. Disney: Losing Magic in the Middle Kingdom *Asia Case Research Centre, University of Hong Kong*, HKU885: 1-32.

6. Anthony, R., Loveman, G., & Schlesinger, L. 1993. Euro Disney: The First 100 Days. *Harvard Business School Case*, 9-693-013: 1-23.

7. 延伸閱讀：Kostova, T., & Roth, K. 2002. Adoption of an Organizational Practice by Subsidiaries of Multinational Corporations: Institutional and Relational Effects. *The Academy of Management Journal*, 45(1): 215-233.

Chapter 11　臺下十年功：臺大無線奈米生醫跨領域團隊

1. 本案共同作者為歐素華（政治大學科技管理研究所博士後研究員），目前任教於東吳大學企管系。素華花了將近兩年的時間深入這個團隊，本案例部分素材取自她的博士論文。
2. 全名是：IEEE International Solid-State Circuits Conference.
3. 學者則認為，知識創生必須搭配特定組織原則才會有效，道理一樣，參見：Lee, G. K., & Cole, R. E. 2003. From a Firm-based to a Community-based Model of Knowledge Creation: The Case of the Linux Kernel Development. *Organization Science*, 14(6): 633-649.
4. 請參見：傑夫・柯文（周宜芳譯），2009，《我比別人更認真：刻意練習讓自己發光》，天下文化。

Chapter 12　策略回應：愛迪生的燈泡謀略

1. DiMaggio, P. J., & Powell, W. W. 1983. The Iron Cage revisited: Institutional Isomorphism and Collective Rationality in Organizational Fields. *American Sociology Review*, 48: 147-160.
2. Bouquet, C., & Birkinshaw, J. 2008. Managing Power in the Multinational Corporation: How low-power Actors Gain Influence. *Journal of Management*, 34(3): 477-508.
3. Birkinshaw, J. 2003. The Paradox of Corporate Entrepreneurship. *Strategy and Business*, 30(30): 46-57.
4. 蕭瑞麟、歐素華、蘇筠，2017，「逆強論：隨創式的資源建構過程」，《臺大管理論叢》，即將出版。

Chapter 13　在地脈絡：小七的創作魂

1. Geertz, C. 1973. *Local Knowledge: Further Essays in Interpretive Anthropology*. New York: Basic Books.
2. 建議延伸閱讀：Brannen, M. Y., Liker, J. K., & Fruin, W. M. 1998. Recontextualization and factory-to-factory knowledge transfer from Japan to the US: the Case of NSK. In J. K. Liker, W. M. Fruin, & P. S. Adler (Eds.), *Remade in America: Transplanting and Transforming Japanese Management Systems*: 117-153. New York: Oxford University Press.
3. 這份案例參與研究生為林雅萍。案例主要資料取材自：林雅萍，2013，《用脈

絡化探索創新採納：以 7-ELEVEN 為例》，政治大學商學院經營管理碩士論文。

Chapter 14 柔韌設計：階梯數位學院巧避機構

1. Hargadon, A. B., & Douglas, Y. 2001. When Innovations Meet Institutions: Edison and the Design of the Electric Light. *Administrative Science Quarterly, 46* (3), 476-514.
2. 陳蕙芬為本案例共同作者，目前任職於國立臺北教育大學教育系。本案例資料由陳蕙芬發表於 IEEE 國際科技管理年會，獲選傑出論文獎。
3. 資料取自學生於該校網路的留言，為尊重隱私權故以匿名處理。該學生是取材於雲門舞集林懷民先生所言：「做為這個時代的青年，就要憤怒！」
4. 取材自公共電視之《紀錄觀點：魔鏡》。
5. 雖法令上規定必須常態編班，但各校多未能落實遵循。
6. 階梯於 2007 年在臺灣宣告結束營業。階梯的失敗有很多傳聞。有人認為是領導人以傳銷（俗稱老鼠會）手法吸金後捲款潛逃，也有人推測階梯是因為財務周轉不靈，結束臺灣營業點，在大陸重張旗鼓。我們並沒有證據去評斷階梯的功過成敗，那並非本案重點，我們關心的是階梯在 2002 至 2006 年，是如何回應當時的教育體制（機構），而推動數位學習。
7. 這幾個角色主要是參考日本「哆啦 A 夢」卡通設計出來的。
8. 一般而言，臺灣國中小學一般約四十五人，許多學校一班會放入五十位學生以上。英美學校一般則約十五至二十二人。
9. 請見 2004 年國家型科技計畫：http://www.intelligenttaiwan.nat.gov.tw/

Chapter 15 無中生有：策展梵谷燃燒的靈魂

1. 本案例共同作者為歐素華（東吳大學企管系）、陳蕙芬（國立臺北教育大學教育系暨教育創新與評鑑研究所）。學術完整版參見：蕭瑞麟、歐素華、陳蕙芬，2014，劣勢創新：梵谷策展中的隨創行為，《中山管理評論》，第 22 卷，第 2 期，323-367 頁。
2. Levi-Strauss, C. 1968. *The Savage Mind*. Chicago: University of Chicago Press.
3. Baker, T., & Nelson, R. E. 2005. Creating something from nothing: Resource construction through entrepreneurial bricolage. *Administrative Science Quarterly*, 50(3): 329-366.

Chapter16　少力設計：瀨戶內海的跳島旅行

1. 本研究為科技部項下「劣勢創新：企業與城市於制約中的資源隨創」之計畫
（102-2410-H-004-153-MY3）。陳煥宏（政治大學科技管理與智慧財產研究所博
士生）參與田野調查。

國家圖書館出版品預行編目(CIP)資料

思考的脈絡：創新,可能不擴散 / 蕭瑞麟作. -- 第三
版. -- 臺北市 : 遠見天下文化, 2016.08
　　面；　公分. -- (財經企管 ; BCB587)
ISBN 978-986-479-076-0(精裝)

1.企業管理 2.創造性思考 3.個案研究

494.1　　　　　　　　　　　　　　　105015995

財經企管 BCB587A

思考的脈絡：創新，可能不擴散
原書名《讓脈絡思考創新》

作　者 —— 蕭瑞麟

總編輯 —— 吳佩穎
責任編輯 —— 張毓芬
封面設計 —— 周家瑤
圖片提供 —— 蕭瑞麟

出版者 —— 遠見天下文化出版股份有限公司
創辦人 —— 高希均、王力行
遠見‧天下文化 事業群董事長 —— 高希均
事業群發行人 —— 王力行
天下文化社長 —— 林天來
天下文化總經理 —— 林芳燕
國際事務開發部兼版權中心總監 —— 潘欣
法律顧問 —— 理律法律事務所陳長文律師
著作權顧問 —— 魏啟翔律師
地址 —— 臺北市 104 松江路 93 巷 1 號 2 樓
讀者服務專線 —— 02-2662-0012 ｜ 傳真 —— 02-2662-0007；02-2662-0009
電子郵件信箱 —— cwpc@cwgv.com.tw
直接郵撥帳號 —— 1326703-6 號　遠見天下文化出版股份有限公司

電腦排版 —— 立全電腦印前排版有限公司
製版廠 —— 東豪印刷事業有限公司
印刷廠 —— 祥峰印刷事業有限公司
裝訂廠 —— 聿成裝訂股份有限公司
登記證 —— 局版臺業字第 2517 號
總經銷 —— 大和書報圖書股份有限公司　電話／(02)8990-2588
出版日期 —— 2021 年 10 月 29 日第四版第 1 次印行

定價 —— NT500 元
ISBN —— 4713510942871
書號 —— BCB587A
天下文化官網 —— bookzone.cwgv.com.tw

本書如有缺頁、破損、裝訂錯誤，請寄回本公司調換。
本書僅代表作者言論，不代表本社立場。

天下文化
BELIEVE IN READING